家庭装修大全

王本明　编著

中国建筑工业出版社

图书在版编目（CIP）数据

家庭装修大全 / 王本明编著. —北京：中国建筑工业出版社，2014.9
ISBN 978-7-112-17146-0

Ⅰ.①家… Ⅱ.①王… Ⅲ.①住宅—室内装修—基本知识 Ⅳ.①TU767

中国版本图书馆CIP数据核字（2014）第186733号

责任编辑：费海玲　马　彦
书籍设计：肖晋兴
责任校对：姜小莲　张　颖

家庭装修大全

王本明　编著
*

中国建筑工业出版社出版、发行（北京西郊百万庄）
各地新华书店、建筑书店经销
北京市晋兴抒和文化传媒有限公司制版
北京富生印刷厂印刷
*
开本：787×960 毫米　1/16　印张：19　字数：288千字
2014年10月第一版　2016年11月第二次印刷
定价：55.00元
ISBN 978-7-112-17146-0
　　　（25911）

编委会

序

　　家庭装修不仅是建筑装饰行业的重要组成部分，也是一件直接关系到人民福祉的大事。中国建筑装饰协会历来高度重视家庭装修行业的发展，并努力规范这一行业的运作。此次组织业内专家，在中国建筑工业出版社的大力支持下，编写了《家庭装修大全》一书，就是对这一行业发展做出的新贡献。

　　随着我国经济持续快速发展，特别是房地产行业的快速发展，家庭装修的市场需求还会不断增长，已经成为城市居民家庭生活的重要组成部分。随着全面建成小康社会和我国新型城镇化建设的推进，社会对家庭装修的需求还会不断提高。但这个行业存在管理难度大、自律程度要求高，社会装修知识普及水平要求高的问题长期得不到很好解决，已经影响到行业的健康、可持续发展。

　　《家庭装修大全》一书依据国家、行业现行标准、规范，对家庭装修的全过程进行了规范、细致的描述。不仅是普及家庭装修知识的读物，也是加强从业者自律、规范市场运作的重要参考资料。感谢参编人员的辛勤劳动，也希望大家能够喜爱本书。

中国建筑装饰协会会长

李秉仁

2014年6月26日

前言

　　2013年10月，中国建筑工业出版社的费海玲主任找我，说拟再版15年前北京出版社出版的拙作《家庭装修顾问》一书。我回去将原书翻看了一下，发现内容已经相当陈旧了，且有些表述已经不符合现行规范的要求，故没有同意。但费主任说现在市场没有这类书籍，而社会上很需要一本专讲家庭装修的读物，于是决定组织专家重写，并取名为《家庭装修大全》。中国建筑装饰协会领导对此项工作给予了大力支持和组织、协调。

　　本次重写还按《家庭装修顾问》的顺序，从设计谈起，以市场运作结束，但内容进行了大幅度调整，产生了重大的变化。文字上的写作依据《住宅装饰装修工程施工规范》、《住宅室内装饰装修工程质量验收规范》、《建筑装饰装修工程质量验收规范》等现行国家、行业规范，力图对整个家庭装修全过程进行规范化描述，以指导广大家庭装修业主和家庭装修工程企业的规范运作。

　　本书的另一个重大变化，就是几乎更换了全部设计图纸。在各位副主编的大力帮助下，大家都把近几年最好的工程设计奉献出来编入本书，极大地提高了本书设计图纸的专业性、先进性、指导性，不仅能为广大家庭装修业主提供重要的设计参考依据，也为家庭装修工程企业规范家庭装修设计提供了可借鉴的资料，同时也提高了本书的专业技术水准。

　　本书是一本面向社会、指导家庭装修运作的专业性技术书籍，为了提高可读性，尽量以通俗化的文字表述专业技术内容，以求做到通俗易懂、便于掌握。但有些专业词汇非专业人士可能仍难准确理解，请在使用时询问专业技术人员。在内容上，本书增加了近几年市场上的新型的装修材料、设备，特别是环保、节能材料、设备使用的介绍，同时增加了一节关于我国家庭装修行业发展与现状的内容，以便对家庭装修的描述更为系统、完整、全面。

由于是重写，所以本书难免会受到原来构架的影响，对各分项工程内容的表述不免显得有些零散，但并不影响对各分项工程内容表述的完整性。大家在使用本书时，应按照家庭装修运作的程序，依次在各分项工程的实施过程中使用。由于时间较紧，再加上本人的知识所限，书内难免会出现一些错误，请广大读者予以指正。

本书既适于准备家庭装修的人士及家庭装修从业者阅读，也可作为家庭日常生活的参考工具书使用。

作者

2014年3月于北京

目录

第一章　家庭装修设计

第二章　家庭装修材料的选择和使用

第四章　家庭装修的施工及验收

第六章　附录

第一章 │ 家庭装修设计

设计是对未来的设想、计划。家庭装修是一种工程活动，必须对工程的结果进行事前的设想、计划和预先安排，才能保证工程的顺利进行并达到预期的目标。所以设计是龙头，家庭装修必须进行工程的前期设计。

一、家庭装修的设计原则

进行家庭装修设计，必须遵守必要的规律、法则、基本原理和特定要求，才能满足家庭装修的基本要求，这就是设计原则。进行家庭装修设计应该遵循以下基本原则。

（一）安全环保的原则

家庭装修的目的是为家庭营造一个安全、舒适、温馨、便捷的生活和学习环境，安全是首要的要求。为了保证家庭装修工程的安全、环保，设计时必须遵循以下基本原则。

1.保护结构的原则

建筑结构是构成居民住房的主体框架，支撑着整个房体的稳固与安全。特别是在城市集群化的居民住宅楼中，结构是整幢楼房的安全保证，直接关系到住宅楼的抗震等级、荷载能力和使用中的安全。家庭装修不仅是每一户家庭自家的事情，同时也是影响到邻里安全和公共安全的社会性活动。如果在装修过程中破坏了结构，就可能使装修后的楼房成为危房，甚至在装修施工中就发生结构塌裂事故，造成人员伤亡和财产损失的严重后果。保护结构安全要严格遵守以下规定。

（1）不得私自拆改结构

家庭装修设计中不能拆改的结构主要是承重墙、房间的梁或结构柱、室外有阳台的半截墙。在承重墙上私自开门洞、拆除或改动房间的梁或柱、拆除或改动半截墙等，都将影响到房屋的安全。如果在装修时要拆改部分结构，应该由住宅楼的原结构设计单位进行勘察、测算并得出结论，按结论的要求决定是否能够拆改、怎样拆改。在这方面国家制定了强制性规范，必须严格执行。

在家庭装修设计中，要首先确定哪些是承重墙。承重墙的材料是砖、钢筋混凝土等，墙体厚度在240毫米以上，用拳捶打墙体声音沉闷，无空鼓声。非承重墙是划分室内空间的隔断，在家庭装修中可以拆除或者移位。非承重墙的墙体较薄，材料主要是水泥薄板、石膏板或木板等，用拳敲击墙体有空鼓声，若用力敲击墙面有微微的颤动。室内的承重墙无论其位置如何，在装修设计中都绝对禁止对其进行拆除、改动。

私自拆改结构的另一种表现，就是擅自在住宅室内加层。在新建住宅楼室内净高较高时，很多家庭在装修时擅自加层。加层一般是使用钢结构搭建加层基础，就要在承重墙内埋设钢梁，在墙面增设钢柱，从而改变了承重墙和楼板的受力，必定会影响到结构的安全。住宅楼内需要加层，必须由住宅楼的原设计单位进行勘察、计算并做出设计方案，然后严格按原设计单位的方案进行加层。

（2）根据荷载能力选择材料

任何楼房的结构荷载能力在设计时都是一个定值，如果大幅度增加房体的重量，就会破坏房体的基础，造成结构上的损伤。特别是城市中的高层居民楼，如果在装修设计中大量使用石材等重量大的材料，就会超过楼房基础的承载能力，危及结构安全。因此，在家庭装修中提倡使用轻型建筑装修材料，如果使用石材等重材料，也应该选择厚度在10毫米以内的薄型板材。

（3）不得擅自拆改设备管线

住宅室内的燃气、水、电等设施管线，是经专业工程企业敷设安装的，是必须符合国家相关技术规范要求并经验收合格的分项工程。在家庭装修设计中，不得擅自进行改动、拆除。特别是燃气管线具有较高的危险性，擅自对其改动的质量很难保证，一旦发生燃气泄漏将造成重大事故，造成财产及人员的重大损失，也会危及整个房屋结构的安全，因此，在装修设计时严禁擅自拆改，如需改动应由原施工单位的专业技术人员进行。水、电等设施管线，在改动时也要十分慎重，必须由专业的工程技术人员进行认真审核后进行设计。

2.保护环境的原则

家庭装修过程中要使用大量装修装饰材料，很多材料内含有毒、有害的物质，有些材料的有毒、有害成分还很高。在装修中使用了这些材料会由于有毒、有害物质的释放、挥发污染室内环境，对家庭成员的身体造成极大的伤害。当前出现的很多医患病症都与建筑装饰材料的使用相关，甚至有些不治之疾病也与建筑装修材料的不恰当使用高度相关，必须引起人们的高度重视。要保护好家庭居室的室内环境，在家庭装修设计中就要特别注意以下几个环节。

（1）尽量选择纯天然材料

国家对10种主要装修材料制定了有毒、有害物质含量与排放的限量标准，全部是化工业合成制品。即使是达到标准的材料，也存在有毒、有害物质的释放、挥发，只是没有超过标准，但对人身体绝对没有益处。特别是在一个空间大量使用符合国家规定有毒、有害物质含量标准的材料，也会由于多种材料有毒、有害物质的叠加而造成整个室内空气质量超过国家控制标准。纯天然材料如木材、竹材、硅藻土、砂岩、大理石等，不仅材料本身不含有毒、有害成分，有些材料还能起到净化空气的作用。在家庭装修中能使用天然材料的应尽量使用纯天然材料，如果没有纯天然材料，也应该选择由天然材料直接生产的玻璃、金属、陶瓷、蜡油等次天然材料，这是保护家庭环境安全的最重要原则。

（2）尽量使用工业化生产成品

工业化生产成品指的是在工厂中以大机械生产出来的部品、部件、构件等成品或半成品。在家庭装修中使用的成品、半成品越多，施工现场的噪音、废水、废气、粉尘就越少，对环境的污染也就小。同时在工业化生产中，原材料的利用率也会提高，工业化加工中大量的废料、料头等就能得到循环利用，既减少了施工中的工程垃圾，又减轻了对资源的消耗。工业化生产成品的精细度也远远高于施工现场的手工制作，而且可以缩短工期，降低施工现场的劳动强度。

（3）坚决不使用环保不达标的产品

市场中同类装修材料的价格差异极大，特别是工业合成制品的价格极为悬殊。价格便宜的工业合成制品，主要由于使用的原材料、粘接剂等价格便宜，但价格便宜的质量就低劣，有毒、有害成分比重就高，一般有毒、有害物质都超过国家限量标准，这种材料在家庭装修时绝对不能使用。如果要使用这些工业合成材料，必须要检查生产厂家产品的有毒、有害物质含量检测报告，进行认真的现场环保质量鉴定。只有做到坚决不购买、不使用有毒、有害物质含量不达标和国家明令禁止在室内使用的装修材料和产品，才能保证家庭居住环境的安全。

3.其他安全注意事项

家庭是人们居住、生活的地方，也是思想最放松、防范意识最薄弱、抗风险能力最差的地方，所以是对安全保障程度要求最高的地方。在家庭装修中要以保护家庭成员的生命财产安全为目标，高度重视可能引发安全事故隐患的排查和防范，最大限度地规避可能的风险，确保装修后家庭的安全。在工程实施过程中，在设计阶段就要重点做好以下几个方面的安全防范工作。

（1）注重消防安全

发生火灾会给家庭带来巨大的人员伤亡和财产损失，是装修设计过程中必须高度重视的安全事项。要提高家庭空间环境的消防安全水平必须注重以下几个方面的问题。首先是在装修设计中地、墙面要优先选用不燃材料或难燃材料，如石材、陶瓷、金属等，防止火灾的形成与蔓延。其次是装修中使用的木材、织物等易燃材料应该进行阻燃处理，提高其阻燃性能。再次是对电表负荷容量、导线截面粗细等要进行认真计算、核实，保证其与家庭用电数值相匹配，以确保用电安全。最后是最好能够设计安装火灾报警系统和可燃气体泄漏报警系统等智能化安防系统，以确保对火险及时发现，及时扑救。

（2）注重人身安全

当前住宅建设中错层、复式的较多，还有很多开放式阳台及落地玻璃窗等，护栏、楼梯板、楼梯栏杆、扶手等在家庭装修中大量存在。在装修设计中必须严格执行国家的现行标准、规范，在护栏、扶手高度、垂直栏杆间距、踏板高度与宽度、材料性能等方面必须达到规范的要求，以防止事故的发生。卫生间防滑也是保障人身安全的重要问题，地面装修材料的防滑性能、门的开启方向等都要在设计时考虑充分，科学地进行防滑设计。

（3）注重防水安全

住宅卫生间中设置的防水层是住宅中重要的安全防范设施，一旦被破坏，就会危及下层家庭住宅的安全，在装修设计中必须予以高度重视。要在装修施工前及装修施工完成后进行两次蓄水试验，并按国家相关标准、规范进行设计、施工和质量检验，合格后才能交付使用。对有淋浴设备的墙面，防水高度等也有要求，在设计时要严格禁止破坏地面、墙面防水。

（二）轻装修、重装饰的原则

装修是对室内空间进行改造、修理、整复等，如改变室内的格局、调整户内门的位置、重新设计生活流程等属于装修的范畴。在住房分配制度改革20多年之后，现在住宅设计已经比较科学、合理，在购买房子时又有多种户型可供选择，所以，新房装修时就没有太多装修的工程内容。

装饰是对室内空间进行处理、包装、营造，如墙、顶、地的修饰，家具的制作与摆设，空间光、热、风环境的营造等属于装饰的范畴。每个家庭、每个人要表现自己的个性，展示自己的审美情趣和文化、艺术修养，主要通过对空间环境的艺术设计来实现，所以装饰是家庭装修的重点。

遵循轻装修、重装饰的原则，关键要处理好以下几个方面的问题。

1.基础装修宜简洁

基础装修指的是对墙、顶、地表面的修饰。基础装修的形式有很多种，形式越复杂，占用的室内空间就越大，日后生活中的空间就会越小；形式越简单，占用的空间就越少，室内的高度、宽度等感觉就会舒服得多。基础装修一般不能表现个人的兴趣、情感、追求，只要洁净、舒适、安全就好。建议墙、顶白色就好，地面根据不同功能空间的要求可以略微复杂些，如在房间入口处铺装拼花大理石等，给空间环境进一步的营造留下足够的余地。

2. 要以家庭需求为主

家庭装修的目的是提高家庭生活的品质，所以家庭装修工程作品最终是要用于家庭日常生活。不同的家庭由于社会地位、经济实力、文化修养、审美情趣等方面的差异，对家庭装修的诉求就不同。家庭装修设计要面对不同的需求，满足不同档次的设计要求，就必须以首先满足基本装修要求为目标，将设计划分为基础装修和装修装饰两个层面。基础装修应满足所有家庭装修业主的需求，而装修装饰则根据不同家庭的特殊需求进行设计，这样才能适应整个社会对家庭装修设计的需求。

3. 要因房而宜

家庭装修是对住宅建筑的改造和提升，而住宅建筑又分为老建筑和新建筑。对于老建筑，特别是20世纪90年代以前的老住宅建筑，其套内户型、构件质量等都与现代生活要求有较大的差异，居住使用极不方便，在家庭装修设计时就要对其进行全面的改造，以提升其科学性和合理性。对于国家住房分配制度改革之后建设的住宅，特别是近年来由知名房地产开发商建设的住宅，则基本不需要进行户型的改造和构件的置换，可以直接进行装修装饰。在对老住宅的改造性装修设计时，户型的改造应科学、慎重，应满足保护结构安全的要求。

4. 要高度重视家具和配饰

家具是最能反映文化、风格的陈设，并且是家庭生活中的必需品，在装修设计中占有重要的地位，也是装修设计的重点。在家具设计上要特别注意风格上的统一和功能上的配套，要在有限的空间内完善所有家具的储物、使用、观赏功能，风格要和谐、统一，最好是在平面设计阶段就依据家庭生活的习惯谋划好，并统一进行设计，在材质、色调、款式上体现统一性、完整性。

字画、摆件、窗帘、台布、床上用品等配饰、配件是反映人们审美情趣和表现人们志向、品位的重要载体，也是提高住宅家居环境艺术性、趣味性、生活性的最重要元素。要因材制宜、因家而异地进行配饰的设计，使配饰的风格、情调与整个装修风格相统一，达到既方便生活、又提高生活品位的物质、精神双收获，展现出家庭的文化修养、艺术价值取向和生活品位。

（三）经济实用的原则

家庭装修的房屋是供家庭成员日后长期居住、使用的，在日常生活中会有电、气、水的消耗而产生费用支出，同时家庭装修过程中也会有一大笔的设备购买费用支出。如果装修时的某些项目日后很少使用或者根本不用，且使用时又大量消耗电、气、水资源，这样的项目就不应该设计到家庭装修中。这就要求人们在家庭装修中要遵循经济实用的原则。经济实用的原则主要表现在以下几个方面。

1. 节能减排的原则

减少家庭日常生活中的电、气、水资源的消耗和二氧化碳、废水等物质的排放是家庭装修设计的重要目标之一。节能减排不仅直接关系到家庭日常生活的开支，影响生活的品质，也是家庭承担的一项重要的国家、社会责任。要实现家庭生活节能减排的目标，在家庭装修设计时就要做好以下工作。

（1）优先使用节能减排的产品

不同的坐便器冲洗用水量能相差3倍，同样亮度的不同工作原理及品牌的照明灯具耗电量也能相差5~6倍。家庭作为人们日常生活的基本单位，使用不同能耗的产品，资源消耗量的差异之大数量惊人。能源、资源的消耗都是具有代价的，不仅增加资源消耗的支出，也会增加污染物的排放，是对家庭、社会双重负担的加重，也是对公共、自然环境的破坏。家庭装修中要优先选用节能、高效的家用电器、设备、灯具、节水型厨房、卫浴设备等新型节能、减排、环保的产品，以适应低碳生活方式的要求。

（2）充分利用自然资源

灯具、空调等在使用过程中都会消耗资源，同时排放二氧化碳、废气等污染物，而太阳光、自然风是既没有代价、又不会污染的可再生资源。现代人追求的是低碳、简洁、明快的生活方式，就更应该充分地利用自然光、自然风来调节家庭室内亮度、空气环境。因此，家庭装修中绝对不能封闭、遮挡窗户、风道等同室外交流的通道，而应最大限度地利用自然资源，减少资源的消耗和废弃物的排放。

2.适度装修的原则

家庭装修的费用支出是除购房外家庭最大的一笔支出，根据每个家庭的经济状况不同，装修支出是可变、可调的。要根据家庭的财力状况选择不同的设计方案、不同档次的材料和不同的施工队伍，力求做到与家庭的支付能力相匹配，坚持既保证家庭日常生活的质量又不铺张浪费的适度装修原则。适度装修的原则主要表现在以下几个方面。

（1）不提倡透支装修

现在金融机构对家庭装修可以发放一定数额的贷款，有些企业与银行联合给装修的家庭解决资金的缺口，但都需要家庭日后加息偿还，势必影响到家庭以后的日常生活。因此，家庭装修要量力而行，不要搞举债装修。家庭装修设计前要对家庭的资产状况进行一个大致梳理，确定好装修造价的控制额度，在既定的数额之内进行设计、选材、选择施工队伍和装修的操作模式，以取得相对满意的装修效果。

（2）不搞奢华装修

装修的目的是美化环境、方便生活、利于发展，要讲求实用。家庭装修应以方便实际生活需要为原则，生活中不需要的就没有必要设计到家庭装修中去。奢华装修不仅加大了装修的支出，同时也加大了日后维护、清理、保养的费用，增加了日常生活中的负担，对家庭来讲是花钱找罪受。家庭装修要注重功能的完善，以求在有限的家庭空间内让家人生活得更安全、更舒适、更方便、更经济，因此装修中应以这一目标对装修设计、选材档次、设备选型等进行控制。

（3）合理安排装修资金

家庭装修过程中的支出主要分为两类，一类是对建筑基础部分顶、墙、地的装修，主要是购买各种装修材料；一类是对提高生活环境质量和日常生活设施的添置。第一类支出是装修中的基础性投资，不必要搞得太高档、豪华，主要注重的是安全、环保、牢固、稳定，控制在一般档次不会影响装修效果和日常生活即可。第二类支出主要是卫浴、厨房等设备、设施的购置，家具、布艺、空调等家用器具等的购置与安装，这部分支出直接决定了装修后日常生活的便捷程度、环境安全、节能水平、装修效果等，应该稍加大投资以确保装修质量。

3.充分利用室内空间的原则

家庭装修的目的就是要在有限的面积内完善家庭生活的功能要求，最大限度地发挥住宅的使用效率，提高家庭生活的品质，这就要充分利用好室内的空间。特别是在房价昂贵的大城市，住宅内部的面积更是寸土寸金，充分利用好室内空间就是实现住宅功能、追求经济利益最大化的首要途径。充分利用室内空间的原则，具体体现在以下三个方面。

（1）充分利用房间高度

实现家庭生活功能要求的途径很多，不同的设计方案占用的室内面积大小不同，空间的利用效率也就不同，主要体现在对空间高度的利用水平不同。要进行占用面积小、空间利用效率最大化的家庭装修设计，就要充分利用住宅室内的净高进行设计，特别是在小户型中实现家庭生活储物等功能的设计。由于家庭日常生活用品繁杂众多、占用面积最大，在家庭装修设计时要以高柜、吊柜等把空间净高利用好，达到既实现日常生活用品的存储功能，又不过多占用或不占用室内地面面积的目的。

（2）要特别重视对小空间、不规则空间的利用

住宅建设中会形成一定的小空间、不规则空间，如风道、烟道周边、洗衣间等，这些空间容易造成视觉上的凌乱和使用上的不便，在家庭装修时没有好的设计就很难充分利用好这类空间。要充分利用好这类空间就要以寸土不让的思维，在不影响功能的前提下，采取量体订制的方式，以精准的家具设计等形式进行填充，以发挥出这类空间的最大效率。

（3）要特别注重对柜门的设计

家庭日常生活中使用的用品种类很多，但使用频率和时间要求有很大的差异，所以应该归类存储。在家庭装修时，要根据各类用品的不同属性、存储要求、使用特点等，设计高柜的形式与规格，以方便日常生活中的存取与使用。高柜规格设计决定了柜门的规格，要充分利用柜门的色彩、材质、表面造型、开启方式等提高整个柜体的完整性和协调性，并与家庭装修的总体风格相协调，达到既充分利用室内空间，又能反映个性化需求，提高装修效果的目的。

二、家庭装修的图纸设计

家庭装修设计最后要落实到具体的图纸上，以实现对工程的选材、施工过程进行事前的控制。设计图纸是指导家庭装修工程运作的最重要的技术文件，也是设计师脑力劳动的结晶和成果。人们常说，家庭装修总会存在遗憾，就是对设计的重视程度不够，仓促开工造成的，所以，家庭装修必须具备完整的设计图后方能施工。

（一）设计图纸的基本知识

要能够看懂图纸，就要对图纸中的内容有准确的认识。家庭装修设计图纸中主要包括材料、部品、部件、构件的表示，建筑结构中各部位的表示及各种紧固件、五金件等的表示。

1.装修中材料、部品、部件、构件的表示方法

家庭装修中使用的常规性材料、部品、部件、构件表示方法如图1-1所示。

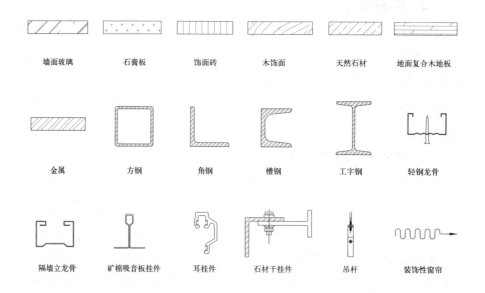

| 墙面玻璃 | 石膏板 | 饰面砖 | 木饰面 | 天然石材 | 地面复合木地板 |

| 金属 | 方钢 | 角钢 | 槽钢 | 工字钢 | 轻钢龙骨 |

| 隔墙立龙骨 | 矿棉吸音板挂件 | 耳挂件 | 石材干挂件 | 吊杆 | 装饰性窗帘 |

图1-1 家庭装修中使用的常规性材料、部品、部件、构件表示方法

2.建筑结构中各部位、构件的表示方法

在居民住宅楼中，门、窗、楼梯、楼门等在图纸中的表示方法如图1-2所示。

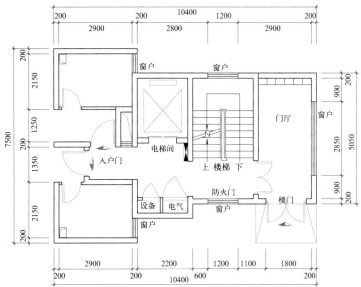

图1-2 住宅楼中门、窗、楼梯、楼门等在图纸中的表示方法

3.紧固件、五金件的表示方法

家庭装修中常用紧固件、五金件在图纸中的表示方法如图1-3所示。

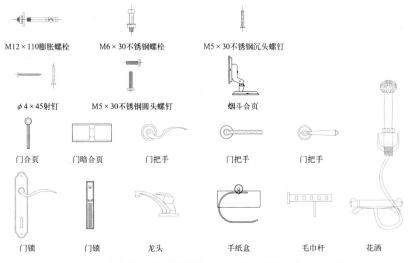

图1-3 家庭装修中常用紧固件、五金件在图纸中的表示方法

（二）平面设计图

家庭装修设计的重要目的是对有限的空间进行科学的规划，使空间发挥出最大的效用。预先正确地确定每个空间的功能、科学安排各功能区之间的联系形式，是家庭装修设计的重要内容，也是家庭装修设计的第一步。平面设计图就是确定各区域的功能、主要设施、设备的摆放位置及相关尺寸以及对日常使用中空间、设备效用的发挥等进行筹划和安排，是家庭装修中必不可少的设计文件。平面设计图包括俯视平面设计图及顶部平面设计图两份图纸。

1.平面设计图的内容

家庭装修中平面设计图表现的内容主要有三部分。第一部分是标明住宅室内结构的图样及具体尺寸，包括居室内的建筑尺寸、门、窗的位置及相应尺寸；第二部分是标明结构装修的形状及具体尺寸，包括装修构件、部件在室内的具体位置、装修装饰构件对于建筑结构的相互关系、具体尺寸、装饰面的形状和具体尺寸，图上需简要标明材料的规格和工艺要求；第三部分是标明家具、设备、设施的安放位置及在空间中的尺寸关系，简要标明规格和要求。图1-4是家庭装修平面设计图图例。

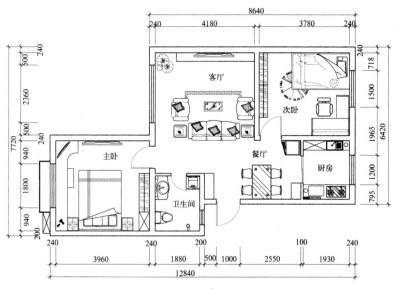

图1-4 装修平面图

2.平面设计图的制作

平面设计图使用图纸的技术语言对家庭空间进行的布局，是指导具体操作中装修设计的基础性文件，主要制作手段有手绘及计算机辅助绘制两种形式。由于家庭装修决策分散，意见不好统一，需要反复修改才能最终确定，故采用计算机辅助设计能够便于修改、提高效率，所以，家庭装修中平面设计图一般采用计算机设计、出图。

3.平面设计图的设计程序

进行平面图设计首先要精确地测量、绘制整个住宅室内建筑结构的平面图、标明各基层面及水、电、气管路入户端点的净尺寸。然后根据家庭人口数量、年龄结构、基本需求等进行家具、设备、设施的摆放设计，之后交给家庭成员进行修改、调整。在家庭成员意见一致后，确定设计方案，出图后双方签字确认。

在平面图设计阶段，设计人员主要考虑的是房屋的结构及家庭日常生活的要求，合理设计出家庭生活起居的流程和路线，科学地利用房屋有限的面积和净高，提出适宜的设计方案，对家庭成员的性格爱好、职业特点等考虑得较少。因此，在平面图设计阶段，家庭成员应该加强同设计师的交流与沟通，及时提出自己的设想和计划，协助设计师对平面设计图进行修改和完善，设计人员也应加强说明和指导，才能保证做出满意的平面设计效果。

（三）效果图

1.效果图的内容

效果图是依据平面设计图的设计方案，把家庭装修中室内空间的最终装修结果用透视图的形式表现出来，是技术与艺术相结合的产物。通过效果图的展示，家庭装修后的色彩关系、质地表现等都能得到视觉上的体验，对于家庭最终决定装修具有极为重要的作用。装修效果图的设计过程，是家庭成员与设计师深入交流与沟通的过程，也是一个不断修改、完善的过程。家庭主要成员要同设计师就装修装饰材料、部品的规格、型号、质地、色彩、图形等进行反复的研究、探讨、比对和筛选，才能最终确定。

图1-5 家庭装修的手绘效果图

效果图有手绘及计算机辅助设计打印出图两种，都属于设计师脑力型创造性工作的成果，反映的是设计师的能力和水平。设计师的专业素养及对家庭成员喜好、兴趣、美学及价值观等取向的理解与把握水平，直接决定了效果图的设计水平和客户的接受程度，也决定了效果图的设计过程和表现能力。效果图一般是由设计经验比较丰富，有较强亲和力的设计师进行设计，在家庭装修工程中称为主设计师。图1-5是家庭装修的手绘效果图图例。

2.效果图的制作

手工绘制的效果图是由设计师绘制。好的手工绘制 效果图图面一般比较活泼自然，艺术表现力较强，看起来比较舒服。但手工绘制效果图制作时间长，专业水平要求高，修改很不方便，耗费精力大，在一般的家庭装修中使用不很普遍。但在著名装修工程公司，优秀设计师在个性要求较高、装修投资较大的项目中，手绘效果图的数量较多，标准也较高。

计算机绘制的效果图虽然不如手工绘制的富有情感，但其制作快捷、修改方便、表现得比手绘图较为客观，同装修后的实际效果差别小，引起误解和纠纷的机会就少。因此，目前家庭装修中效果图的制作主要依靠计算机出图，以适应设计人员专业素质不高的现状。即使是手工绘制的效果图，一般也要在计算机上建模，进行机上的反复修改后，最后由设计师手绘出图。

应该指出的是，无论是手工绘制还是计算机辅助设计出的效果图，表现的装修效果只是一个静态的表现，是抽象思维的表现形式，在实施过程中受自然环境变化的影响和材料、施工工艺等限制，装修的最终结果一般很难与效果图完全一致。因此，效果图虽然作为家庭装修中的重要设计文件，但不是工程质量验收的绝对依据，实际装修效果与效果图存在着一定的差异是合理、正常的。

3.效果图的设计程序

现在市场中供家庭装修设计使用的软件很多，部分大型住宅装修公司还自己开发了专业的住宅装修设计软件，设置了自己的材料、部品、家具、饰品等样品库，使得效果图的设计进一步程序化、规范化、便捷化。

利用计算机辅助进行效果图设计的一般程序是首先根据平面图标明的空间尺寸，由专业技术人员在计算机上建立三维空间，再按照设计要求将各种装修装饰材料、部品分别模拟装入各装饰面。在结构基层装饰面完成后，再将各种家具、灯具、设备、设施、饰物等按设计模拟摆放、安装、配备到空间中，进行观察、分析、比对、筛选、调整，在达到满意效果后出图。

效果图的设计，必须反映家庭人员对装修风格的追求和喜爱。因此，效果图的设计必须有家庭装修业主的积极参与和详细指示，并发挥主导作用。设计人员作为创新的参谋，文化、艺术修养的引领者，始终发挥提示、解说、答疑的职能，协助业主正确地选择和确定各种装修装饰功能材料、部品、部件及家具、卫浴设施、灯具、配饰等，准确地表现出家庭的个性化要求和装修装饰效果，这也是控制家庭装修投资的重要依据。

（四）施工图设计

平面设计图和效果图都只是提供给家庭装修业主的设计文件，以供家庭装修投资者参考、决策，对指导装修过程中各具体施工过程的材料选用、工艺方法、技术要求、质量保证等作用不大。要指导工程施工必须对设计进行深化，

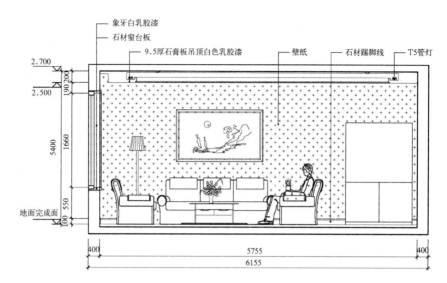

图1-6 家庭装修中客厅施工立面图

设计出专业的供给施工人员的设计文件，具体指导每个装饰面、每个分项工程、每个工种、工序的施工操作，这就是施工图的设计与编制。

1.施工图设计的内容

施工图设计是在平面设计、效果图设计的基础上，把装修装饰工程的各装饰面的基础层处理、结构构成、材料结合、工艺技术要求等用技术图纸的形式绘制出来，交代给施工人员，以保证准确、详细、顺利地实施施工组织和高质量地完成好整个施工过程。施工图是家庭装修中最重要的设计文件，主要包括立面图、剖面图和节点图。图1-6是家庭装修中客厅施工立面图的图例。

施工立面图是室内墙面与装修完成面的正投影图，标明了室内的标高、吊顶装修的尺寸及梯次造型的尺寸关系；墙面装修造型的款式、图案、线条的位置、尺寸；墙面与门、窗、隔断等的规格、尺寸；墙与顶棚、地面的衔接方式及尺寸关系等一系列数据。立面图对组织施工中材料、施工人员等要素进场具有直接的指导作用。

剖面图是将装修完成面进行通体或局部剖切，以表达装修面与基层的连接方式、装修面内部的结构的构成方式、使用装修材料的加工方法、尺寸和与连接件、固定件的相关联系等技术要点和施工方法。剖面图标注了施工中各种材

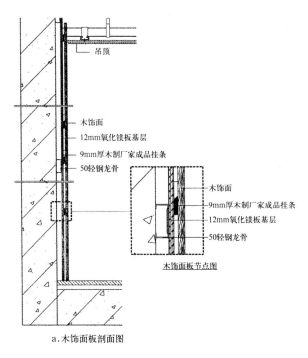

木饰面

12mm氧化镁板基层

9mm厚木制厂家成品挂条

50轻钢龙骨

木饰面

9mm厚木制厂家成品挂条

12mm氧化镁板基层

50轻钢龙骨

木饰面板节点图

吊顶

a.木饰面板剖面图

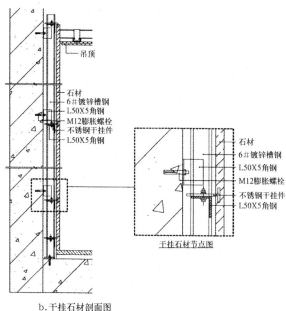

吊顶

石材

6#镀锌槽钢

L50X5角钢

M12膨胀螺栓

不锈钢干挂件

L50X5角钢

石材

6#镀锌槽钢

L50X5角钢

M12膨胀螺栓

不锈钢干挂件

L50X5角钢

干挂石材节点图

b.干挂石材剖面图

图1-7 家庭装修剖面图与节点图

料、部品、部件的详细尺寸、工艺做法、施工质量要求等技术指标、标准，是指导施工现场加工制作、拼接组装、安装固定的主要依据。

节点图是将两个装修面以上的交汇点、主要的部品、部件与基层的连接、固定点的施工方式等，按垂直或水平方向进行剖切，以标明装修面之间、部件与基层的接连、固定点的施工方法。节点图详细表现了装修面、部品、部件等交接、固定、收口、封边的施工方法和相关尺寸，是指导施工现场施工及质量验收的重要依据。图1-7是家庭装修节点图与剖面图。

2.施工图的制作

施工图的质量水平直接决定了施工质量，是指导施工现场生产加工、组装搭接、安装固定的最重要的技术文件。施工图的设计与制作应根据设计平面图、效果图的设计方案，结合家庭装修的大概预算和质量等级要求，依据国家、行业、地方及企业的设计、施工标准、规范进行家庭装修施工图设计。

施工图的设计及制作，是一项专业性、技术性、规范性很强的工作，需要由有经验的专业工程技术人员设计完成。家庭装修业主由于一般不具有专业技术知识，所以一般不参与到实际设计过程中，但要对设计完的施工图进行最后的确认，使家庭装修工程正式开工。家庭装修业主在确认、批准施工图时，要认真听取设计师的讲解，切实搞清楚施工图的内容。

3.施工图的设计程序

设计、绘制施工图应该首先根据平面图、效果图的设计，绘制立面图。绘制立面图要根据国家的设计规范和制图标准，全面、准确地标注室内标高及各装修部位的尺寸。而剖面图应该是在墙面装修时结构最为复杂的部位进行剖切，一般采用直剖的形式，如果结构变化较多，也可采用阶梯剖或特殊剖，剖面图剖切的位置应在立面图中注明。节点图是在由多种材料构造的部位进行进一步的放大，绘制出局部构造的放大剖面图，所以又称为大样图。节点图的截选位置，应该在剖面图中进行标注。

施工图设计是指导施工的最主要的技术依据，必须准确、完整，才能正确地指导施工，所以施工图设计必须由专业技术人员，严格按照国家现行标准、规范进行设计，并由项目负责人进行审核，报企业技术负责人批准后方能实施。为了切实提高设计各环节的责任意识，专业设计师、项目设计负责人、技术负责人都应在施工设计图纸上签字，并承担相应的技术责任。

三、家庭装修的空间功能设计

家庭装修的目的是完善住宅的功能，提高居住生活的品质。为了在有限的空间内完善功能，就需要按照功能进行预先的策划和安排。在家庭装修时，空间功能设计非常重要。

（一）居室的功能划分
1.功能划分的作用

家庭居住和使用的住房面积是一个定值，在有限的空间内，家庭成员需要进行进餐、睡眠、卫浴、学习、娱乐等日常活动，而各种活动对空间环境的要求各不相同。如果在装修前不能确定每个房间的用途，就无法进行正确的设计和施工，装修后的空间环境也就不能适应家庭日常生活的要求，使用就不可能安全、便捷、舒适。在住房面积既定的条件下，要避免家庭日常活动的相互影响和干扰，提高家庭居住面积的利用率，需要对住宅整体进行规划和设计，合理确定各部位的作用，按照家庭生活的要求对空间环境进行设计、谋划。

2.家庭装修中的主要功能区域

家庭生活的基本功能就是维持生命和延续种族，家庭生活的基本内容就是维持生命的吃、喝、拉、撒、睡和延续种族的择偶、结婚、生儿育女。在现代城市中，由于社会化大生产的需要，对家庭成员在知识、能力上提出更高要求，需要人们不断学习，掌握生存的技能和知识。因此，住宅中应该具有的功能区域就有维持生命和延续种族的餐饮区、休息睡眠区、洗盥卫浴区以及适应当前社会要求的休闲娱乐区、工作学习区和会客接待区。

应该特别指出，家庭功能空间的划分与住宅内的房间数量没有必然的联系。无论是小户型住宅还是豪华别墅，家庭的基本功能和基本生活内容是基本相同的，不同的是实现基本功能使用的住宅面积不同、实现的质量不同，这就成为生活品质高、低区分的重要考核、评价内容。在小房间内基本功能可以通过相互融合在有限的空间内得到满足，这就更需要进行科学的设计。

3.功能区的合理分布

城市住宅在开发建设中，家庭住宅位置、体量、朝向、净高、进深、给排水等已经确定，在家庭装修中很难进行改动。家庭日常生活具有相对固定的程序，形成一定的规律和流程，这就是家庭生活习惯。在进行功能划分和设计时，要根据住宅的基本情况和家庭的生活习惯进行科学划分，这样才能使住宅内部空间环境安全、清洁、卫生，使生活便捷、舒适、幸福。

城市居民住宅楼自入户门开始沿进深排列，可以将住宅内部划分为外区和内区两个区域。外区是自入户门开始到第一道结构承重墙形成的区域，内区是第一道承重墙以内形成的区域。从总体布局设计时，会客接待、休闲娱乐、餐饮等功能区应在外区，休息睡眠、洗盥卫浴、工作学习等区域应放在内区，这在住宅建筑设计时就已经进行了基本的规划设计，在家庭装修时，按照家庭生活的基本要求进行划分就可以达到目的。

由于家庭成员的构成数量、年龄、生活习惯的不同，在家庭装修中，功能区域划分更多的是按照家庭日程生活的流程进行功能区的细分和线路设计。厨房和餐厅应该相连，但是否需要融合相通。还有家庭的厨卫垃圾的收集、消纳过程，衣物的洗涤、晾晒、存贮过程等，都需要进行合理的布局，以设计出安全、便捷、卫生的线路，从而能达到合理利用空间、保证室内环境质量。

（二）各功能区的设计原则

1.休息睡眠区的功能设计

人类要面对两个无法克服的客观现象，一个是黑夜的自然现象，一个是需要睡眠的生理现象，所以休息睡眠区是家庭住宅中最基本的功能区，也是必备的功能区。休息睡眠是人们再生产出劳动力的最基本的日常生活活动，也是抗风险意识最薄弱、生命体征最危险的时刻。因此，休息睡眠区是住宅中要求水准最高的区域，也是家庭装修设计中最为重要的区域。

休息睡眠区一般称为卧室。一般人大约有1/3以上的时间是在睡觉，睡觉的质量直接决定了人们的生存品质和劳动力再生产的水平。所以要实现卧室的功能要求，床是必不可少的设施。要根据居住者的婚姻状况、年龄及起居习惯，设置不同种类、规格的床，以满足人们生理上的需求。同时，为了便于日常生活，根据卧室空间的面积，还应设置床头柜、衣柜、梳妆台及沙发等设施，以提高生活的品质。图1-8是上述设施在设计时的图识。

卧室根据居住者的婚姻状况分为主卧、次卧、儿童房、工人房等种类，不同房间其室内设施的配置就不同。主卧是由家庭夫妇共同居住的空间，也是日常生活内容最丰富的房间。所以主卧的床应该配置双人床，规格也应宽大，家具等生活设施要齐全、配套。主卧在现代住宅建设中，一般配有相对独立的洗盥卫浴区，在功能设计时要统一进行设计，以提高生活的方便性和情趣。在家庭装修中，主卧的设计是重点，必须给予高度重视。图1-9是主卧设计的效果图。

次卧、儿童房、工人房等休息睡眠区，由于日常生活内容相对单调、简

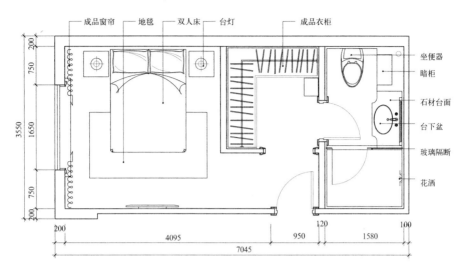

成品窗帘　地毯　双人床　台灯　成品衣柜

坐便器

暗柜

石材台面

台下盆

玻璃隔断

花洒

200　200　750　3550　1650　750　200　200

200　4095　950　120　1580　100

7045

图1-8 卧室平面图

图1-9 卧室设计效果图

单，一般只配备单人床或小规格的双人床，配套家具一般只有床头柜、小规格衣柜等家具就能实现功能要求。儿童房应该根据孩子的年龄、就学层次、性别、体貌特征等进行设计，除床的类型、尺寸等基本要素要适应孩子的需要外，还应配置书桌、书柜等用于学习的设施或家具。

休息睡眠区对空间环境的要求也较高。无论是主卧还是其他卧室，空间要求面积不求太大，但要求安全、封闭、隐秘。结构上要求相对独立，环境要求雅静，门、窗要求具有良好的隔音性能，户外窗的内侧应该有严密的窗帘隔绝光的照射，顶、墙部的灯光不宜直照室内，采用折射光照明效果较好。总之，休息睡眠区环境要求动静自如、明暗鲜明。

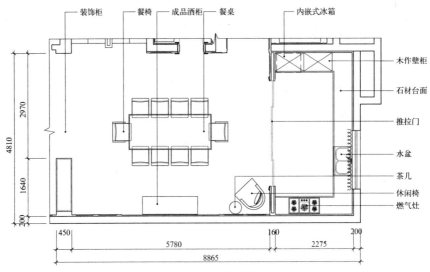

装饰柜　餐椅　成品酒柜　餐桌　内嵌式冰箱
木作壁柜
石材台面
推拉门
水盆
茶几
休闲椅
燃气灶

2970　4810　1640　300
450　5780　160　2275　200
8865

图1-10　厨房、餐厅平面图

2.餐饮区的功能设计

吃饭、喝水是维持人类生命的最基本的日常生活活动，也是人的基本生理需求。所以餐饮区是家庭住宅中最基本的功能区，也是必备的功能区。人类在进化过程中，已经改变了饮食习惯，是以吃熟食为主，所以餐饮区必须要有加工食材，具备做饭、烧水的功能，如此，才能满足人们日常生活的需求。家庭住宅餐饮区应该包括厨房和餐厅两个专业组成部分，并分别配置不同的设施、家具。图1-10示餐饮区主要配置的家具、设施在设计图中的图示。

厨房是住宅中使用率最高的专业性区域，其功能就是炒菜、做饭、烧水、煲汤，为家庭提供可口的饭菜，使人的生命得以延续，体力精力尽快得到恢复。加工食材需要消耗相应的能源，如燃气、沼气、电、煤等，具有一定的危险性，容易发生安全事故，造成人员伤亡和财产损失。所以厨房也是一个对安全性能要求较高的专业功能区，必须采取相应的安全防范措施，以消除隐患、确保安全，这在厨房功能设计时就要充分重视。

随着我国经济、技术的发展，厨房的技术升级和产品更新换代的速度越来越快，新技术、新产品层出不穷，从而为厨房的功能设计提供了广阔的空间。目前工业化生产的整体厨房、整体灶具等在市场上广为流行，其功能设计齐全、配套、使用也更为简便，特别是在节能环保、提高能源利用效率、提高厨房功能等方面更为符合低碳生活方式的要求，是实现厨房专业功能的好产品，在家庭装修中建议有经济实力的家庭优先选用此类产品。

厨房是为人们加工食品的区域，也是住宅中卫生要求最高的专业区域。厨房主要由灶具和橱柜组成，其中灶具在使用中产生的油烟、废气等，是产生污染的主要来源，必须进行通风换气和排油烟。要选用排油烟性能优良的排油烟机，最大限度地排除灶具使用中的油烟、废气。同时，厨房的顶棚、墙面、地面也应该是选择不易污染、易于清洗、保洁的材料，并经常进行清洗。橱柜表面材料的选用也非常重要，台面应选择防火、防污、防腐、防蛀、防酸、防碱的材料。柜门、抽屉门等也应选择不易污染、易于清洗、保洁的材料，才能确保厨房的卫生安全。

厨房一般是家庭主妇在日常生活中使用时间最长的区域，处于长时间独立工作状态，如何使家庭主妇避免孤独感，加强厨房内外的交流，提高家庭生活的温馨程度，是厨房装修中功能设计的一个重要的课题。很多家庭在厨房功能设计时将厨房与餐厅打通，让家庭成员在厨房和餐厅内无间隔进行交流，共同进行食材加工，能够提高家庭主妇的幸福感，也是一种很好的设计。

现在社会上流行一句话——"装修档次看厨房"，足以说明厨房在家庭装修中的重要位置。厨房装修的档次主要体现在橱柜、灶具、厨房配套产品的档次上，厨房设备、设施的档次越高，搭配得越科学，功能越齐全，用材越合理，色彩越光鲜、明亮，厨房的档次就越高。厨房的档次越高，生活的方便性、舒适性也就越高，生活的品质也就会越高，因而，厨房装修应该是家庭装修中投资的重点。图1-11是家庭装修中厨房装修的效果图。

图1-11 厨房效果图

家庭中的餐厅既是家庭成员共同聚餐的地方，也是招待客人用餐的场所，是家庭中最重要的社交空间。餐厅的功能要求餐厅的装修要有一定的档次，如果空间允许，应该配置餐桌、餐椅、酒柜等家具，有些家庭还要设置吧台、吧凳等设施。图1-12是家庭装修中餐厅装修的效果图。

图1-12 中式餐厅效果图

3.洗盥卫浴区的功能设计

大便、小便、洗脸、洗澡是人生理活动的必然现象，也是家庭日常生活的必要内容。因此洗盥卫浴区是家庭住宅中的最基本的功能区，也是必备的专业区域。洗盥卫浴区一般称为卫生间，需要设置坐便器、洗脸盆、淋浴器、浴缸等设备、设施，有些家庭还设置净身器、浴房、桑拿房等设备、设施。图1-13是卫生间各种设备、设施的设计时的图识。

本案设计了厨房的最佳流程。食材从冰箱取出后，在粗加工区进行挑选，择剔后清污、洗净；在加工区进行改刀后进行调味、配制；在烹制区加工成熟食，由备餐柜转入餐厅。整个流程生熟分开，没有交叉；操作台面下的底柜和墙上的吊柜，配以冰箱、集合灶下的消毒柜、备餐柜等形成的各类集纳空间，

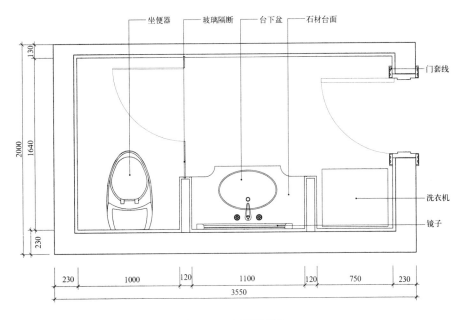

图1-13 卫生间平面图

将食材、调料、工具、器皿等隐蔽收纳，整个空间整洁、干净，最大限度地满足了卫生的要求。

　　家庭装修中卫生间的功能设计要根据面积进行，面积大的可以将功能设计得更多、更全面，而面积再小的，也要保证坐便器、洗脸盆和淋浴器等基本功能设备、设施的安放。根据工程实践，在一平方米的空间，就可安置蹲坑、洗脸盆及淋浴器，实现卫生间的基本功能。根据卫生间面积设置功能设备，应该进行合理的布局，以提高功能设备、设施使用中的方便性。

　　卫生间是家庭中私密性要求最高的专业区域，在结构处理上，要有较强的封闭性。卫生间又是家庭用水最多的区域，对防水、防滑也具有较高的要求。地面要有偏向地漏的坡度，保证地面不存水；地面材料必须要有防滑性能；所有设备、设施应具有防潮、防霉的性能。所以，卫生间使用的设备、设施一般以陶瓷、塑料、玻璃、不锈钢等材质为主。图1-14是家庭卫生间装修后的效果图。

　　随着我国科学技术的不断发展，卫浴设备、设施的技术升级和产品更新换代的速度加快，新型卫浴设备、设施层出不穷，为家庭卫生间功能设计提供了

图1-14 卫生间效果图

更多的选择。当前整体卫生间、整体浴房等新产品在市场上非常流行，在面积允许的条件下，有购买能力的家庭可优先选用。我国是一个水资源极度匮乏的国家，节水的任务相当紧迫、艰巨，卫生间又是消耗水资源最多的空间，各种设备、设施均应优先选用节水型新产品。

卫生间设备、设施在使用中所产生大量的水蒸气，会凝结在设备、设施表面会结成水，特别是凝结在各种家用卫浴电器上，具有较大的危险性。为了实现卫生间的安全功能，卫生间顶棚上的照明灯、浴霸等电器应具有防潮、防爆的功能，卫生间内设置的等电位联结箱（盒）应联结正确并不得损坏。

4.工作学习区的功能设计

在信息化时代和知识型社会建设中，学习已经成为对每个社会成员的普遍要求。当今互联网时代下，学习与工作的状态已经发生了深刻的变化，逐渐成为家庭生活中基本的日常活动。特别是移动网络技术的普及应用使家庭成员将更多的学习、工作任务转移到家庭中进行，使家庭住宅对工作学习区域的功能要求越来越高，设置专业区的必要性越来越大。图1-15是工作学习区家具、设施在装修设计中的图识。

工作学习功能区的设置具有较大的可变性，主要是依据家庭住宅的实际面积和户型设计确定，具有可调性和融合性。在家庭住宅面积和房间数量允许的情况下，可以设置相对独立的区域，一般称为书房，再大一点的还可称为工作室。如果面积与房间数量不足以单独设置，工作学习区可与餐厅、卧室、阳台

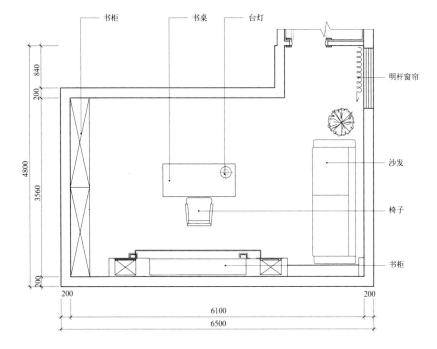

图1-15　书房平面图

等相融合，对空间进行适当的划分、调整，实现工作学习区的基本功能。

　　阅读、上网、写字、画画儿、使用计算机等是人们当前工作学习的基本形式，不同职业、年龄、兴趣、学历、经历的人，在学习、工作方式上存在较大的差异，所以，工作学习区是一个高度反映个性化的功能区。设计师在进行功能设计上要与业主的需求高度吻合，要与业主进行深度的交流。同时在空间环境气氛的营造上要与业主的性格、审美情趣、价值取向相适应，充分利用家具、字画、摆件等反映出个性化要求。图1-16是书房装修的效果图。

　　5. 会客接待区的功能设计

　　人的社会性决定了每个人都存在着人际关系。兄弟姐妹、亲戚、同事、同学、同乡、邻里、朋友等难免会相互走动，这也是家庭生活的一个重要组成部分，也属于必要的基本日常活动，所以，家庭住宅中需要一个必备的功能区。会客接待区一般称为客厅，其需要设置的家具、设施包括沙发、椅、凳、茶几等。图1-17a是客厅家具在装修设计中的图识。

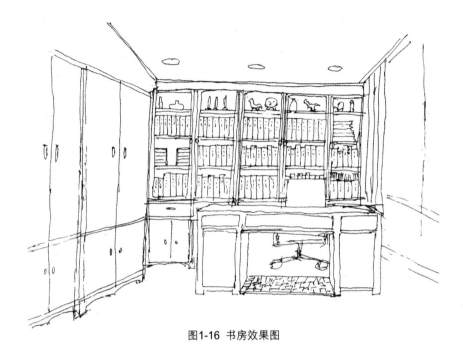

图1-16 书房效果图

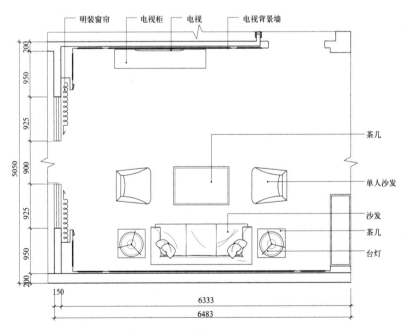

图1-17a 客厅平面图

客厅是家庭住宅中最开放的区域，也是表现家庭作风、习惯、品位最为明显的空间，其基本功能就是接待亲朋好友。在接待气氛营造方面存在着中、外的明显差异，这是在客厅功能设计中首先要解决的基本问题，也是业主最为关心的问题，需要在设计中优先解决，其中座位的设置是关键因素。

中国传统接待客人的座椅是太师椅，并在两把椅子中间设置茶几，而且椅子数量均为偶数，呈成双成对的摆放模式。主人则多以塌等配以小茶几为座位。客厅的室内家具也多以多宝阁、条案等作为陪衬，墙面配饰主要是水墨字画、牌、匾、屏等。营造的气氛是古朴、典雅、庄重，体现的是中华民族文化中谨慎、诚挚、文明的传统思想意识。图1-17b是中式客厅装修的效果图。

图1-17b 中式客厅效果图

西方客厅用于接待客人的座位是沙发，坐上去柔软、舒适、随意，沙发的式样有单人、双人、三人等多种，摆放上是以大小不同组合成套，数量一般为三个一组，并呈主、次的摆放模式，茶几放在沙发的前面。客厅的室内家具多以酒柜、陈列柜等作为陪衬，墙面配饰主要是油画、织物、兽首等，营造的气氛是活泼、轻松、开放，体现的是西方文化的自尊、奔放、刚强的思想意识。图1-18是西式客厅装修的效果图。

图1-18 家庭装修西式客厅效果图

6.休闲娱乐区的功能设计

人的一生除吃饭、睡觉、上班、学习之外，还要有闲暇时间，需要有相应的喜好、兴趣陪伴人度过闲暇时间。因此，休闲娱乐区也是家庭住宅中必不可少的功能区。一般家庭由于居住条件的限制，把休闲娱乐区与会客接待区合并，在客厅内配置电视、健身器等设备，有些家庭还将钢琴、古琴等也摆放在客厅内，既提高了客厅的文化、艺术品位，又充分利用了室内空间。

休闲娱乐区是根据家庭的居住条件设定的，具有极大的弹性。小户型的住宅，客厅、卧室、阳台、餐厅等都可以兼有休闲娱乐的功能，实现棋牌、乐器、健身、书画、看电视等娱乐功能。大户型住宅，则可以根据家庭成员的喜好设置专业的琴房、健身房等。豪华别墅内可以设置家庭影院，甚至游泳馆、羽毛球馆、篮球馆、射击馆等。

7.阳台区的功能设计

阳台作为家庭住宅的附属，属于住宅中可以独立利用的空间。在当前我国城市居住条件仍不宽裕的情况下，充分利用好阳台空间，对每个家庭都很重要。阳台分为向阳面阳台和背阳面阳台，在装修设计中应该进行玻璃窗封闭，形成独立的小空间加以利用。

向阳面阳台封闭后形成的面积一般大于背阴面阳台，而且阳光充足，温度较高，根据家庭成员的爱好和实际生活需要，可以有多种设计方案。第一种是设计成单独的学习空间，配置按实际尺寸定制的桌、椅、书柜、书架供中、小学生使用。第二种是设计成单独的休闲娱乐空间，配置健身器、高尔夫推杆练习器等设施，供家人健身、娱乐时使用。第三种是设计成花鸟房，种花、养鱼、养鸟等。

背阳面阳台封闭后成形的空间不大，而且一般都与厨房相连，封闭后一般有三种利用方式。第一种是设计成独立的炒菜间，将灶具设置在封闭后的阳台，减少对室内环境的污染。第二种是设计成储物间，利用温度较低、通风较好、食品不易变质的特点存放粮食、蔬菜、调料等。第三种是设计成独立的洗衣房，放置洗衣机、存放脏衣物的橱柜等，专门用于洗衣服。

（三）不规则空间的设计

住宅内的房间一般都是正四边形，功能设计比较简便。但有些住宅楼在设计时考虑到结构的抗震强度、采光与通风的要求及外观质量等因素，使建成后住宅内部形成了三角形、圆弧形、多边形等不规则的房间。这部分不规则空间不仅视觉感受差，使用上也不方便，是家庭装修设计中的重点和难点，必须下功夫加以完善，以提高装修的效果。

在不规则空间设计中，隔断是经常使用的方法。隔断除采用轻钢龙骨石膏板隔断墙外，还可采用家具隔断、屏风隔断、幔帐隔断、玻璃隔断等多种形式。永久性固定隔断应采用墙式或家具隔断；生活中特定时刻需要移动的宜采用屏风式隔断；只有在特别要求下才使用的宜用幔帐式隔断；顾及空间装修完整性的宜采用玻璃隔断。

1.三角形空间的设计

三角形空间有大小之分。对于小面积的三角形空间，装修时可以采用填充的方法，使其与其他墙表面形成一个平面，既改变了空间的视觉效果，又充分利用了室内空间。填充的具体方法就是按三角形空间尺寸，定制三角形陈列柜，电视柜、衣柜、储物柜等家具，摆放在三角形空间之中，使可视空间转变成正四边形空间。对于面积较大的三角形房间，可在三个角分别设计不同的到顶家具，使空余的空间成为正四边形。图1-19是两个工程案例的平面设计图。

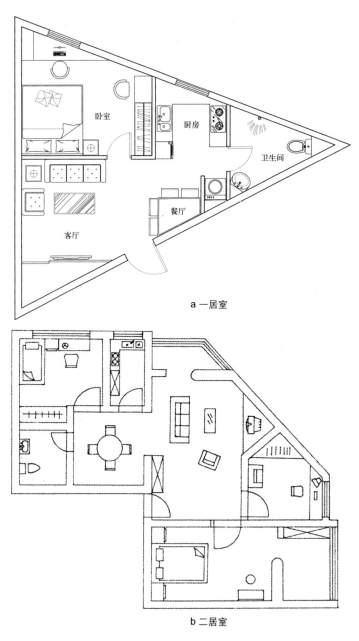

a 一居室

b 二居室

图1-19 三角形房间平面图

2.圆弧形空间的设计

圆弧形空间有两种形式，一种是在外窗处，形成圆弧形空间，一种是结构墙形成圆弧形空间。户外窗形成的圆弧形空间，如果是落地窗的，一般不用加以改动，只是在两边摆放花卉或绿色植物即可改变视觉效果。如果是半截墙的，可在两端设置齐墙的定制花架、花托，也可改变视觉效果。对结构墙是圆弧形的，则应以到顶的组合柜进行填充，组合柜的形式如图1-20。

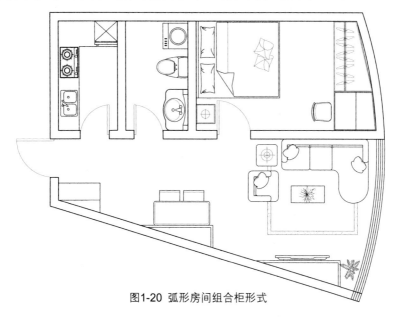

图1-20 弧形房间组合柜形式

3.多边形空间的设计

多边形空间设计的基本思路是将其改造成正四边形。一般有两种方法：一种是将多边形空间向其他空间扩展，把相邻的空间合并到多边形空间中进行整体设计，如把阳台同房间合并在一起进行设计，便于调整布局、提高设计效果。另一种是缩小的方法，把大多边形空间分割成几个区域，利用家具等进行填充，使每个区域都达到正方形的效果，从而实现空间的方正化。

（四）功能区设计实例

1.一室一厅户型的设计实例

一室一厅住宅在住宅中所占的比例很小，一般只适合新婚夫妇、老年人居

图1-21 一室一厅户型平面设计图

住。一室一厅的户型一般面积在40～50平方米之间，由于室内空间有限，所以各功能区必须合并，才能满足基本功能的需要。图1-21是一室一厅户型的设计实例。

本案是一个典型的两口人之家的家庭装修设计，家庭生活中的主要家具、用品等都被设计在家庭有限的空间内，而且摆放位置合理，使空间布局科学，活动的空间达到了最大化。这种一室一厅户型的家庭装修设计具有很强的普遍性。

2.二室一厅户型的设计实例

二室一厅住宅是城市住宅中的主要基本户型之一，在住宅中所占的比例很大。二室一厅住宅主要适合三口之家居住使用，面积在60～70平方米之间的居多。由于是两个房间，所以可以设置儿童房或学生房，家庭生活功能区划分可以细化。但二室一厅户型一般只有一个卫生间，有些主要功能区仍需合并。图1-22是二室一厅户型的设计实例。

本案是一个典型的两代四口之家的家庭装修设计，面积虽然不大但设计的非常得体，满足了两代人的基本功能需求，是准备结婚又没有单独住房青年人进行家庭装修时的很好参考。

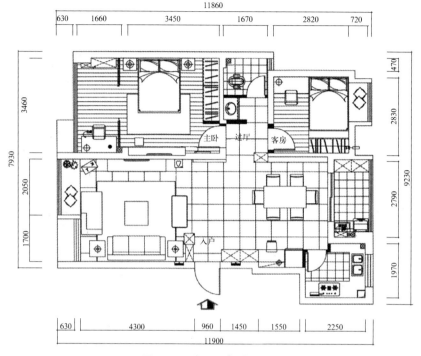

图1-22 二室一厅户型平面图

3.二室二厅户型的设计实例

二室二厅住宅是城市住宅中的基本户型，在住宅中所占的比例较大。二室二厅住宅主要适合三口之家居住使用，面积在70～90平方米之间的居多。由于餐厅和客厅分开，可以对生活功能区进一步细化。二室二厅户型一般能有两个卫生间，一个设置在主卧之中，另一个为公共使用。但这种户型面积也相对有限，有些主要功能仍需合并。图1-23是二室二厅户型的设计实例。

本案是一个典型的三口之家，在我国非常普遍，户型也是我国住宅的基本户型，户内各功能空间齐全，布局在建筑设计时已经进行了合理安排，装修设计只是对各功能空间设备、设施的位置、规格进行了设计，就可完全实现家庭日常生活的要求。此设计实例具有普遍的参考价值。

4.三室一厅户型的设计实例

三室一厅住宅是城市住宅中的主要基本户型之一，在住宅中所占的比例最大。三室一厅住宅主要适合3～4口之家居住使用，面积在85～100平方米之间

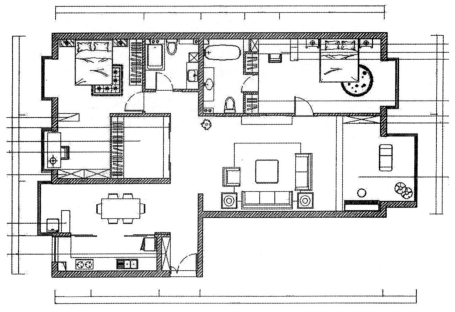

图1-23 二室二厅户型平面图

的居多。由于有三个房间可供使用，家庭生活功能区的划分可以进一步细化。三室一厅户型一般能有两个卫生间，一个设置在主卧之中，另一个为公用，这样的户型可供设计的内容比较多。图1-24是三室一厅户型的设计实例。

　　本案建筑面积116平方米，属于较大的三室一厅户型。设计时将采光条件最差的房间作为主卧，充分考虑了私密性要求。由于一个整体的大厅狭长，呈"T"形，在向阳的一侧隔离出一个书房，可以用于学习，办公，丰富了家庭的功能。本案例是三代同堂，满足了各代人的功能要求，对三代同堂家庭装修具有极好的参考作用。

5.三室二厅户型的设计实例

　　三室二厅住宅是城市住宅中的主要基本户型之一，在住宅中所占的比例很大。三室二厅住宅主要适合3~4口之家居住使用，面积在100~120平方米之间的居多。由于三室二厅户型一般有两个卫生间，在住宅设计中还独立设立洗衣间等，可供使用的空间较大，家庭装修设计中的内容比较丰富，更能体现出设计师的设计水平。图1-25是三室二厅户型的设计实例。

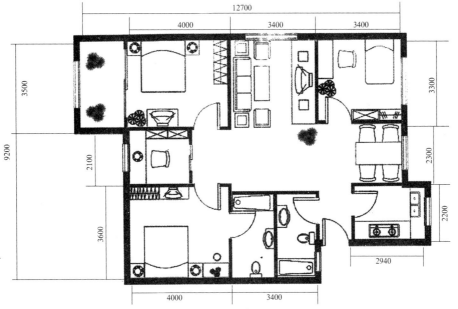

图1-24 三室一厅户型平面图

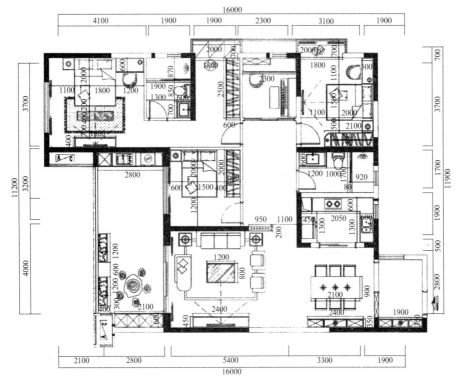

图1-25 三室二厅户型平面图

本案户型面积约160平方米，属于豪华型三居，是城市中成功人士使用的主要户型。在设计中，设计师将主卧的门外移，形成了衣帽间和书房两个独立空间，增加了主卧的功能；把阳台划分成生活阳台和观赏阳台两个区域，增加了阳台的功能；在客厅与过道之间设计了多宝格，增加了客厅的面积等设计，都有很好的参考价值。

6.错层户型的设计实例

错层户型住宅在城市住宅中所占比例不大，但错层户型具有较大的特殊性，由于地面具有阶梯性，在住宅装修时要有台阶、栏杆、扶手等进行设计。同时错层住宅的套内面积一般都比较大，所以设计的内容也比较丰富。图1-26是错层户型的设计实例。

本案是一个较典型的错层户型，通过3步台阶形成的高低差将户内分为两个区域，低区为日常生活区，包括了客厅、餐厅，设计师对入户的第一间房，给出了书房或娱乐室两种设计。高区为睡眠区，设置了三个卧室，满足三代人居住的需求。

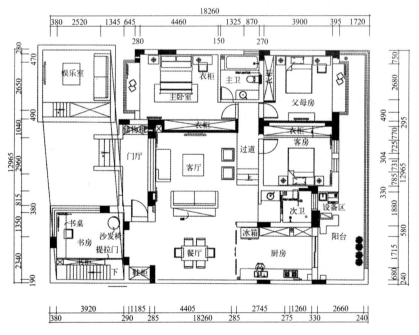

图1-26 错层户型平面图

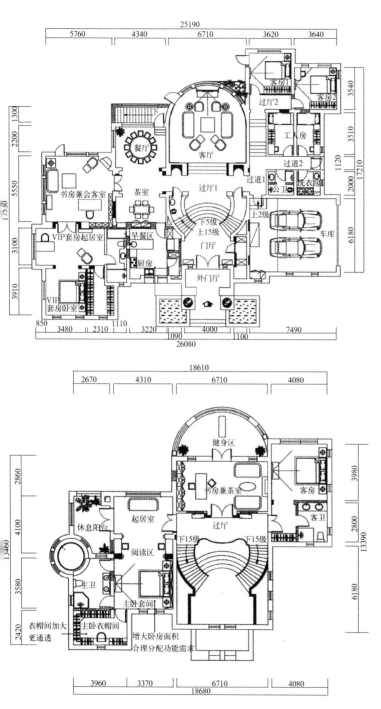

图1-27 跃层户型平面图

7.跃层户型的设计实例

跃层户型是套内分为上、下二层的住宅，在城市住宅中所占的比例不大，但这种户型分为相对独立的上、下两层，以楼梯将上、下两层连接，能够形成两个相对独立的功能区域，更有利于家庭生活起居的安排。跃层户型的面积较大，一般在150平方米以上，设计的内容也非常丰富。图1-27是跃层户型的设计实例。

本案面积较大，一层有180平方米，二层两个阳台，设计时把二层做为房主的专属区，除主卧外设计了书房和其他休闲区域，如酒吧区、健身区、娱乐区、烧烤区等，丰富了家庭的生活内容，提供了生活的品质。家庭基本功能集中安排在一层，并利用楼梯的零星空间设计了室内景观。整个设计功能齐全、品味高雅、情趣浓厚。

8.别墅的设计实例

别墅住宅是高档住宅，主要有连排式和独幢式两类。连排式是几家别墅连成一排，一般地为上三层；独幢式别墅是带自家庭院的独立建制，一般为半地下一层，地上三层。别墅住宅装修设计是分部、分项工程内容最全面、最丰富的家庭装修设计。随着人们生活水平的提高，城市中的别墅会越来越多。图1-28是连排式别墅的设计实例。

本案对原建筑功能设计做了较大的调整，将原来的地下车库转换成娱乐区，增加了娱乐厅和电视厅；一层除餐厅和客厅外，设计了书房、麻将房和室内景观，使家庭的接待功能更为完善；由于业主是海归人士，厨房做了分割，形

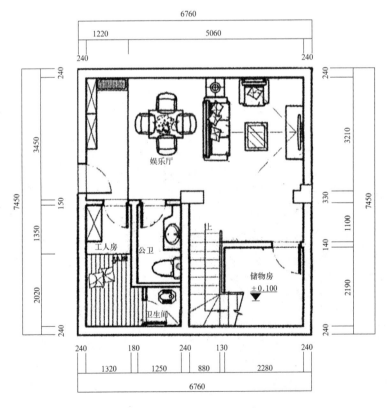

图1-28a 联排式别墅平面图（地下室）

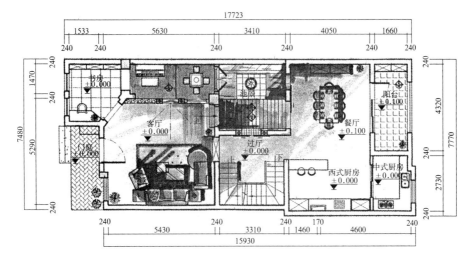

图1-28b 联排式别墅平面图（一层）

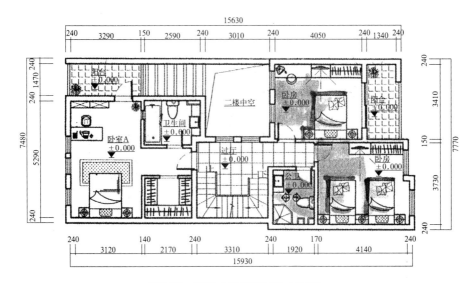

图1-28c 联排式别墅平面图（二层）

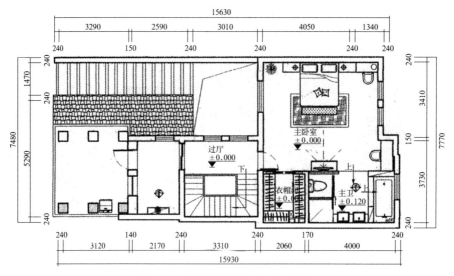

图1-28d 联排式别墅平面图（三层）

成中、西餐两个烹制区；二层共设计了三个卧室，等级层次分明，方便使用；三层为户主的专属区，功能设计非常齐全，是成功人士较为理想的家居设计。

图1-29是独幢式别墅的设计实例。

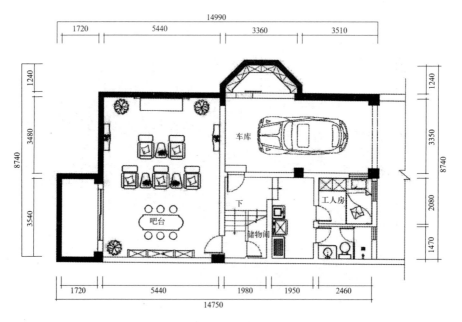

图1-29a 独立别墅平面图（半地下室）

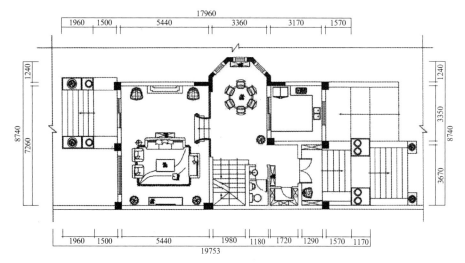

图1-29b 独立别墅平面图（一层）

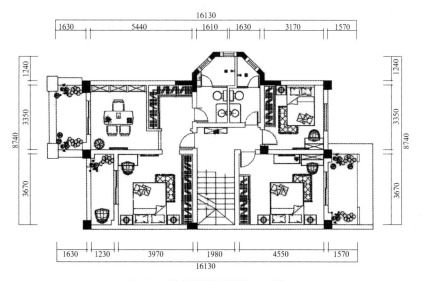

图1-29c 独立别墅平面图（二层）

　　本案以原建筑结构设计为依据，没有进行大的调整。地下室除车库外，设置了工人房和家庭酒吧及影视间。一层做为接待区，设置了客厅、餐厅和茶室，主要用于全家团聚和待客。二层是睡眠、工作区、除卧室外，还设置了书房，供子女学习使用。三层做为户主的专属区，除设置主卧外，还设置了工作室。整体设计朴实，实用，是较规范的设计方法。

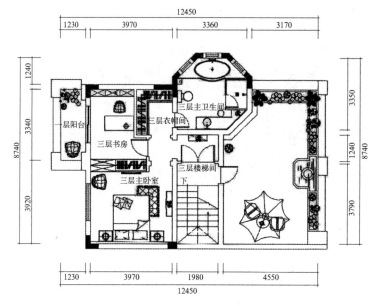

图1-29d 独立别墅平面图（三层）

四、家庭装修的色彩设计

色彩是物质的客观表现，不同颜色对人们的心理作用不同。色彩是家庭生活环境的基本构成要素，是家庭装修设计时必须要考虑的重要内容，也是家庭装修设计的重点。

（一）色彩运用的基本原理

1.色彩产生的基本原理

整个物质世界色彩极为丰富，但不论多么复杂绚丽的颜色，都是由红、黄、蓝、黑、白五种颜色组合而成的。其中红、黄、蓝是基本的颜色，又称为原色，黑、白则是调节颜色明暗程度的元素。由三种基本颜色可以构造出其他颜色，如红与黄可以组合为橙色；黄与可以蓝组合为绿色；红与蓝可以组合为紫色。由两种基本颜色组合而成的颜色称为第二次色（又称为间色），第二次色的色彩比较艳丽、明快。

将三种基本颜色一同组合的颜色称为第三次色（又称为复色），三种原色在复色中的比例不同，可组合成各种各样的颜色，这种颜色比较丰满、多彩。如果在颜色中加入黑色，则可以改变颜色的纯度，使色彩变得沉稳；如果加入白色，则可提高色彩的亮度，使色彩鲜艳透亮。人们就是通过五种颜色组合比例的变化，从而创造出多彩的世界。

2. 色彩的分类

颜色通过视觉能够影响人的心理，使人产生情绪上的反映。根据颜色对人心理的影响，颜色可分为暖、冷两类（又称为色调）。人类在生活中接触的热源，如火焰、阳光等都是以红色、黄色为主的，因此把以红色、黄色为主的色彩称为暖色调。暖色调体现出温馨、热情、欢快的气氛，主要用于喜庆、欢乐的环境营造。海洋、植物等凉爽物质的颜色都是以蓝、绿为主的色彩，被称为冷色调。冷色调体现的是冷静、湿润、淡定的气氛，主要用于心情需要放松、平静的环境营造。

3. 色彩的搭配

在同一空间中，不同色彩的存在会对人们的心理产生影响。俗话说"红配绿、瞎胡闹"指的就是在同一空间中，纯红和纯绿的搭配，会使人产生不协调、不舒服的感觉。因此，在同一空间使用多种颜色时，必须注意色调的协调、变化。一般来讲，当同一空间各种颜色对比非常强烈时，应该将另外一种颜色混入各种颜色中，使各种颜色都含有此种颜色的成分，从而削弱各种颜色的强度，达到增强调和感、削弱对比度的目的。

由于白色能够提高色彩的亮度，所以在家庭装修的色彩设计中，当多种色彩对比强烈时，比较多的是使用白色来进行调和。用白色调入到其他颜色中，以降低各种颜色的强度，提高颜色的亮度，使整个空间的颜色和谐、自然，是家庭装修色彩设计的主要手段之一。

4. 色彩的过渡

在家庭装修中，各装修完成面、各细部构成的色彩不可能完全一致，必然存在着不同色彩在同一空间、同一装修完成而共存的现象。当一个色彩面转化为另一色彩时，需要利用中间的颜色进行过渡，以避免颜色变化生硬，让人产生错觉感。例如由深红色地面转到白色或淡黄色墙面时，就应该有中间色的裙边或踢脚板进行过渡；在白色的墙面张挂水墨画时，需要用紫色或灰色的画框或装饰线过渡等。在家庭装饰设计中，各种装饰线的使用主要是起到色彩过渡的作用。

5.色彩的选择

不同年龄、性别、职业、风格习惯、审美情趣对不同色彩的喜爱程度不同，所以在家庭装修中要根据每个家庭、每个人的喜爱、偏好，设计空间的主色调，满足人们的心理需求。一般从年龄上进行分析，少年儿童天性纯真、活泼好动，特别喜爱明快、鲜艳的颜色；青年人思想活跃、追求知识、精力旺盛，偏爱明快、对比强烈的颜色；中老年人沉稳、含蓄、简朴、好静，一般喜爱纯度低的颜色。

选择色彩时应特别注意不同民族和宗教信仰对色彩的理解和认识。一般地讲，信奉佛教的民族和地区喜欢红色和黄色；信奉伊斯兰教的民族和地区，特别偏爱绿色和白色；信奉基督教的民族则喜爱蓝色和紫色。有些民族在使用色彩上还有很多忌讳，在确定设计风格和运用色彩时，应该特别加以注意。

（二）不同功能区的色彩设计

1.卧室的色彩设计

卧室是人们休息睡眠的地方，对色彩的要求较高，为了利于人们休息和睡眠，卧室的色彩不宜过重，对比也不要太强烈，宜选择淡雅、自然、宁静的色彩。不同年龄对卧室色彩要求差异较大，儿童卧室色彩应以明快的浅黄、淡蓝为主；青春期男女特征表现明显，男青少年宜以淡蓝的冷色调为主，女青少年则宜以淡粉色等暖色调为主；新婚夫妇的卧室应采用激情、热烈的暖色调，颜色浓重些也可以；中老年人的卧室，则宜以白、淡灰的色调为主。

2.厨房的色彩设计

厨房是加工制作食品的场所，应以表现清洁、卫生的白色、浅灰色为主。地面颜色不宜太浅，应以深灰色等耐污性好的颜色为主；墙面宜以白色、浅灰、淡黄等色为主；橱柜台面则宜采用黑、白两种颜色为主；橱柜柜门、抽屉门的颜色可以多种多样，但应体现出清洁、卫生的要求。

3.餐厅的色彩设计

餐厅是吃饭的地方，也是全家团聚和请客人吃饭的空间，在色彩的运用上应根据家庭成员对色彩的喜好来确定。一般应选择暖色调，突出温馨、祥和的气氛，同时也要表现出清洁、卫生的要求。餐厅在色彩设计上有两种，一种是对比度大，反映家庭个性；另一种是对比度委婉和谐，反映家庭平和。对比度大的地面宜采用较深的颜色，如深红、黑色等；委婉和谐的应使用浅黄、浅灰等颜色。餐厅的墙面宜采用白色或其他浅淡的颜色，色彩不宜过重，顶棚宜采用白色或淡黄色。

4.客厅的色彩设计

客厅是家庭住宅中色彩运用最丰富的空间，色彩上要使用以能够反映出热情好客的暖色调为主基调，在具体使用颜色上有两种形式。一种是反映高贵、奢华的风格，色彩浓重，以深红、深紫、黑色等为主色调；另一种是反映平和、谦恭的风格，色彩以浅淡的白色、浅黄、淡蓝等为主色调。

客厅的色彩设计，很大程度上受到家具的风格、材质、颜色等的制约，客厅的色调要与客厅配套的家具相互融合，才能保证客厅色调的统一、和谐、美观。如果客厅使用的是中式家具，地面、墙面色彩的对比度可以高一些，如地面是深灰或浅黑，墙面是白色或浅黄。如果是西式家具，色彩的对比度应该低一些，墙面、地面都可选择较深的颜色，但同沙发等家具的对比度可适当加大。如在深紫色的地面上摆放浅黄、甚至白色的沙发，而沙发布艺又以深红、深绿等颜色为主，效果就会十分突出。

无论是中式还是西式装修风格，客厅的灯具都是色彩设计的一个亮点。灯具的色彩要与顶棚的色彩有较大的对比性，突出装饰灯具在调节客厅色彩变化中的作用。在白色顶棚上可以设计金黄、黑白组合、紫黄组合等色彩的装饰灯，在金黄色顶棚上设计黑白组合、紫黄组合、红黄组合等色彩的装饰灯，并利用照明光线的作用，构成富丽堂皇的色彩效果，以提高客厅色彩的丰富程度。

5.卫生间的色彩设计

卫生间是盥洗、沐浴、洗涤的场所，也是一个对清洁、卫生要求较高的空间，在色彩运用上有两种方式可供选择。一种是以白色为主的浅色调，地面、墙面均以白色、浅灰色等材料做表面装饰，与卫浴器具和卫浴配件的对比度不大，体现的是洁净简明、轻松的环境要求，一般家庭选择这种方式的较多。另一种是以深灰、深赭色等深色调材料为表面装饰，与卫浴器具和卫浴配件色彩的对比度较大，体现的是稳重、气派、个性强，一般思想活跃的人比较喜欢。

6.书房的色彩设计

书房是认真学习、冷静思考的空间，一般应以浅色的冷色调为主，以利于营造安静、清爽的学习气氛。书房的色彩绝不能过重，对比反差也不宜强烈，墙上的饰物应以风格柔和的字画为主，地面宜采用浅色地面材料，墙面和顶棚宜选用淡蓝色或白色。

7.娱乐休闲区的色彩设计

家庭住宅室内如果没有专业的娱乐休闲区，就不用对娱乐休闲进行专业的色彩设计。如有单独的专业娱乐休闲区，则应该以娱乐项目及家庭成员的喜好进行色彩设计。一般的原则是以绿、蓝为主的冷色调宜使用在搏击性较强的项目，如羽毛球馆、游泳馆、篮球馆等，色彩一般以浅淡色为主；以红、黄为主的暖色调宜使用在自娱性较强的项目，如棋牌室、练琴房、健身房等，色彩一般以较浓重色为主。

五、家庭装修的造型设计

型态是物质的客观表现，对人们的心理会产生强烈的作用。家庭生活环境中所有物品内在的表现型态，都是人类社会创造出来的，所以，家庭装修中造型的设计非常重要，也是家庭装修设计的重点。

（一）顶棚造型设计

1.平面吊顶的造型设计

我国居民住宅楼室内高度一般在2.55～2.8米之间，吊顶之后会降低室内的净高，压缩室内空间，给人造成较大的压抑感，所以，在家庭装修中不宜采用大面积吊顶。但在厨房、卫生间，由于各种管线均设置在顶部，既不美观，又不卫生；有些房间的上方在顶棚的边端也有管线敷设，严重影响了顶棚的统一性。这些都造成视觉上的不舒服，需要对顶棚进行改造和吊顶设计。

对厨房、卫生间、玄关等的吊顶，宜采用平面吊顶的形式，其目的是封闭裸露的管线。由于厨房、卫生间、玄关的面积都不大，一般都采用边龙骨，条形扣板吊顶。在厨房吊顶要特别注意防火、吊顶应采用不燃的金属条形扣板，照明灯具设置在吊顶之上，也应采用防爆型灯具。卫生间吊顶要特别注意防潮、防腐，吊顶一般采用塑料条形扣板，吊顶上如设置浴霸等设施，不能直接固定在吊顶上，而应该在顶棚的基层设置专业吊杆，浴霸等设施应安装在专业吊杆之上。

如果厨房、卫生间的面积较大，则应使用龙骨吊顶。龙骨吊顶分为明龙骨和暗龙骨两种吊顶，在对家庭厨房、卫生间、玄关装修时，一般宜采用明龙骨，比较便于维修、保养、更换。龙骨的材质在厨房、卫生间宜使用金属龙骨；在玄关可以根据整体设计风格，使用木质材料。吊顶使用的板块材料，可以是纤维板、石膏板、玻璃板等，材料的重量要轻。无论是何种吊顶，吊顶高度都应以封闭所有管线为准，不要向下方空间延伸。

2.藻井吊顶的造型设计

在客厅、餐厅等面积较大的房间中，如果有管线在顶棚部位，为了提高顶棚的观感质量，一般应进行局部吊顶，封闭管线。由于住宅的室内净高有限，顶棚吊顶一般采用阶梯式局部吊顶，也称为藻井式吊顶。藻井式吊顶分为实面型和灯槽型两种形式，实面型藻井吊顶的侧面以石膏板、大芯板等封堵，一般用于小藻井吊顶；灯槽型是在藻井的侧面设置灯槽，一般用于较大范围的藻井吊顶。图1-30是藻井吊顶的基本构造示意图。

藻井吊顶的面积及层级数要与房间的面积相适应，面积一般应控制在总面积的1/3以内，藻井面积过大，将影响顶棚的视觉高度；面积过小，则顶棚显得小气、凌乱。层级数不宜超过两个层级。一般使用一层级即可，层级数越多，顶棚的视觉感觉就越压抑，影响人的心理感受。多层级的藻井吊顶一般仅用于管线较多且管线设置低矮的空间。

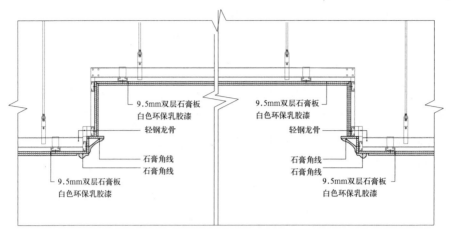

图1-30 藻井吊顶的基本构造图

　　藻井吊顶的造型可以是直线，也可以是曲线、云形线等。外沿线的具体形式应根据家庭成员的具体要求，曲线、云形等造型相对活泼，宜在青少年房间或新婚房的装修时使用；直线形造型比较稳重、规矩，宜在中老年人的房间中使用；客厅等家庭成员聚集的房间，藻井吊顶也宜采用较为稳重的直线形造型。

3.灯池的造型设计

　　面积较大的房间顶棚，如客厅等，如没有藻井吊顶，会使顶棚显得过于单调。为了提高顶棚的观感质量，可以在顶棚设置灯池。灯池适用于吸顶灯、吊灯等各种装饰灯具，灯池的材料由灯池装饰线、装饰贴角等构成，材质一般由石膏板、木材、塑料等轻质材料制成。在设计中要根据房间的大小、装饰灯具的大小、形状、风格及整个家庭装修风格的要求，使用不同花型的灯池线和贴角。

　　灯池的大小和具体位置是灯池造型设计的重点。灯池的大小指的是灯池面积在顶棚中的比例，具体表现为灯池装饰线到顶棚边线的距离，距离过远，则造型显得小气；距离过近，则显得凌乱。设计的一般原则是把灯池装饰线放置在装饰灯具的中心点到顶棚边线的中间位置上。如果装饰灯的规格过大，则灯池线可稍向外移动，反之向内移动，以保持顶棚整体的装修效果。

4.灯盘的造型设计

　　房间的面积较小，在顶棚上不宜设置灯池时，可以利用灯盘改善顶棚的观感质量。灯盘一般由纤维石膏、塑料、金属等轻质材料制造而成，是可以在建筑装修材料市场中购买到的工业制成品，一般不会在现场制作。由于灯盘是顶棚装修中的重要装饰品，特别是在反射灯光照明时，灯盘的作用就更为突出，购买时要根据顶棚的面积和灯具的大小确定花型和直径。灯盘的花型应与家庭装修的整体风格、装饰灯具的风格相适应，直径应比装饰灯具直径大10毫米以上。

5. 花饰线的造型设计

花饰线又称为贴角线，是顶棚与墙面交接处的重要装饰件，其不仅能够丰富空间的造型，也是衔接顶棚和墙面的过渡装饰件。花饰线主要由石膏、木材等轻质材料制成，在建筑装饰材料商场中可以直接购买，一般不在施工现场制作。购买花饰线时，要根据房间的面积、净高及家庭成员的喜好确定规格、花型和材质。

（二）墙面的造型设计

1. 背景墙的造型设计

背景墙是在客厅或餐厅等房间的墙面局部进行的精细化装修。一般是以电视机为核心，在电视机的周围以饰物或各种造型体现出艺术、文化情趣的氛围。背景墙可以使用中华民族的传统楣、匾、屏或其他工艺品等与装修材料构成，也可以西式的壁炉、兽首等与装修材料构成。背景墙是表现家庭成员文化价值观和艺术取向最为突出的部位，也反映出设计师的艺术创作能力，必须家庭装修业主与设计师在相互充分沟通的基础上进行造型的整体设计。

2. 墙裙的造型设计

墙裙是墙面设计的重要手段，是对墙面底部以木材、石材、涂料等进行的修饰。墙裙除了有保护墙体、提高安全水平的作用外，还有分割墙体、降低视觉高度、增加墙体的艺术性效果，适于在高大空间中使用。墙裙的材质、规格、色彩应统一、自然，纹理应通顺、连续，收口角线应线型简练，色彩运用合理。应该指出的是，墙裙在净高3米以下的空间需谨慎应用。

3. 暖气罩的造型设计

暖气是采暖地区住宅内必不可少的设施，由于暖气散热片的造型、色彩粗糙、单调，很难与室内环境协调，装修时一般要对其进行包装、封闭处理，进行暖气罩设计。暖气罩有固定式和活动式两种，室内无立管的可采用活动式的，有立管的宜采用固定式。暖气罩主要是由木质材料制造而成，一般是在施工现场按暖气散热片的尺寸定制而成。

暖气罩的造型设计主要是散热网的造型设计。散热网的造型主要有百叶式、网格式、雕花式等，其造型设计应考虑门窗、墙裙、背景墙及室内家具的造型，在风格上要统一、色彩上要搭配、规格上要协调。如果是独立的暖气罩，在有老人和儿童的房间内，应避免外露的直角，最好设计成圆弧角。如果暖气散热片在窗户的下方，可与窗台、窗套的装修设计同时进行。图1-31是暖气罩造型设计的图例。

4.墙面软包的造型设计

对住宅内的卧室、专业的影视空间等房间的墙面进行软包装修，是家庭装修中的重要内容。软包一般是在墙面的上半部分进行，以弹性材料为内衬，外

实木雕花暖气罩

实木百叶暖气罩

图1-31 暖气罩造型设计图

部以纺织物、皮革等材料包裹，固定在墙体之上。软包是由内衬材料、表面材料、压边材料构成。软包不仅能提高空间视觉效果，提高空间的安全性，也能增强墙面对声音的吸声、传播、反射等功能，因此在豪华装修中，是家庭影院等空间装修时必须进行的工程项目。

软包造型设计应服从于整个家庭装修设计整体风格，要同床、柜等家具与音响、幕布、放映等设备、设施的色彩、规格相统一。从总体上看，墙面局部软包的造型有东方和欧式两种风格，东方风格的造型一般呈现正四边形、棱形，两边条及软包面的压条均为直线；欧式风格一般呈现圆、弧等形状，压边条、压条等多以圆弧形等为主。压边条、压条的宽度应根据软包的面积及墙面面积确定，局部小面积软包，压条应适当宽些，装饰效果会更为明显。图1-32是墙面软包造型设计的图例。

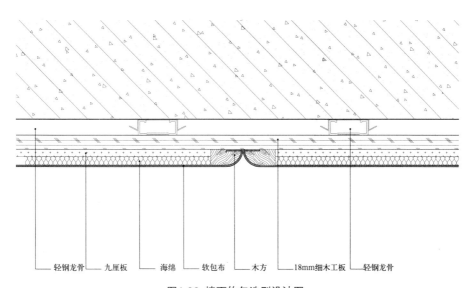

轻钢龙骨　九厘板　海绵　软包布　木方　18mm细木工板　轻钢龙骨

图1-32 墙面软包造型设计图

（三）户内门的造型设计

门是住宅内重要的功能部品，由门扇及门套组成，主要用于各房间的联系。由于门在每个房间都有，所以也是装修时造型设计的重点。

1.门扇的造型设计

门扇占门的绝大部分面积，是整个户内门造型设计的重点。由于施工现场制作的门质量较差，更耗时、耗料，所以，家庭装修时一般都是到市场上购买成品门或在装修公司自己的加工厂加工好的成品。门扇的造型主要有中式、欧式和日式三种，在购买或加工时应首先确定风格，然后再确定款式。图1-33是三种户内门的造型示意图。

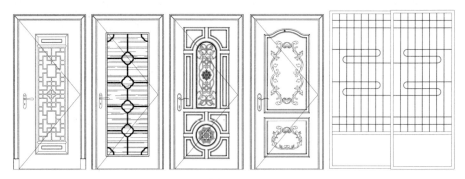

图1-33 三种户内门的造型示意图

由于传统门扇造型设计很难全面适应现代家庭装修多元化、多样化的要求，而门扇的设计是家庭装修造型设计的重点，并有很大的创新空间。所以，现代风格的门扇造型设计更为丰富，且更能满足家庭装修中的要求。由于门扇是功能性部件，其造型可以体现出房间的使用功能，所以，在家庭装修设计时，应使用不同造型的门扇，以显示房间的使用功能。图1-34是现代风格门扇

图1-34 现代风格门扇造型设计

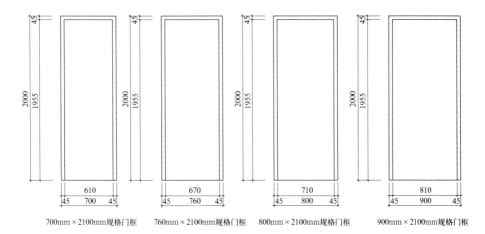

| 700mm×2100mm规格门框 | 760mm×2100mm规格门框 | 800mm×2100mm规格门框 | 900mm×2100mm规格门框 |

图1-35 主要规格门框的规格示意图

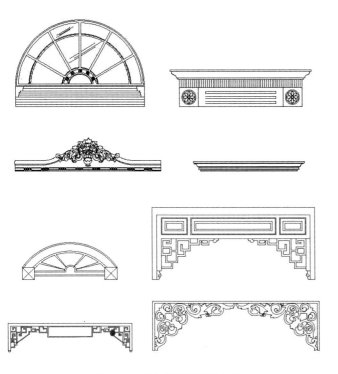

图1-36 各式门楣的造型示意图

造型设计的图例。

2.门套的造型设计

门套由框套和门楣构成，其造型应与门扇的造型、风格相一致，在规格上应根据房型、净高、个人爱好来确定线型和宽度。在家庭装修设计时，门套的宽度、线型应统一，以体现装修风格的整体和协调性。图1-35是主要规格门框的规格示意图。

门楣在门套的上方，是对门套进行装修时的重要造型。图1-36是各式门楣的造型示意图。

（四）户内窗的造型设计

1.窗扇的造型设计

窗户是家庭住宅与室外联系的主要构件，由窗扇和窗套构成，在住宅室内装修设计时是重点。窗扇是窗户的主要组成部分，被称为建筑的眼睛，它的造型不仅要考虑美观性，更要考虑采光性能。窗扇在开启方式上主要有平开和推拉两种，占用的室内空间面积不同，开启的总面积也就不同。随着我国建筑技术的发展，节能型窗户的技术升级和产品换代越来越快，开启方式也多种多样，隔音、保温、防水的性能也越来越强，在家庭装修时应优先选用这类窗户。家庭装修时，窗扇的构造、性能应根据室内的采光、通风要求进行设计，但风格应统一。

2.窗套的造型设计

窗套是窗户在室内的装饰部件，其造型设计是户内窗设计的重点。窗套包括窗台板和窗边套两部分，为满足使用功能的要求，材质应不同。窗台板在窗户的下方，具有摆放物品的功能，一般由石材、陶瓷等坚硬材质的材料定制而成。由于窗台板的位置显眼，对质量缺陷的容忍度低，一般是在施工现场外加工成成品后，到现场直接安装。窗边套是封闭窗框的装饰部件，是窗套造型设计的重点。窗边套的造型设计应与门套的造型设计相统一，与窗扇的风格相协调。图1-37是各种窗边套造型示意图。

（五）家具的造型设计

1.固定家具的造型设计

住宅室内在玄关、过道等空间中存在着小面积空间，需要现场制定固定家具加以利用；整个住宅也可能存在不规则空间，需要以固定家具加以调整、改变。所以，固定家具在家庭装修时是非常重要的内容。固定家具由于现场制作，质量不易保证，所以在家庭装修设计时仅用于小空间的利用上。设计固定家具的造型主要有中式和西式两种，中式主要是以我国明、清时期的家具造型为主；西式家具是除中式家具以外的其他造型。图1-38是中式固定家具造型设计的示意图。

图1-37　各种窗边套线造型示意图

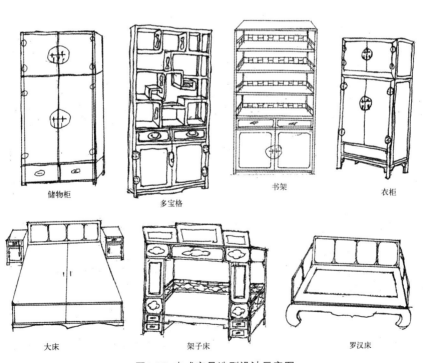

储物柜　　　　　　　　　　　书架　　　　　　衣柜

多宝格

大床　　　　　　　　　　架子床　　　　　　　　罗汉床

图1-38　中式家具造型设计示意图

2.厨房家具的造型设计

厨房家具主要指的是橱柜，由吊柜和底柜构成。橱柜是实现厨房功能的重要设施，是家庭装修的设计重点。橱柜的主要功能是实现食物制作过程的洗、切、烹制，设计必须满足功能性要求。橱柜的造型设计有多种风格，主要有简约式、豪华式、中式、西式等，使用的材料有较大的区别，在造型上也有较大的不同。图1-39是各种风格橱柜造型设计的示意图。

3.卫生间家具的造型设计

卫生间家具主要指的是洗手盆柜和橱柜。洗手盆柜设置在洗手盆下部，不仅具有架牢洗手盆的功能，也可以充分利用洗手盆下部空间，实现储物的功能。卫生间橱柜一般是吊柜，也是利用卫生间的空间提高储物功能的重要部件。洗手盆柜和橱柜的体量都不大，但也是家庭装修中设计的重点，不仅要求彼此风格相统一，还应与其他卫浴设备、设施的风格相协调。图1-40是各种风格洗手盆柜和卫生间橱柜造型设计的示意图。

4.其他家具的造型设计

其他家具指的是家庭日常生活中使用的床、椅、桌、台、柜等家具。日用家具不仅是家庭生活中的主要功能部件，也是表现家庭经济实力、价值取向、审美情趣的重要元素。在家庭装修设计时，家具设计应与装修的整体风格相统一，并进行通盘设计，才能营造出有文化品位、艺术含量的家庭生活环境，所以家具设计也是家庭装修时应进行重点谋划的内容之一。日常家具的造型设计，实质上就是家具设

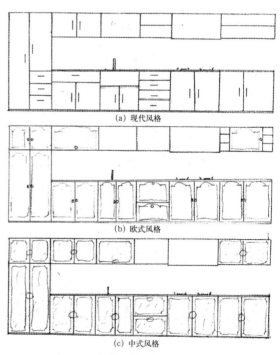

(a) 现代风格

(b) 欧式风格

(c) 中式风格

图1-39 各种风格橱柜造型设计图

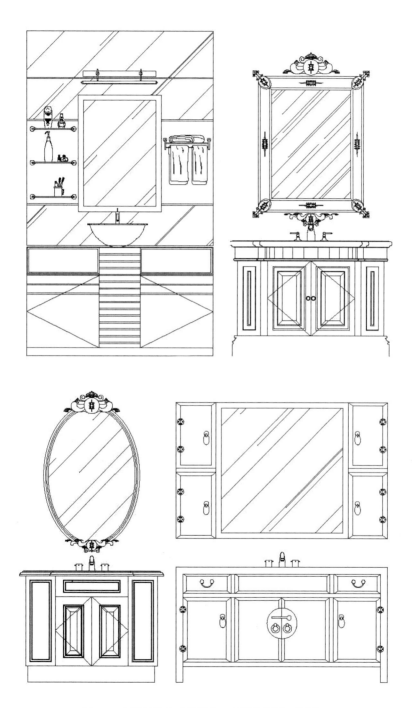

图1-40 各种风格洗手盆柜和卫生间橱柜造型设计图

计，体现的是文化内涵。家具分为中式和西式两种风格，体现的也是不同的文化。图1-41是家庭日常使用家具的中、西式造型设计的示意图。

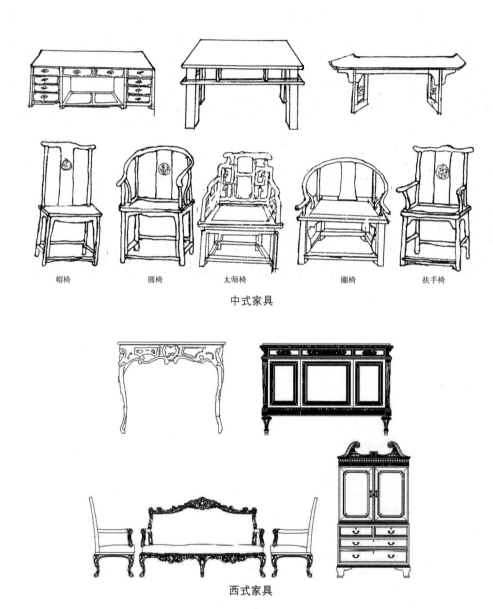

帽椅　　　圆椅　　　太师椅　　　圈椅　　　扶手椅

中式家具

西式家具

图1-41　家庭日常使用家具的中、西式造型设计示意图

第二章 | 家庭装修材料的选择和使用

家庭装修工程实体是由装修材料构成的，装修材料的质量直接决定了家庭装修工程的质量。在家庭装修时，装修材料的选择和使用是保证家庭装修工程质量最为重要的环节。

一、顶棚装修材料的选择和使用

（一）铝扣板吊顶型材的选择和使用

1.铝扣板吊顶型材的特点

铝扣板吊顶型材是家庭装修时厨房与卫生间顶棚装修的常规性材料。它以铝单板为原料，经机械加工后成为企口式型材，表面经烤漆形成保护层。铝扣板吊顶型材具有重量轻、安装简便、防火、防蛀的特点。表面烤漆层具有多种色彩，既美观又耐污染、易清洗，使用的安全性很高。

2.铝扣板吊顶型材的分类

按照烤漆面来划分，铝扣板吊顶型材有单面烤漆和双面烤漆两种。单面烤漆就是只在装修完成面进行了烤漆保护处理；双面烤漆就是装修完成面及背面都进行了烤漆保护处理。双面烤漆的铝扣板虽然价格高，但其防水、防潮、防污的性能更好。

3.铝扣板吊顶型材的质量鉴定

选购铝扣板吊顶型材时一定要向经销商索要产品性能检测报告和产品质

量检测合格证。目测外观质量，板面应平整光滑、无磕碰；企口及榫加工应完整、无毛刺，能拆装自如；烤漆表面应完整、无划痕、无色差。

4.铝扣板吊顶型材的安装方法

安装铝扣板时，首先应在墙面弹出标高线，在墙面两侧按标高线设置压线条，用水泥钉将压线条固定在墙面上。板材安装时，按顶棚实际尺寸将板材裁好，将板材插入压线条内，板材的企口向外，安装端正后再插入第二片板。最后一块板要按照实际尺寸进行裁切，装入时稍作弯曲就可插入上块板的企口内，装好后两侧用压线条封口。

5.铝扣板吊顶型材的维护和更新

铝扣板的维护方法很简单，日常使用中可用清洗剂擦洗后，用清水清洗。板缝间易受油渍污染，清洗时可用刷子蘸清洗剂刷洗后，用清水冲净。清洗吊顶时一定要注意别让电路沾水，以防止发生用电安全事故。

铝扣板的更换方法也很简便，只要将纵向压线条的一侧取下，将扣板逐条从压线条中抽出，取出损坏板后，再用新板重新安装，压好压线条即可。更换时应注意，要让新板与旧版的颜色一致，不应有明显色差。

（二）PVC吊顶型材的选择和使用

1.PVC吊顶型材的特点

PVC吊顶型材是家庭装修时厨房与卫生间顶棚装修的常规性材料。它以PVC为原料，加入阻燃材料，经注塑加工后成为企口式型材。该型材具有重量轻、安装简便、防水、防潮、防蛀的特点，表面的花色、图案、线形种类很多，并且耐污染、好清洗，有隔音、隔热功能；离火即灭，使用较为安全。

2.PVC吊顶型材的分类

PVC吊顶型材是板材中间呈蜂巢状空洞，两面为封闭式的板材，前后有加工成型的企口和凸榫。按照表面装饰效果，PVC吊顶型材可分为单色和花纹两种，花纹又有仿木、仿大理石等多种，可以根据业主愿意和设计要求进行选购。

3.PVC吊顶型材的质量鉴定

选购PVC吊顶型材时，一定要向经销商索要产品性能检测报告和产品质量检测合格证。目测外观质量，板面应平整光滑、无裂纹、无磕碰；企口及榫加工应完整，能拆装自如；表面有光泽、无划痕；用手敲击板面，声音清脆；用手弯曲板材，有较大弹性。检查测试报告中型材的性能指标应满足热收缩率小于0.3%、氧指数大于35%、软化温度80℃以上、燃点300℃以上、吸水率小于15%、吸湿率小于4%、干状静曲强度大于500兆帕。

4. PVC吊顶型材的安装方法

PVC吊顶型材的安装方法与铝扣板吊顶型材的安装方法基本相同，并且PVC吊顶型材在裁切时更为简便、省力。

5. PVC吊顶型材的维护和更新

PVC吊顶型材的维护和更新方法与铝扣板吊顶型材的维护和更新方法相同。

（三）集成吊顶的选择和使用

1. 集成吊顶的特点

集成吊顶的正式名称为多功能吊顶装置，是一种工业化产品，主要用于功能要求较高的室内顶棚的装修，一般用于卫生间和厨房的顶部装修。集成吊顶将浴霸、照明、通风、抽油烟等功能设施和设备在吊顶生产时就预设在吊顶之中，具有功能齐全、外表美观、安装方便、使用便捷的特点，体现了建筑装修材料行业的科技进步。

2. 集成吊顶的分类

集成吊顶分为用于卫生间吊顶和厨房吊顶两大类，颜色一般都是白色，也可选其他颜色。按照表面材质划分有纸面石膏板、PVC、金属及金属复合材料。按照功能划分可以有多种的功能组合。规格可根据实际面积进行调整，也可根据家庭卫生间的面积和功能需求及地区气候条件等进行选购。国家对多功能吊顶装置制定有生产、安装的国家标准，无论何种种类及规格的集成吊顶，都必须符合相关国家标准。

3. 集成吊顶的质量鉴定

选购集成吊顶时，一定要向经销商索要产品性能检测报告和产品质量检测合格证。目测外观质量，集成吊顶应整体完整、无划痕、无损坏；手试各项功能齐全有效，控制灵活准确。

4.集成吊顶的安装方法

安装集成吊顶一般由生产厂家的专业技术人员进行安装施工。安装吊架应牢固，主龙脊、辅龙骨，吊件，收边条等应牢固、平直，与安装面衔接应紧密。

5.集成吊顶的维护和更新

集成吊顶的维护很简便，平时可用毛掸掸去表面的浮土，也可用湿布擦拭表面。如集成吊顶某一功能部件失效或损坏，应通知生产厂商派专业技术人员前来维修，一般不应擅自维修。

（四）纸面石膏板的选择和使用

1.纸面石膏板的特点

纸面石膏板以建筑石膏为主要原料，掺入适量添加剂和纤维作板芯，以特制的板纸为护面，经过加工制成板材。纸面石膏板具有重量轻、隔音、隔热、加工性能强、施工方法简便、表面着色性强等特点。我国石膏资源丰富、价格低廉、加工工艺成熟，因此，纸面石膏板已经成为装饰时饰面基层使用最广泛的常规性材料，也是在家庭装修顶棚的藻井式吊顶和轻钢龙骨隔断墙施工时的主要材料。

2.纸面石膏板的分类

纸面石膏板从性能上可以分为普通型、防火型、防水型三种，从其棱边形状上可以分为矩形、45℃倒角型、楔形、半圆形、圆柱形五种。家庭装修时一般使用普通型纸面石膏板，棱边一般选用矩形，在吊顶时有时也使用楔形。

3.纸面石膏板的质量鉴定

选购纸面石膏板时，一定要向经销商索要产品性能检测报告和产品质量检测合格证。目测外观质量，纸面和膏板应不得有波纹、沟槽、污痕和划伤等缺陷，护面纸与石膏芯连接处不得有裸露部分。检测石膏板尺寸，长度偏差不得超过5毫米、宽度偏差不得超过4毫米、厚度偏差不得超过0.5毫米、楔形棱边深度偏差应在0.6～2.5毫米之间；含水率应小于2.5%；9毫米板每平方米重量在9.5千克左右；断裂荷载纵向392牛、横向167牛。

4.纸面石膏板的使用方法

纸面石膏板是家庭装修时使用最多的中间材料。它不能作为饰面材料，必须经过表面的装修装饰后才能完成装修面的施工。纸面石膏板的加工方法与木质板材的加工方法基本相同，可以进行锯、切、钉等加工，构成各种装修面的基层，再通过面饰如涂刷乳胶漆、裱糊墙纸、壁布、粘贴石材、陶瓷块材（粘贴块材时应使用防水型石膏板）等施工，才能完成装修面施工。

（五）装饰灯具的选择和使用

1.装饰灯具的特点

装饰灯具又称为灯饰，是集实用功能与装饰功能为一体的工业化产品。它既是室内照明的基本设施，也是改变较为单调的顶棚色彩、增加造型变化的重要手段，并可以通过灯饰的规格、安装的位置、造型的变化、灯光强弱等的调整，达到烘托室内气氛、改变空间结构感觉的作用。特别是高档灯饰高贵的材质、优雅的造型和绚丽的色彩，往往成为家庭装修时的点睛之处。

2.装饰灯具的分类

灯具按使用空间的不同可分为室内灯与室外灯两大类，家庭装修时一般只使用室内灯。室内灯具按固定方式可分为固定式和移动式两种，按安装位置又可分为顶灯、壁灯、地灯、台灯等。安装在顶部的灯具又可分为吸顶灯、装饰吊灯、水晶灯、牛眼灯、射灯、麻将灯等。由于装饰灯具主要安装在顶部，又都是固定式，所以在家庭装修时主要是选择顶部装饰灯具。

3.装饰灯具的选择原则

灯饰是家庭装修中最重要的装饰元素，又关系到环境安全和人的生理、心理感受，必须科学、合理地选购。选择灯饰应遵循以下六个原则：

（1）同房间的高度相适应

房间净高在3米以下时，不宜选用长吊杆的吊灯和垂度高的水晶灯。灯具垂度应保证灯饰最低部距地面净高在2.2米以上，否则会有安全隐患。

（2）同房间的面积相适应

每个灯饰的面积不要大于房间面积的3%，如果空间照明不足，可以增加灯饰的数量，灯饰的体量过大，会影响空间的装饰效果。

（3）同整体的装修风格相适应

装修中选择的灯饰风格、款式等要同整个房间的装修风格相统一，款式要同周边的装饰面相协调，这样才能避免给人以杂乱的感觉。

（4）同房间的环境质量相适应

卫生间、厨房、洗衣间等特殊环境，应该选择有防潮、防水、防爆等特殊功能的灯具，以保证环境安全和正常使用。

（5）同房间顶部承重能力相适应

特别是在吊顶的顶部安装灯具，必须与吊顶的荷载能力相适应，尽量选择重量轻的灯具。

（6）优先选用节能型灯具

节能型灯具不仅耗电量少，而且散热度低、安全性能更好。选用节能型灯具，不仅能为家庭节省耗电费用，而且也体现了低碳生活方式的具体要求。

4.吸顶灯和吊灯的选择

吸顶灯由于占用空间小、光照均匀柔和、价格便宜，在家庭装修中大量使用，特别是在住宅净高较低的居室中应用更为广泛。目前市场中的吸顶灯有玻璃、塑料、木制、钛金等多种材质，并有罩式、垂帘式等多种款式。购买吸顶灯时，一定要向经销商索要产品性能检测报告和产品质量检测合格证。目测外观质量，灯具应完整、无破损，同时应通电进行实验。

吊灯由于造型美观、典雅，风格多样，在家庭装修中被大量使用。吊灯从外形上看有棱形和珠帘两种；从光照形式上有直射和反射两类。反射类吊灯适用于隐秘性空间，直射类吊灯适用于公共活动空间。房间净高低，应选择薄形吊灯，吊灯的厚度应小于最大直径的1/3；吊灯底部距顶棚的净高度与吊灯厚度的比值为1时比较合适。选购吊灯的方法同选购吸顶灯的方法大致相同。

5.装饰灯具的安装

装饰灯具的安装应该由专业技术工人进行，电工要求有上岗证书，安装的最基本要求是必须牢固、稳定。吸顶灯的重量轻，在顶部打孔下木楔或用膨胀螺栓固定，就能达到安装标准的要求。吊灯的安装方式应视吊灯的重量确定，如果重量较轻，可采用一般的安装方法；如果灯具较重，应在顶部楼板内加钢筋条，用锌铁丝与灯吊杆或灯盘联结，再辅以木楔或膨胀螺栓固定，以确保安装牢固。图2-1是吊灯安装的结构示意图。

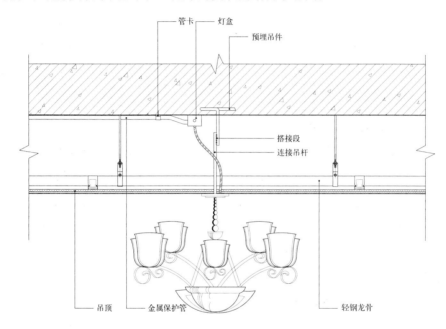

图2-1 吊灯安装结构示意图

6.装饰灯具的维护和更换

灯饰在房间的顶部，不易受到污染，其表面的灰尘可用掸子掸去。注意不要用湿布擦拭金属灯饰表面的灰尘，防止磨去表面的光泽，可以用干布抹去浮土灰尘。

如果灯饰不亮，首先应检查灯泡是否完好。如果灯泡完好，应检查控制开关是否失灵，如需要更换则应购买新的重新安装。如果开关完好，则应检查灯的进线是否有脱离、松动等。做灯饰维修时应切断电源。线路故障最好请专业电工进行维修。

（六）装饰角线的选择和使用

1.装饰角线的特点

装饰角线是家庭装修中使用的常规性材料之一，是由多种材质的原材料经过加工后制成的线型材。角线可以作为装饰细部制作的收口，封闭门、窗套内部结构；角线的背面可以走线，节省了线路改造的工时与费用；角线同时可以在室内起到色彩过渡调节的作用，将两个相邻的装饰面颜色差别协调地搭配起来；同时角线也可以通过不同空间线型的变化，显示出空间的功能；通过角线的安装还可以弥补结构施工中的质量缺陷等。正确地选择和使用好装饰角线，是家庭装修中一项重要的内容。

2.装饰角线的种类

角线的种类很多，从材质上可以分为木质（实木、密度板等）、石膏、聚氨酯、金属、陶瓷、石材等；从使用功能上可以分为阳角角线、阴角角线；从线型上可分为素线、花线等；从使用部位上可分为顶角角线和墙面角线，顶角角线一般由木质、石膏、聚氨酯等轻质材料制成，墙面角线一般由木质、金属、陶瓷、石材等硬质材料制成。家庭装修时，应根据使用的部位及装修的风格正确地选择好材质和线型。

3.装饰角线的质量鉴定

装饰角线主要使用的是木质和石膏两种。选用木质角线的质量标准是线条顺直平整，无扭曲变形；线型图案纹理清晰，加工深度一致；同一根线条上没有太大的色差；表面无缺角、缺图、破损等缺陷，持钉力强。选择石膏角线时，除按上述标准目测外，还应用手敲击线板，有钢性声音的产品质量好；用指甲抠线条，不应有材料脱落。

4.装饰角线的安装

（1）木质角线的安装方法

安装木质角线可根据线条的宽度和基层表面平整度、使用部位，采用胶粘法和钉固法两种方法。线型很窄的实木、纤维板贴面、中密度板贴面装饰角线使用在房间顶部时，可采用胶粘法。具体方法是将角线与基层的接触面清理后，用快粘粉调成糊状胶粘剂，将胶粘剂刮涂在基层面上，将角线安放在胶粘剂上，用手压实，待快干胶粘剂干硬后，角线就可以与基层牢固连接。

对于材质细密、线型较宽的实木脚线，应采用固定法安装。将基层处理平整后，根据角线宽度分别在顶部和墙面弹出安装线，在安装线上打孔下木楔，木楔应进行防腐处理并粘胶打入孔内。对木质较硬、易劈裂的实木脚线，应先在木线上按木楔位置打孔，孔径为钉子直径的85%。木线钉钉处应避开线条中的花纹，设在较隐蔽的部位，钉钉数量应根据墙面平整度和线条宽度确定。用木螺丝固定线条时，线条上孔的深度为线条厚度的2/3，无论圆钉或螺钉，钉帽都应沉入线条表面。线条接头应开45°角，并进行拼花处理，转角处应按角度大小刨成坡角相接，并进行拼花处理。

为了保证角线安装的牢固可靠，对较宽的木质角线，可采用胶粘法与固定法相结合的安装方法。在按固定法安装时，在线条安装前，先将角线两侧的接触面刷胶后，再按固定法固定，效果会更好。对于门扇上的造型、门窗框套封口、木墙裙及固定家居的造型与封口等，使用线条都应是胶粘与钉钉相结合，即将涂刷好胶液的木线安装后，用射钉做进一步的固定处理。

（2）石膏装饰角线的安装方法

石膏装饰角线的安装主要采用胶粘的方法。安装石膏角线的基层表面，要求平整、坚固、干燥，安装前分别在墙面和顶棚按角线宽度弹出安装控制线，将快粘胶分别在控制线内侧按角线接触面宽度和角线粘结面刮胶，然后将角线摆放在控制线内，用手压实。应及时清理溢出的胶液，防止污染角线线面。角线安装的对缝接口，应进行拼花处理，拼花应是在地面裁切好，以保证花型完整、流畅，两边线条要保持平滑，接缝处用石膏腻子抹平。转角处应按角度大小刨成坡面相结，并进行拼花处理。

5.装饰角线的维护和修补

木质角线在使用中，受到污染时可用干抹布擦净或用掸子掸净。如出现磕碰损坏，面积较小时可将受损面清理干净，用色腻子补平，待腻子干燥后用毡布擦平，用虫胶漆作底漆，然后磨光。同样方法也可修补木质角线的裂纹、刻痕等。

石膏装饰角线耐潮湿能力差，如有灰尘等，可以用毛掸子或吸尘器清除，不要用湿布擦拭。

（七）灯池线的选择和使用

1.灯池线的特点

灯池线是用于住宅顶棚装修的重要装饰型材，由装饰线和装饰贴角构成。灯池线具有价格低廉、易于安装等特点，能使顶棚达到造型丰满、布局合理的装饰效果，因此在家庭装修中得到广泛应用。

2.灯池线的分类

灯池线按材质可分为石膏、木质、塑料、金属等类型。石膏灯池线由于质量轻，便于同顶棚基层粘结，价格又非常便宜，是目前家庭装修中灯池线的主要材料。

3.灯池线的质量鉴定

购买灯池线时，要进行质量鉴定，主要依靠目测。目测时，一定要注意：灯池线应顺直，无扭曲、翘折；表面应平整，花型应清晰，无破损、磕碰、污染等缺陷；贴角的花形、线条应与灯池线相同，四个贴面的位置应正确。

4.灯池线的安装

灯池线的规格较小，宽度仅为8～15毫米，一般采用胶粘结固定的方法进行安装。安装灯池线的顶棚基层应平整、坚固、干燥。安装前应先在顶棚弹出安装控制线，按弹线尺寸将灯池线进行裁切，使用快粘胶在控制线和灯池线背面分别刮抹，将灯池线安装在控制线上，检查无误后用手压实，清理干净两侧溢出的胶液。安装贴角时必须同线条紧密相连，并应进行拼花处理，接口缝隙要小，表面应平整。

5.灯池线的维护和修补

灯池线倒置在顶棚之上，不易受到污染，一般不需要维护，但注意不要遇水受潮。如果有小处损坏，可先用石膏腻子修补，然后用小刀刮平。

二、墙体材料的选择和使用

（一）轻钢龙骨隔断墙的选择和使用

1.轻钢龙骨隔断墙的特点

轻钢龙骨隔断墙以轻钢龙骨为骨架，以纸面石膏板为基层面材构成。在家庭装修中主要用于空间布局的调整，如大空间的分割，非承重墙的改动、移位，不规则空间的改造等。轻钢龙骨隔断墙作为永久性墙体，具有重量轻、安全可靠、占用空间小、抗冲击力强、无毒、不燃、施工方便、快捷等特点，具有良好的隔音、隔热、防腐、防蛀的性能，几乎可以用于家庭住宅中的任何部位。

2.轻钢龙骨的种类

常用的轻钢龙骨有Q50、Q75、Q100三种规格，分别用于不同高度的隔断墙。家庭住宅的净高一般在3米以内，使用规格为Q50的轻钢龙骨就能满足需要。组装轻钢龙骨骨架，需要有用于不同部位的龙骨和相应的配件，才能规范、稳固地组装成隔断墙。目前市场中有一种表面带有压纹的轻钢龙骨，龙骨强度高于普通龙骨，安装纸面石膏板更方便、快捷，是一种创新型新产品。图2-2是常用轻钢龙骨及配件示意图。

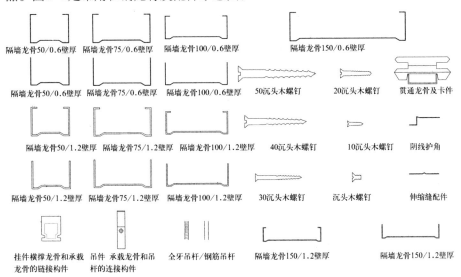

图2-2　常用轻钢龙骨及配件示意图

3.纸面石膏板的种类

用于轻钢龙骨隔断墙的纸面石膏板有普通、防火、防水三种，板边形状主要有用于暗接缝墙面的楔形棱边和用于明接缝或有压条墙面使用的直角棱边两种；厚度有9毫米、9.5毫米、12毫米、15毫米、18毫米、25毫米等规格；长度有2400毫米、2500毫米、2750毫米、3300毫米等规格；板宽有900毫米、1200毫米等规格。

4.轻钢龙骨架的安装方法

进行轻钢龙骨架的安装，首先应根据设计图纸在地面弹出墙体的位置线，弹线时应按照墙体的宽度弹出双线，即隔断墙的两个侧垂面在地面上的投影线都应弹出。然后将投影线引至两侧的墙面和顶棚，形成完整的墙体放线。放好线后，为保证骨架与地面吻合，应做好墙垫。具体做法是，清理地面骨架接地部分，涂刷一遍YJ302型界面处理剂，随即打素混凝土墙垫，墙垫的上表面应平整，两侧应垂直。

墙垫干硬后安装沿地、沿顶龙骨，固定沿地、沿顶龙骨可采用射钉或钻孔用膨胀螺栓固定，间距一般应在900毫米之内，位置应避开基层中已敷设的暗管。竖龙骨的安装间距应按限制高度的规定选用，采用暗接缝时，龙骨间距应增加6毫米；采用明接缝时，龙骨间距应按明接缝的宽度确定。需要吊挂物品的墙面，龙骨间距应缩短至300毫米。竖龙骨应由墙的一端开始排列安装，当最后一根龙骨距墙的距离大于规定龙骨间距时，必须增设一根龙骨。

竖龙骨上下端应与沿地、沿顶龙骨用铆钉固定。现场需裁截龙骨时，一律由龙骨上端开始。冲孔位置不能颠倒，并保证各龙骨冲孔在同一水平线上。安装门口立柱时，应根据设计确定的门口立柱形式进行组合。在安装立柱的同时，应将门口与立柱一起就位固定。窗口的安装方法同门口一样。

当隔断墙高度超过石膏板长度或墙上开有窗户时，应设水平龙骨，其连接方式可采用沿地、沿顶龙骨与竖向龙骨连接的方式，也可采用竖向龙骨用卡托和角托的连接方式进行连接。图2-3是卡托、角托连接方式示意图。

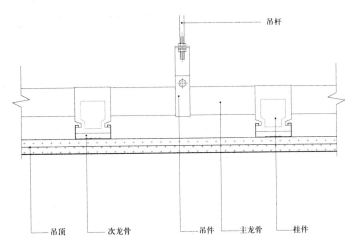

图2-3 轻钢龙骨卡托、角托链接方式图

在隔断墙上需设置配电盘、洗面盆、水箱等设施时，各种附墙设备的吊挂件，均应按设计要求在安装首架时预先将连接件与龙骨架连接牢固。

5.纸面石膏板的安装方法

当轻钢龙骨首架安装好，经检查无误后就可安装纸面石膏板。石膏板应竖向排列，龙骨两侧的石膏板应错缝排列，用自攻螺丝固定，其顺序是从板的中间向两侧固定，固定位置离板边距离在10～16毫米之间，离切割边的板边至少15毫米。板边螺钉间距为250毫米，板中螺钉间距为300毫米。螺钉帽应略埋入板内，但不得损坏纸面。下端的石膏板不要与地面直接接触，应留10～15毫米缝隙，用密封膏嵌严。

在石膏板安装后，应清扫接缝中的浮土，用腻子刀将腻子嵌入缝内与板面找平。缝中腻子干固后，刮1毫米腻子并粘贴玻璃纤维接缝条，用腻子刀从上向下一个方向挤压、刮平，使多余腻子从接缝带网眼中挤出。随即用大腻子刀在整个装饰面上刮腻子，将接缝带埋入腻子中，并将石膏板楔形棱边及纸面不平之处全部找平，留待精装修时再进行表面的装饰处理。

6.异型轻钢龙骨墙的安装方法

在家庭装修中，为充分利用空间或增加墙体装修的艺术效果，有时需要异形墙面，主要是圆弧形墙面。其安装方法是应首先在地面和顶棚上分别画

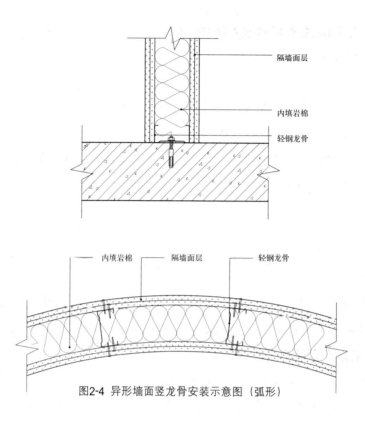

图2-4 异形墙面竖龙骨安装示意图（弧形）

出圆弧型基准线，基准线画法同一般轻钢龙骨隔断墙安装时的画法相同。安装时将沿地、沿顶龙骨一侧切割缺口，弯曲成所需弧形，使圆弧边紧靠弧形基准线，固定沿地、沿顶龙骨，方法同一般轻钢龙骨隔断墙。竖向龙骨用自攻螺钉或抽芯铆钉与沿地、沿顶龙骨连接牢固。图2-4是异形墙面竖龙骨安装示意图。

竖向龙骨间距应依据圆弧长度计算确定，每块圆弧型石膏板应作力于三根竖龙骨以上。安装纸面石膏板时，应将石膏板背面等距离割出2～3毫米宽、板厚2/5深度的口。割口间距依圆弧半径确定，半径越小，割口间距越小。安装时将割口面靠于龙骨上，从一边开始逐渐弯曲石膏板，使其紧贴龙骨的弧面，然后用自攻螺钉将其固定。其他安装步骤、技术要求同一般轻钢龙骨纸面石膏板墙。

（二）墙体木材的选择和使用

1.墙体木材的特点

家庭装修中使用的木材主要有实木和型材两大类。木型材又分为大芯板、欧松板、密度板、贴面板和定向结构麦秸板五大类。由于木材是我国最传统的建筑装饰材料，深受人们的喜爱，但木材又是宝贵的资源，特别是名贵树种的资源就更为匮乏。所以在家庭装修时，主要使用经过工业加工的大芯板和贴面板等木型材，以提高木材的利用效率，满足人们对木材和名贵树种的需求。近年来，随着林产工业科技发展，又出现了密度板、欧松板等，同时出现了以农业麦秸秆为主要原料的定向结构麦秸板，给家庭装修提供了更多的选择空间。除实木外，所有木型材规格的长、宽都是统一的，幅面尺寸为1220毫米×2440毫米。

大芯板又称为细木工板，是以原木条为芯、外贴木面材加工而成的木材型材。大芯板具有规格统一、加工性强、不易变形、可粘贴其他材料等特点，主要用于墙体、顶棚和细木制作的基础性材料，是装修面结构的主要材料。

贴面板又称为夹板，是以原木的旋片经粘结、压制而成的木材型材。贴面板具有规格统一、装饰性强、易于加工、应用广泛的特点，主要用于各装修面的面饰材料和细木制作的表面材料。

密度板是以木材屑为基本原料，添加合成材料，经压制而成的木型材，按照其强度等级分为纤维板、中密度板和高密度板三个等级，可以根据使用的要求进行选择。密度板具有规格统一、木材利用率高、价格相对低廉、加工性强的特点，主要用于各装修面的基层材料。

欧松板（又称为定向刨花板）是以松木切片为基本材料，添加合成材料经压制而成的木型材，其表面呈现的是木材切片的原片，风格古朴、自然，很受现代风格家庭装修者的喜爱，有时作为饰面材料使用。其加工能力强、规格统一，现已在家庭装修中被广泛使用。

定向结构麦秸板是以麦秸为原料，异氰酸酯树脂为胶粘剂，通过对扁平窄长麦秸秆加工、干燥、分选、施胶，经定向铺装后热压而成的一种多层结构板材，是循环经济的产品。定向结构麦秸板具有质量轻、规格统一、加工性强的特点，适宜室内干燥环境下作为装修时各种木制作的基层材料。

2.墙体木材的分类

实木是以树种分类的，一般分为软木和硬木，软木如松木、杨木等；硬木如榉木、榆木等；红木如酸枝木、花梨木、檀木等。

大芯板按加工工艺可分为手工板和机制板两大类。手工板是用人工将木条镶入夹层之中，这种板材缝隙大、持钉力差、不宜锯切加工，一般只能整张板使用在家庭装修的部分子项目中；机制板是机械化生产的木型材，但由于内嵌木材的树种、加工精度、胶粘剂种类、面层树种的不同，质量有极大差别。机制板中又有素面芯板和贴面芯板两种，素面板是以普通木材为外贴木面材，还需要铺贴其他材料才能完成装修面；贴面芯板是以柚木、榉木、沙比利、水曲柳等名贵木材为外贴面材，直接进行表面涂饰就可完成装修面。

贴面板按其层数可分为三合板、五合板、七合板、九合板等。贴面板的面层可按树种分为柚木、榉木、沙比利、檀木、楠木等。

密度板按强度划分可分为纤维板、中密度板、高密度板三个等级。

欧松板不划分种类，但厚度有5毫米、8毫米、10毫米等不同的规格。

定向结构麦秸板分为室内装修板和建筑结构板两类。室内装修板适于在室内干燥环境中使用，使用状态为相对湿度小于或等于65%（一年中仅几个星期湿度超过65%）；建筑结构板适于在室内潮湿环境中使用，使用状态为相对湿度小于或等于85%（一年中仅几个星期湿度超过85%）。

3.墙体木材的质量鉴定

大芯板、贴面板等在生产制作过程中都要使用胶粘剂，而胶粘剂都含有甲醛等有毒有害成分，会对人的身体健康造成伤害。不同的胶粘剂其甲醛等有毒有害物质含量不同，所以在选购墙体木材时，首先要向经销商索要产品的有毒有害物质检测报告和产品质量检测合格证，有毒有害物质含量超过国家标准的坚决不能选购。在家庭装修需大量使用时，还应取样进行复试、复测。

大芯板的质量差异极大，选购时首先要观察其内镶嵌木材的树种，内填材料应以松木等持钉力强、不易变形的树种为好；观测其内填材料是否密实、有无缝隙；周边有无补胶、补腻子等；用尖嘴器具认真敲击表面，声音应没有差异。

选购贴面板时，目测正表面不得有死节和补片；角质节（活节）的数量少于5个，面积小于15平方毫米；没有明显的色变和色差；没有密集的发丝干裂及超过200毫米×0.5毫米的裂缝；直径在2毫米以内的孔洞少于5个；长度在15毫米之内的树脂囊、黑色灰皮每平方米少于4个；长度在150毫米、宽度在10毫米的树脂漏每平方米少于4条；表面贴层应在1毫米以上；无腐朽变质；用手敲击声音清脆；手撇板子应有钢性。

选购密度板、欧松板、定向结构麦秸板时，应目测产品表面是否整洁、周边齐整，有无缺损、磕碰、污染。

（三）乳胶漆的选择和使用

1.乳胶漆的特点

乳胶漆是家庭装修时墙面装修中使用最多的常规性材料，具有适用范围广、施工简便、价格便宜、无毒、安全、色彩丰富、维护保养容易的特点。乳胶漆具有遮盖力强、流平性佳、附着力强、防霉等优良性能。

2.乳胶漆的质量鉴定

随着乳胶漆的日益广泛应用，市场上假冒伪劣产品也越来越多，所以购买乳胶漆应尽量到专营店或特约经销店购买，购买时应向经销商索要产品性能检测报告和产品质量检测合格证书，其中重点应考察由国家化学建材产品检测中心的质量检测合格报告。购买时要检查产品的包装、外观及内在质量，好的乳胶漆含固量高、漆液稠厚、色泽鲜亮。

3.乳胶漆的涂刷方法

乳胶漆有喷涂、滚涂和扫涂三种方法。涂刷乳胶漆的墙面应平整、坚实、干燥。涂刷分为底漆涂刷和面漆涂刷。底漆为氯化橡胶类产品，具有极强的防水性和防碱性，渗透力好，能够极大地提高漆膜与基层的粘合性和持久性，同时能够防止漆面因返碱腐蚀发生色变。底漆不要稀释，直接涂刷在墙面上，漆膜厚度以深入墙身为准，只需涂刷一遍。

底漆刷后最少等待6小时，待底漆干透后方可进行面漆的涂刷。面漆一般采用横、竖涂刷各一遍的涂刷方法，以保证漆膜均匀，不透底。在温度低于8摄氏度以下时不宜涂刷。在温度为25℃、相对湿度70%时，指触干为1小时，硬干为3小时，可以重涂，间隔时间应不小于2小时，一般成品漆膜厚度为30微米。

4.乳胶漆墙面的维护和修补

乳胶漆墙面的维护十分简便，如果墙面有污染，可用干净的布沾清水轻轻擦去，擦时宜采用滚擦的方法。如污染较严重，可用干净布沾洗净剂擦洗后，再用清水擦净，注意擦洗墙面的布必须干净，最好是新白布，沾水不应太多。

如果不慎破坏了漆膜，修补也很简便。只要将破损处用腻子找平，然后重新刷上漆即可。因此，在家庭装修中，建议用一小瓶将施工剩余的乳胶漆封存，待日后修补时使用，以避免产生色差。

（四）壁纸的选择和使用

1.壁纸的特点

壁纸作为墙面装饰材料，在中国已有很长的历史，也是当前家庭装修中墙面装修的常规性材料。装饰性壁纸具有色彩丰富、种类较多、装饰效果强烈、应用范围较广、维护保养方便、使用完全等特点，主要用于家庭住宅中的客厅、卧室等空间。

2.壁纸的种类

（1）全纸壁纸

全纸壁纸也称为纸基墙纸，即普通壁纸。这是应用最早的壁纸，价格比较便宜、施工方法简单，主要有木纹图案、大理石图案、压花图案等种类。纸基墙纸虽然无毒、无污染，但性能较差，不耐潮、不耐水、不能擦洗，使用后会造成诸多不便，目前在城市住宅装修中使用的已很少。

（2）织物壁纸

织物壁纸是壁纸中较高级的品类。织物壁纸主要是以丝、毛、棉、麻等纤维为原料织成，具有色泽高雅、质地柔和的特性。织物壁纸（壁布）主要有无纺墙布和锦缎墙布两种。

无纺墙布是用棉、麻等天然纤维或涤腈合成纤维，经过无纺成型、上树脂、印制彩色花纹而成的一种新型高级饰面材料。它具有挺括、不易折断、富有弹性、表面光洁而又有羊绒毛感的特性，且色泽艳丽、图案雅致、不易褪色，具有一定的透气性，可以擦洗。

锦缎墙布是更为高级的一种墙面装饰材料，是在三种以上颜色的缎纹底上，再织出绚丽多彩、古雅精致的花纹而成。锦缎墙布柔软、易变形、价格较贵，一般用于家庭室内高级饰面装饰，如局部软包等子项工程。

（3）玻纤壁纸

玻纤壁纸也称为玻璃纤维墙布。它是以玻璃纤维布作为基材，表面涂树脂，印花而成的墙面装饰材料。玻纤壁纸的基材是用中碱玻璃纤维织成，以聚丙烯酸甲酯等作为原料进行染色、挺括处理，形成彩色坯布，再以醋酸乙酯等配置适量包浆印花，经切边、卷筒制为成品。成品规格为幅宽530毫米、长度10米。

玻纤墙布花样繁多，色彩鲜艳，价格适中，在室内使用不褪色、不老化，防火、防潮性能良好，施工也比较简便，日常维护简单，可以刷洗，所以在家庭装修中的应用比较广泛，属于常规性材料。

（4）塑料壁纸

塑料壁纸也称为PVC塑料壁纸。它是以聚氯乙烯为主要原料制成的墙面装饰材料，分为普通型和发泡型两大类，每一类又分为若干品种，每一品种再分为各式各样的花色。塑料壁纸由于生产成本低、产量大、价格相对便宜、施工方法简单，也是家庭装修中墙面装饰的常规性材料，规格为幅宽530毫米、长度10米。

普通型塑料墙纸是用80克/平方米的纸作基材，涂塑100克/平方米左右的PVC糊状树脂，再经印花、压花而成。这种壁纸通常分为平光印花、有光印花、单色印花、印花压花等几种类型。

发泡型壁纸是用100克/平方米的纸作为基材，涂塑300～400克/平方米掺有发泡剂的PVC糊状树脂，印花后再经发泡而成。这种壁纸比普通型壁纸显得厚实、柔软。其中高发泡壁纸表面呈富有弹性的凹凸状；低发泡壁纸是在发泡平面上印有花纹图案，形如浮雕、木纹、瓷砖等效果。

（5）天然材料壁纸

天然材料壁纸是以草、木材、树叶等制成面层的墙纸。这种壁纸风格古朴自然、素雅大方，生活气息浓厚，给人以返璞归真的感觉。但生产量小，使用受到局限，可以在家庭装修中的应用量很小。近年来，有用石头粉末与树脂制成的石头壁纸，是一种新型天然材料的壁纸，这种壁纸环保性能好、无毒、可降解，符合当前低碳生活方式的要求，已经成为市场中最具发展前景的墙面装饰材料。

3.壁纸的选择

要正确地选择壁纸，首先就要了解各类壁纸的性能，而各类壁纸的性能可以从产品的符号中获取。图2-5是各种符号所表现的产品性能。

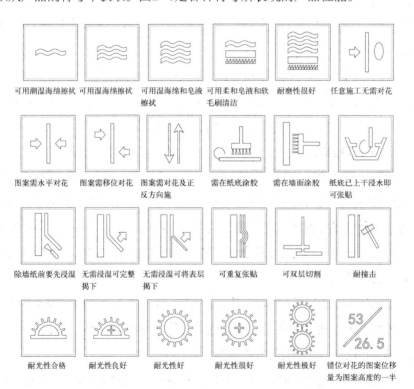

图2-5 各类壁纸的各种符号所表现的产品的性能

家庭装修选购壁纸，主要是挑选图案和花色。壁纸生产企业在生产同一图案壁纸时，会有多种色彩的不同组合供消费者挑选。因此，在确定图案后，要反复对比各种色彩组合的效果，并要同家庭装修的整体风格、色彩相统一。特别要注意考察大面积使用后的效果，这样才能选择好适宜自己生活空间要求的壁纸。

4.壁纸的粘贴方法

粘贴壁纸一般采用裱糊法。首先要进行弹线，方法是在墙顶部钉小钉，挂铅垂线，确定垂线位置后，再用粉线包弹出基准垂直线，每个墙角的第一条垂线，应该定在距墙角距离小于壁纸幅宽50～80毫米处，所弹的线应清晰，且越细越好，这样能将壁纸的裁边放在墙的阴角处。第二条线应弹在有窗户的墙面的中心线，以保证窗间墙阳角图案对称。第三条是在墙面上端弹出水平线，控制水平度。弹线是保证粘贴质量的重要工作内容，必须认真进行。

裁纸是壁纸粘贴的重要环节，应在量出墙顶到底部踢脚的高度后，在地面将纸裁好。壁纸的下料尺寸应比实际尺寸长10～20毫米。需要对花拼图的壁纸，特别是大图案的壁纸，为了避免浪费，从上部就应对花，从而将不同部位按其大小统筹规划后裁纸，并将裁好的纸编好号，按顺序粘贴。裁好的壁纸要经过湿润后才能粘贴，一般是在清水中浸润后，放置10分钟后刷胶。

刷胶是壁纸粘贴的关键环节。为保证粘贴的牢固性，壁纸背面及墙面都应刷胶，要求胶的品种与壁纸相溶，胶液涂刷均匀、严密，不得漏刷，不能裹边、起堆，以防弄脏壁纸。墙面刷胶宽度应大于壁纸幅宽30毫米。壁纸背面刷胶后，应将胶面与胶面对叠摆放，如此既能防止胶面很快变干，又能防止污染纸面，同时便于粘贴时操作。

裱糊壁纸的原则是先垂直后水平，先上后下、先高后低。第一张纸应从墙的阴角开始粘贴，按弹好的垂直线吊直，从上向下轻轻压平后，由中间向两侧压敷，再用刮板由上而下，由中间向两侧刮抹，使壁纸与墙体贴实，并使壁纸平整。第二张纸与第一张纸的搭接方法是，不同对花的，纸幅搭接重叠20毫米，在接缝处的中间用钢板尺压实，从上而下用壁纸刀将重叠部分的中间割断，取下割断的部分用刮板刮平；需要对花时，将两张纸重叠对花，用钢板尺压实在重叠处，用壁纸刀从中间割断，取下割断的纸条，用刮板刮平后即可。

　　裱糊壁纸在墙顶和踢脚处应接缝严密，不得有缝隙，用刮板沿墙及踢脚的边沿将其压实，用壁纸刀切齐后刮平。粘贴壁纸时挤出的胶液要及时用湿毛巾擦净。墙面遇到电源插座、开关时，可将壁纸轻轻敷于上面，找到中心点，从中心切割十字（见图2-6），用壁纸刀裁去多余部分，用刮板沿插座、开关面板四周刮平。

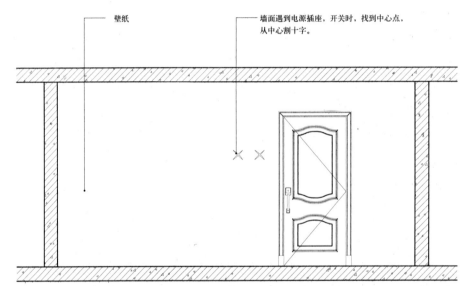

壁纸

墙面遇到电源插座，开关时，找到中心点，从中心割十字。

图2-6 墙面遇到电源插座、开关时，可将壁纸轻轻敷与上面，找到中心点，从中心切割十字，用壁纸刀裁去多余部分，用刮板沿插座、开关面板四周刮平。

5.壁纸的维护和修补

　　壁纸的日常维护比较简单，在潮湿季节，墙面装修后应白天打开门窗，加强通风，夜晚关闭门窗，防止潮湿气体侵入；避免在粘贴剂未干之前受穿堂风猛吹，损坏牢固度；塑料壁纸有一定的耐擦洗性，如有污痕可用肥皂水轻轻擦净；高发泡壁纸容易积灰，每隔2~3个月可用吸尘器清扫一次。

　　不要用尖硬物品撞击或磨擦墙面，以免损坏墙面。壁纸是修补性较差的装饰面材，如损坏严重，只能进行整体更新。

（五）陶瓷墙砖的选择和使用

1.陶瓷墙砖的特点

我国是陶瓷的发明地，陶瓷应用在建筑装饰工程上已有两千年以上的历史，至今仍是建筑装饰的主要材料。陶瓷墙砖具有吸水率低、抗腐蚀抗老化能力强、易于清理等特点。特别是其特殊的耐湿潮、耐擦洗、耐候性等特点都是其他材料无法取代的，而且其价格低廉、色彩丰富，是家庭装修中厨房、餐厅、卫生间、阳台等墙面装修时的主要材料，也属于常规性材料。

2.陶瓷墙砖的种类及规格

陶瓷墙砖的种类很多，但从整体材料和装饰效果上看，主要分为釉面砖和通体砖两大类。釉面砖是传统的陶瓷砖，表面涂有一层彩色的釉面，经加工烧制而成，这种砖色彩变化丰富、装饰效果多样，特别容易清洗保养，主要用于厨房、卫生间墙面装修。通体砖是由单一材料烧制而成的，材料按成分、配比不同，分为多种品类。这种砖质地坚硬、抗冲击性优于釉面砖，且抗老化、不褪色，但多为单一颜色，仅有些线型的变化，主要用于阳台墙面装修。

家庭装修中使用的陶瓷墙砖主要为正长方形，使用时如竖向粘接，可以增加装修后的视觉高度；横向粘贴可以给人以稳重踏实的感觉。规格有60毫米×240毫米、150毫米×200毫米、200毫米×300毫米等多种，几乎囊括了各种尺寸的组合，可以根据需要进行多种选择。釉面砖的厚度一般在6～10毫米之间，通体砖的厚度一般为6～8毫米。

3.陶瓷墙砖的质量鉴定

选购陶瓷墙砖时应向经销商索要产品性能检测报告和产品质量检验合格证。目测质量，产品应无缺釉、斑点、裂纹、釉泡、波纹等明显质量缺陷；用手将两块砖相互撞击，声音应清脆；要对多个包装进行抽样对比，色差不应有明显变化；对规格尺寸进行逐一检验，尺寸误差应小于0.5毫米，平整度误差应小于0.1毫米。

4.陶瓷墙砖的粘贴方法

粘贴陶瓷墙砖的基层应平整、坚实，在粘贴前应进行选砖和浸湿处理。

选砖就是在粘贴前挑选形状平整、方正、不缺边、无掉角、不开裂、不脱釉、无扭曲、颜色一致的砖进行分类码放，同类用于同一墙面。对于有色彩图案或装饰图案的，要按其图案预先进行编号，以便于粘贴时对号入座。砖的薄厚如有差异，要将砖按厚度分类，使用时应先贴厚砖，粘结厚度要小，薄砖后用，以加厚粘结厚度的方法找平。

浸砖是为了增加陶瓷墙砖的粘结性，挑选好的砖应放在清水中浸泡两小时，以砖面不冒泡为标准，取出后阴干，阴干时间应根据气候环境确定，以看上去砖体表面有潮湿感、手摸上去无明水为标准。

粘贴陶瓷墙砖时，应先排砖弹线。首先应确定是直线排列还是错缝排列，瓷砖外形尺寸差别较大时，宜采用错缝排列；再就是确定是横向使用还是竖向使用。排砖时应注意同一墙面最后只能有一行非整砖，非整砖应排在不显眼的阴角处，竖向要求阳角及窗口处都应是整砖。放线时对窗间墙、墙垛等处要首先弹好中心线、水平格线、阴阳角垂直线。若无吊顶需满墙粘贴墙砖时，应从上往下按块计算，非整砖行应紧靠地面；若顶部吊顶，则应从下往上弹线，使吊顶材料在顶部压上砖面，不用留非整砖行，让顶棚吊顶材料封闭墙面陶瓷墙砖边缘。

粘贴瓷砖时，应从下往上、由左向右、从阳角开始。在门口阳角以及大面墙上，每隔2米左右应做一个标志块，用拉线或靠尺校正平整度并应双面垂直。粘贴时，如果最下一层为非整砖，需要按尺寸制作地面垫板。采用成品胶粘剂粘贴时，将胶粘剂涂抹在砖背面的四角及中间，涂胶面积应为砖面积的50%以上，然后将涂好胶的砖贴于墙面，轻轻揉压，直至与相邻砖平整为止。采用107胶水泥浆粘贴时，将砖背面抹一层水泥浆，四周刮成斜面，厚度小于5毫米，按线贴于墙面，用手轻轻揉压，使其与基层贴紧，用靠尺找平，注意确保砖的四周水泥浆饱满，并将挤出的水泥浆刮净。

每行瓷砖粘完后应用长靠尺校正一次，高于粘贴面的，轻轻敲击砖面，挤出砂浆；低于粘贴面的应取下后重新粘贴。粘贴时应注意保持相邻面砖的平整，四块砖的对角处应在同一水平面上。

粘贴完毕后，要及时将砖面上的胶浆擦净，待砖与墙面粘平后将砖缝用水泥素浆（水泥加水）抹匀填实，抹彩色砖缝水泥素浆要加同色颜料，全部完工后用清水冲净。抹缝时应全部封闭缝中的气孔和砂眼。

5.陶瓷墙砖的维护和修补

陶瓷墙砖的维护和清洗十分简单，小面积污染用布就可以擦去，大面积的污染可先用清洗剂加水，用毛刷刷净后用清水冲干净。墙面砖发生破损需要修复时，可将破损的砖从墙上剔除，并将底部的粘胶剂清除后，按照粘贴程序补上新砖。修复时要注意不要损坏相邻的面砖，补换新砖的规格、色彩应与原墙砖一致，并用靠尺找平，粘贴后抹缝即可。

（六）壁布的选择和使用

1.壁布的特点

壁布的基材多为天然物质，质地柔软、色彩丰富、使用更为安全可靠，对人体无刺激，吸声、不易断裂、无毒、无害，装饰效果豪华、气派。但壁布的抗潮性、防霉、防腐等性能差，而且清洗护理也比较困难，所以一般用于家庭装修中老人、儿童居住的卧室及客厅、餐厅等全家欢聚场所的墙面装修。特别是在复合型壁布大面积使用时，由于表面需要压条造型，因此多在局部装修时使用。

2.壁布的分类

壁布从材料层次上，可分为单层和复合两种，单层壁布的材料有纯棉布、混纺布、化纤、无纺布、皮革、丝绸、锦缎等，经过防腐、阻燃等工艺处理后制成。复合型壁布是由两层以上的材料复合而成，表面材料也非常丰富，背衬材料主要是发泡聚乙烯，分为发泡和低发泡两种。两种壁布的主要区别是背衬材料的厚度不同。

3.壁布的粘贴方法

单层壁布粘贴一般用裱糊方法，具体的基层要求、操作程序、技术要点等与壁纸粘贴基本相同。在粘贴前应检查壁布表面不要有抽丝、跳丝等缺陷。壁布裱糊一般都需要拼花对图，下料时要统筹考虑后再剪裁，以便于花型的拼接和材料的综合利用。壁布裁缝应顺直，裁剪时严格禁止利器划伤布面，从开始时就要特别注意保持壁布的清洁，防止污染布面。

对于丝绸锦缎壁布，由于其质地柔软、光滑、易变形、施工难度较大，可于施工前在壁布背面裱糊一层宣纸，增强壁布的板结性，便于施工时操作。具体方法是用面粉、防虫剂和水调成稀薄的浆液，将壁布反面向上铺平，两侧压紧压实，用排笔沾浆液由中间向两侧刷浆。浆液不能刷得过多，以能均匀打湿布面为准。然后再将宣纸用水打湿，贴在布面上，用刮片由中间开始向四周刮压，使布面与宣纸粘贴均匀，放在阴凉处晾干后就可以较轻松地裁剪、裱糊。

裱糊壁布前应在已处理好的基层墙面刷一层底胶，以增加粘结的牢固程度，底胶比例为107胶：水=3：7。裱糊时注意对缝，不能搭茬、不能横向硬拉、不能用刮板刮压；应用湿毛巾或板式鬃刷舒展、压平；挤出的胶液需用湿毛巾及时清理。裱糊壁布时，阳角不允许对缝、搭茬，所以要求基层墙角必须顺直。裱糊应从阳角第二块位置开始，阳角两侧应是整张壁布。复合型壁布，粘贴后收口部位应用木线压边，用装饰钉钉牢。

4.壁布的维护和修补

壁布是更新周期短、清洗维护比较困难的墙体装饰材料。在日常使用中应避免强烈阳光的长时间照射，避免尖刀锋利器具损伤表面，防止油渍等污染布面。单层壁布可做适当清洗，一般耐擦洗次数在40次左右，清洗剂为清水或稀释的洗净剂。复合壁布一般不能擦洗，可用吸尘器吸净表面浮土。如发生大面积严重污染和损坏，应及时进行更新。

（七）墙面装饰板的选择和使用

1.墙面装饰板的特点

墙面装饰板是近年来发展起来的新型装饰材料，反映了我国装饰材料生产的科技发展和产品的更新换代。墙面装饰板以木质密度板、水泥、铝蜂巢板、塑料等为基材，以名贵树种贴片、高档石材贴片、金属板等经水印后为面材，经施胶热压复合而成。墙面装饰板具有高效利用资源、质轻、防火、防蛀、防腐等特点，施工简便，特别适宜干挂技术的应用，加工性能强、造价低廉、使用安全、装饰效果明显、维护保养方便，是具有广阔发展前景的新型材料。

2.墙面装饰板的分类

新型墙面装饰板的种类很多，按基材区分可以分为木质密度板、硅酸钙板、铝蜂窝板、铝板、不锈钢板、塑料板等；按防火等级可分为不燃级、难燃级等；按表面材质可分为木材、石材、金属等；按装饰效果可分为仿实木、仿石材、仿壁纸等。家庭装修中一般选用以高密度板、中密度板、纤维板、胶合板等为基材的仿实木类装饰板，主要用于墙面装饰及家具制作。

3.墙面装饰板的质量鉴定

选购墙面装饰板时，一定要向经销商索要产品性能检测报告和产品质量检验合格证书。目测板材质量，应从外观质量和内在质量两方面检测，外观质量首先要检测其仿真程度，仿真程度要高，图案应清晰，无磕碰、划痕；内在质量应重点监测面层与基层的粘结牢固度，无缝隙、无脱离现象。有企口的护墙板还应口、榫加工精细，应拼、装、拆自如。条形护墙板应是塑料密封包装，无扭曲变形。

4.墙面装饰板的使用方法

墙面装饰板的适用范围很广。用于墙面装修时，整面墙的使用一般采用墙面基层预先设置龙骨，在装饰板背面加工槽、洞等，用背栓式方法固定在龙骨上的干挂式工艺。在局部使用时，一般采用粘贴法，粘贴的基层应平整、坚实、洁净、干燥，应按设计要求在基层上弹出安装控制线。

无企口的墙面装饰板规格一般为宽度90毫米或165毫米，长度为2440毫米，使用时应竖向使用，安装时应按设计尺寸下料，裁口必须平直，需要拼花时应在下料时对花拼图后裁割。安装前应将墙面及板的背面涂刷胶粘剂，涂刷部位为板的上端、下端及中间部分及墙面基层相应部分，点涂即可。安装时竖向对口压实，待胶粘剂干后，用木线压边收口。

干挂墙面装饰板应按设计要求在墙面基层敷设轻钢龙骨架，龙骨的规格、数量、排列形式应符合设计要求。

墙面装饰板在安装前应对其进行加工，在装饰板的背面加工槽、洞。

槽、孔的形式、位置、数量应符合设计要求。固定件的规格、型号应符合设计要求，使用前应进行检验。

5.墙面装饰板的维护和修补

墙面装饰板的日常维护十分简便，有污染时可用清水或清洗剂清洗。但墙面装饰板的修补十分困难，如发生大面积损坏，应进行整体更新。

（八）玻璃材料的选择和使用

1.玻璃材料的特点

玻璃具有透光、透视、隔音、隔热的特殊功能，不仅在门、窗上得到广泛应用，在家庭装修需要提高采光度、透明度、提高生活情趣和装饰效果的墙体中，也被大量应用。玻璃制品具有种类多、加工简便、半成品及成品化率高的特点，是家庭装修中使用的常规性材料。随着玻璃生产技术的发展，玻璃在家庭装修中的应用会越来越多。

2.玻璃材料的分类

玻璃材料从形态上可分为玻璃板材和玻璃砖块两大类。玻璃板材按其安全性能可以划分为普通玻璃、镀膜玻璃、钢化玻璃、夹胶玻璃等，分别用于家庭装修中不同部位，国家制定有严格的标准。从装饰效果上可以划分为平板玻璃、压花玻璃、磨砂玻璃、刻（印）花玻璃等，可以根据不同装饰效果的要求选用。玻璃砖块主要用于玻璃隔断、玻璃墙体等工程，主要是中空玻璃砖，可分为单腔与双腔两种，又有方砖和长方砖等多种规格，且表面造型也很丰富，可根据装修要求使用。

3.玻璃材料的质量鉴定

玻璃板材质量鉴定主要通过目测检查平整度，表面应无气泡、夹杂物、划伤、线道和雾斑等质量缺陷。玻璃加工制品的质量检验，除按玻璃板材的要求进行检测外，还应检验其加工质量，重点检测规格尺寸是否标准，加工精度及图案清晰度是否符合要求，边部打磨是否平滑、是否有残缺。

空心玻璃砖的外观质量不允许有裂纹，玻璃坯体中不允许有不透明的未熔融物，不允许两个玻璃体之间的熔接及胶接不严密。目测砖体不应有波纹、气泡及玻璃坯体中的不均质所产生的层形波纹。玻璃砖的大面外表面里凹应小于1毫米、外凸应小于2毫米，重量应符合质量标准，表面无翘曲及缺口、毛刺等质量缺陷，各角应方正。

玻璃材料是极易损坏的装饰材料，在运输、存储时必须采取保护措施，以保证其品质。在板材成批运输时应采用木箱框包装并做好减震、减压防护措施，单体运输时应检验牢固性，加减震、减压衬垫。玻璃砖应用瓦楞纸箱包装，运输时应轻拿轻放，严禁抛掷和挤压。玻璃板材应立放存储，玻璃砖堆垛存放时应不超过其承重能力。

4.玻璃材料的安装方法

玻璃板材安装时，应有木材、铝材、不锈钢及塑料边框，玻璃的规格应与边框吻合、尺寸应比边框小1～2毫米，以保证玻璃板能顺利镶入框内，安装时严格禁止敲击，安装后应及时封边。

玻璃砖的安装一般使用胶粘方法，大面积的墙面应用槽形金属型材作固定框架。家庭装修中的局部矮隔断墙一般不用金属框架，采用玻璃砖单块砌筑的形式即可。砌筑时应注意要根据砖的尺寸预留出伸缩缝，在玻璃砖与结构之间应填充缓冲及密封材料。安装后的墙面应表面平直、无凹凸现象，沟缝内应涂防水胶。

5.玻璃材料的维护和修补

玻璃材料在日常使用中严格禁止剧烈的撞击和震动。如果玻璃材料表面产生灰污时，可用清水擦洗并立即用布揩干；如有油污时，可先用清洗剂将油污洗除，再用清水擦洗干净。清洗时注意不要将有腐蚀性的清洗剂落在边框上，不能用材质过硬的清洗工具，以防腐蚀、损伤边框表面。

玻璃损坏应及时进行更换，更换方法是除去边框上的封边材料，按原尺寸配上新的玻璃，重新封边即可。玻璃砖发生破裂时应及时用玻璃胶修复。

（九）木器饰面漆的选择和使用

1.木器饰面漆的特点

木器饰面漆具有抗腐蚀、抗虫蛀、防水的基本性能，具有较强的木材渗透能力和坚硬的漆膜。木器饰面漆不仅能起到改变木材原有色彩、提高装修效果的作用，同时能够提高木材的物理、化学性能，延长木材的使用寿命。家庭装修中现场的所有木器制作，除购买的成品外，都应进行饰面漆的涂饰后方能投入使用，所以木器饰面漆是家庭装修中大量使用的常规性材料。

2.木器饰面漆的分类

木器饰面漆按稀释剂的种类可划分为油性漆、水性漆和蜡油漆（又称为木蜡油）三种。油性漆的稀释剂为稀料，水性漆的稀释剂为清水，蜡油漆的稀释剂为蜡油。油性漆是使用时间最长的木器饰面漆，属于传统产品，由于含有苯等有毒有害物质，现在使用很谨慎。水性漆和蜡油漆是近年来新开发的产品，基本不含有毒有害物质，更能适应人们对环境污染的控制要求。

油性木饰面漆按其装饰效果可分为清油和混油两大类。清油又称为清漆，为透明漆，涂饰后能够保留木材原有的纹理，还能够通过基层着色、改变和调整木材的颜色，是使用高档木材时主要的饰面漆；混油是混色型漆，涂饰后完全遮盖了木材原有的颜色和纹理，主要用于松木等软木类木材的饰面漆。

清漆按照其构成成分又可分为硝基类、醇酸类、酚醛类、虫胶类4个品种。

（1）硝基类清漆

硝基类清漆是以硝化纤维素为基料，加入其他树脂等制成。其优点是漆膜光泽持久、坚硬耐磨、干燥快，一般指触干为10分钟，硬干为3小时。缺点是耐候性差，遇高热、高湿等，会发生装饰效果的变化。

（2）醇酸类清漆

醇酸类清漆是以醇酸树脂溶于有机溶剂制成，优点是漆膜硬度高、绝缘性好、色泽光亮，缺点是干燥慢、施工时间长，耐候性差。

（3）酚醛类清漆

酚醛类清漆是以改性酚醛树脂和干性油为基料制成，优点是漆膜坚韧持久、耐热、耐水、耐弱酸碱，缺点是漆膜稳定性差，容易泛黄。

（4）虫胶清漆

虫胶清漆是将虫胶片溶于酒精制成的棕红色溶液，优点是使用方便、干燥快、漆膜坚强光亮，缺点是耐候性差、耐水性差、漆膜不稳定，主要用于木材表面的颜色调整和修补。

混油按照其成品构成，可分为聚酯类调和漆、醇酸类调和漆、磁漆3个品类，又分为全光、半光、哑光3种。

（1）聚酯类调和漆

聚酯类调和漆的附着力强、遮盖力强，漆膜耐腐蚀、耐晒、耐久性好，干燥速度也较快，施工方便，但价格较高。

（2）醇酸类调和漆

醇酸类调和漆的附着力强、遮盖力强，漆膜较硬、耐腐蚀、耐晒、不裂，价格低于聚酯类调和漆，但干燥时间较长。

（3）磁漆

磁漆是以天然干油松香酯、干性油等制成，优点是有较好的干燥性、漆膜较硬、光亮，缺点是耐候性差、易失光、龟裂。

水性漆是由太白粉及聚丙烯为基材制成的。其优点是无毒、无害，但漆膜硬度低、干燥时间较长，耐候性低于油性漆。

蜡油漆是由精炼亚麻油、棕榈蜡等天然植物油与植物蜡提炼融合出来的天然涂料，稀释剂、调色颜料也是由植物中提炼出来的食品级产品。其优点是渗透能力强、无毒、无害、耐候性强，但价格较高。

3.木器饰面漆的质量鉴定

选购油性木器漆时一定要向经销商索要产品有毒有害物质检测报告和产品质量检验合格证。国家对油性木器漆制定有严格标准，购买时一定要查验由国家建材检测中心的检测报告。由于油性木器漆的品牌很多，也有大量假冒伪劣产品，应到专卖店或专营店等正规店铺选购。目测产品，包装应完好，漆液应稠厚，色泽要鲜亮。

水性漆的质量鉴定同乳胶漆的质量鉴定一样。

蜡油漆的质量鉴定，首先应向经销商索要产品性能检测报告和产品质量检验合格证。购买时应目测蜡油品质纯正、不含杂物；鼻闻应无刺鼻气味，有淡淡的果香味；手搅拌油液应黏稠。

4.木器饰面漆的使用方法

木器饰面漆的主要使用方法是刷涂。刷涂前应对木材表面进行清理，除去表面的灰尘、油污、胶迹、木毛刺等，可用木砂纸打磨。打磨平整后，应用色腻子对表面的钉眼、裂纹、年轮、洞眼等进行填补刮平，色腻子应与木材基面颜色一致。如果木材表面有色斑、颜色不均等，应进行脱色，脱色剂为双氧水（浓度30%）：氨水（浓度25%）：水=1：2：10，用毛刷或棉球蘸脱色剂涂于需脱色处，待脱色后用冷水将脱色剂洗净。

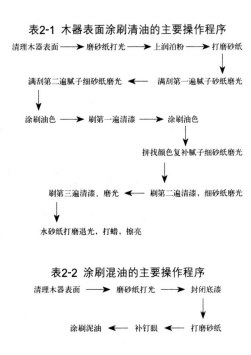

表2-1 木器表面涂刷清油的主要操作程序

清理木器表面 ⟶ 磨砂纸打光 ⟶ 上润泊粉 ⟶ 打磨砂纸

满刮第二遍腻子细砂纸磨光 ⟵ 满刮第一遍腻子砂纸磨光

涂刷油色 ⟶ 刷第一遍清漆 ⟶ 涂刷油色

拼找颜色复补腻子细砂纸磨光

刷第三遍清漆、磨光 ⟵ 刷第二遍清漆，细砂纸磨光

水砂纸打磨退光，打蜡，擦亮

表2-2 涂刷混油的主要操作程序

清理木器表面 ⟶ 磨砂纸打光 ⟶ 封闭底漆

涂刷泥油 ⟵ 补钉眼 ⟵ 打磨砂纸

木器表面涂刷清油的主要操作程序如表2-1；涂刷混油的主要操作程序如表2-2。

木蜡油的使用方法比较简单，在木材含水率小于20%时都可以进行涂刷。涂刷前应用砂纸打磨木材表面至光滑平整，用同色腻子填补木材表面的钉眼、节疤洞眼等，将表面清理得洁净、无油脂。涂刷时应先将木蜡油搅拌均匀，用棉布、硬毛刷、辊筒等工具将木蜡油均匀地延木材纹理方向涂刷，涂刷应均匀、完整，不得漏刷。木蜡油表干时间为6小时，硬干时间为24小时。表干后可用百洁布抛光。

5.木器饰面漆的维护和修补

木器饰面漆的保养较容易，可用掸子掸去表面的浮尘，遇有油渍、墨水等污染应用湿布擦去。但注意木器表面不要用热水擦洗，不能用尖锐器具划、刮漆膜表面。

饰面漆如果损坏，混油饰面可用原油漆进行局部修补，可根据损坏面积使用不同的工具，毛笔、刷子等都可以。清油饰面破损可用虫胶清漆进行局部的修补。木蜡油饰面如果以前使用的是木蜡油,则只需清洁表面后重新涂刷;如果木材表面是传统油漆,则应首先使用脱漆剂或打磨除去表面漆膜后,再按木蜡油使用方法进行涂刷。

(十)硅藻泥壁材的选择和使用

1.硅藻泥壁材的特点

硅藻泥是海藻沉积物经地质变化而生成的一种矿物质,被人类开发利用制成一种新型墙面材料。由于硅藻泥的结构中存在着均匀密布的毛细缝隙,具有很强的吸附能力,能够吸收、降解空气中的细微颗粒和有害气体,对净化室内空气环境具有较好的作用。随着人们环保意识的不断增强,硅藻泥的应用也越来越广泛,已经成为家庭装修中墙面装修的主要材料。

硅藻泥具有加工性能良好、适用范围广泛、装饰效果突出、施工方法简便、日常维护容易的特点。可以通过加工制成各种色彩的墙体材料,可刮花、刻纹、作画,能够满足多种墙面设计的要求。它抗腐蚀、阻燃、防虫蛀,同时价格低廉、施工无特殊技术要求,使用和维护极为方便,成为近年来被消费者接受程度越来越高的墙体装修材料。

2.硅藻泥壁材的分类

硅藻泥作为纯天然的装修材料,除用于室内装修外,其制成品还应用于化工、美容、环保等工程。用于装修壁材的硅藻泥,按照加工深度可以分为素料和制成品。素料就是硅藻泥经过加工后形成的原生态状的墙面装修材料,白色,主要用于大面积墙面装修;制成品是在素料中加入颜色或其他辅助性材料,制成的有色墙面装饰材料或装饰构件,主要用于墙面的局部修饰。

3.硅藻泥的质量鉴定

目前硅藻泥质量尚无国家标准,市场中假冒产品较多。选择硅藻泥壁材时应检查生产企业是否取得了硅藻泥矿产开采的许可证和矿产资源证明,有两证的企业一般都有资源保证,产品的真实度高,使用后效能有保证。

4.硅藻泥的使用方法

硅藻泥的使用方法一般是披刮。披刮硅藻泥的墙面基层应平整、洁净、坚实。披刮前应将粉状硅藻泥放入容器中，加入适量的清水搅拌成糊状，搁置5分钟后使用。披刮是将糊状硅藻泥用刮板舀出，放在料板上，用刮板在料板上取适量硅藻泥紧紧刮抹在基层表面上。刮抹应用力均匀，以保证与基层粘结牢固，一般应刮抹两遍。刮抹应连续，顺序一般为从上到下，两道刮痕相接处应平顺，不能留有抹痕。

5.硅藻泥的维护与修补

硅藻泥的日常维护非常简单，经常用掸子掸去表面浮尘或用吸尘器清洁表面，注意不可用重器损伤表面。墙面如有损坏，修补时使用材料及方法同硅藻泥使用方法。

三、地面材料的选择和使用

（一）石材板材的选择和使用

1.石材板材的特点

石材板材是天然岩石经过荒料开采、锯切、磨光等加工过程制成的板状装饰面板。石材板材的构造致密、强度大，具有较强的耐潮性、耐候性。石材表面图案花纹自然、质朴、绚丽，装饰效果自然、尊贵、舒畅，具有抗污染、耐擦洗、易保养等特点，是地面、墙面、台面等装修的理想材料，在建筑装饰工程中被广泛应用，是常规性建筑装饰材料。但其质量重，家庭装修中受荷载的限制，不能大面积使用，使用时也应选择10毫米以下的"家庭板"。一般用于客厅、餐厅的地面和房间的窗台板、过门石等。

2.石材板材的分类

石材按其表面硬度可以分为花岗岩、大理石及砂岩三大类，其中花岗岩最硬、大理石居中、砂岩最软。

花岗岩的主要成分是长石、石英等，表面硬度高，抗风化、抗腐蚀能力强、使用寿命长，色彩极为丰富、自然，有黑、灰、红、绿等花色可供选择。但其图案不如大理石和砂岩，一般没有大的流畅形波纹，而且含有放射性元素，在室内应用时国家制定有严格的放射性元素控制标准，在家庭装修时应谨慎使用。一般规律是颜色越深、越鲜艳的，放射性元素就越高。

大理石的主要成分是氧化钙，表面硬度不如花岗岩，一般硬度达到5.5h，但其图案流畅、波纹美丽，色彩有白、黄、褚等，装饰效果自然、典雅、尊贵。大理石的放射性元素比花岗岩低得多，在室内装修中不受限制。由于其硬度不高，加工性能好，在家庭装修中一般用在地面拼图的材料，按设计的图案请专业石材经销商加工，用于户内门进口的玄关处。

砂岩的主要成分是硅、钙、粘土及氧化铁，放射性元素低于大理石，在室内装修时不受限制。砂岩的表面硬度低于大理石，但其质感鲜明，花纹流畅、美丽，基底以黄色为主，线条多为赭色，装修效果典雅、高贵，加工性能好，家庭装修中一般只用在客厅、餐厅墙体的局部装修中。

3.石材板材的质量鉴定

选购石材板材，特别是在选购花岗岩板材时，应向经销商索要产品质量、放射性元素检测报告和产品检验合格证。铺装地面的石材板材一般为正方形，规格有400毫米×400毫米、500毫米×500毫米、600毫米×600毫米等。购买时应目测外观质量，不得有缺棱、掉角、裂纹、色线、坑窝等质量缺陷。检查测量其规格尺寸、平整度、角度的误差，长、宽偏差应小于1毫米、厚度差应小于0.5毫米、平面极限公差应小于0.2毫米、角度误差应小于0.4毫米。一个批次的板材花纹、色彩不能有很大色差，加工的拼花板应符合设计要求，加工质量合格，不应有错花和明显接缝。

4.石材板材的铺装方法

石材铺装前应进行基层处理，铺装石材的地面基层必须是水泥砂浆或混凝土的钢性地面。铺装前应先清理地面污物，对光滑的地面应进行凿毛处理或用掺有20%的107胶的水泥砂浆在地面甩成拉毛状的粘结层。铺装的石材应预先进行拼花、对线、对纹，并做好编号。板材背面应清洁、无污物，清理后浸入水中，待湿润后阴干，在背面及四边涂刷防护剂后备用。

铺装前应在地面弹出控制线，弹线时按房间长度和宽度找出中心点，以中心点为核心弹出两条相互垂直的定位线，再由定位线向两侧按石材规格弹出分格线。在定位线的对角按编号铺装两块标准板，作为标高的控制样板。

弹线时的缝隙应控制在1毫米左右，铺装时应按照拉线控制标高。

石材板材铺装应使用干硬性砂浆，现在市场上有已配制好的，也可在现场配制，砂浆应按水泥∶沙子=1∶3的体积比拌和，湿度以手能握成团、落地即散开为准。铺装时先在基层地面刷一层素水泥浆，再铺上干硬性砂浆，宽度应比石材尺寸大20毫米、厚度应比标高高40毫米。砂浆用铁抹子抹平，将石材对好纵横线后铺放，用橡皮锤或木锤由中心向四边轻轻敲击石材表面，将砂浆振实。

石材铺装后应立即用水平尺校正标高，当发现有空隙或不平，应搬起石材，用砂浆再次找平补实，不得在底部塞补砂浆，直至石材表面与标高线吻合。石材表面与标高线吻合后，将石材搬起，向砂浆表面浇5毫米素水泥浆，再将石材正式铺放好，用皮锤用力砸实，用水平尺找平。铺装应一块一块铺装，一块铺装完毕后再向两侧或沿线顺序铺装。

石材铺装完工后应浇水养护2～3日。养护一般采用淋水养护的方法，使石材表面处于潮湿状态，便于板材与地面粘结牢固。养护后应对地面进行整体打磨，再用稀水泥砂浆灌缝，灌缝后应及时清理表面水泥浆，以防污染石材面层。最后对地面进行全面清理和上光打蜡。

5.石材板材的维护和修补

石材板材在铺装前发生破损，可进行修补后使用。具体方法是当板材断裂时，用水或酒精擦拭断裂表面，待其洁净后在两个断面上均匀涂覆环氧树脂胶粘剂，绑扎固定三天后用砂纸打磨粘接处，打磨平整后进行铺装。

石材地面在使用中应进行及时的清理和打蜡，以防止表面污染，要严格禁止重物的撞击和油渍的污染。地面落上油渍等污染物时，应立即清除污染物并用清水擦洗干净。对造成油渍污染的，可先用稀料在污染处反复擦洗，再用清水清洗。对造成地面局部损坏的，可参照未铺装前石材破损修补方法进行修补。

（二）实木地板的选择和使用

1.实木地板的特点

实木地板是木材经烘干、切锯、加工后制成的地面装修材料。实木地板保留了木材的基本特点，具有花纹自然、能吸收空气中的有害物质、接触感好的功能。实木地板施工简便、使用安全、装饰效果好，是家庭装修中卧室、书房、起居室等地面装修的理想材料。由于实木地板制作中木材资源的消耗量大、利用率低，所以价格较高，特别是稀缺树种的实木地板，价格极其昂贵。

2.实木地板的分类

实木地板按板材的特征可分为原木地板和指接木地板。原木地板就是用木材直接生产出的地板，指接木地板是将木材进行细度的裁切，再进行指接、粘贴加工后制作的实木地板。由于指接地板改变了木材的物理性能，铺装后更不易扭曲变形，而且能够多种树种混合使用，是科技含量更高的地面装修材料。

实木地板按表面加工深度可分为淋漆板和素板两类。淋漆实木地板是地板的表面已经涂刷了地板漆，安装后不用刷漆的木地板，可以直接、方便地使用；素板是表面没有涂刷地板漆的实木地板，在铺装后需要经打磨、刷地板漆后才能使用。由于素板在铺装后经过整体打磨，表面更为平整，而且漆膜是一个整体，更能防止污染，更安全卫生，所以使用效果更好，但安装时技术要求高，工期时间长，费用也较大。

实木地板按安装形式可分为企口和对口两种。企口实木地板是在地板的两侧有口、有榫的地板，安装时口榫插接，施工简便，安装质量好；对口实木地板是两侧均为平面的地板，主要用于地面有拼花造型时使用。家庭装修时主要使用企口地板。

实木地板按树种分类可分为水曲柳、柞木、榉木、柚木、樱桃木等。不同树种的实木地板价格差异极大。不同规格的实木地板价格也存在较大差异，同一树种的地板，规格大的比规格小的价格能相差数倍。

3.实木地板的质量鉴定

购买实木地板首先要核实树种是否正确。要向经销商索要产品性能检测报告和产品质量检验合格证。实木地板分为AA级、A级、B级三个等级，AA级质量最高。检验实木地板时，目测不能有死节、虫眼、油眼、树心等质量缺陷，节径小于板宽1/3的活节应少于3个，裂纹的深度和长度不得大于厚度和长度的1/5，斜纹斜率应小于10%，无腐蚀点、浪形，图形纹理应顺正，颜色应均匀一致。

购买实木地板还应进一步检测加工质量。表面应光滑、无刮痕、无翘曲变形，门榫加工应统一、完整、规矩，无毛边、毛刺、残损。另外，还要特别检测实木地板的含水率，北方地区实木地板的含水率应小于10%，南方地区含水率应小于14%。含水率高的实木地板安装后必然会变形。

4.实木地板的安装方法

实木地板的安装有空铺安装和实铺安装两种方法。

（1）空铺安装方法

空铺实木地板是实木地板安装的基本方式。空铺实木地板首先要在地面基层安装地龙骨。安装地龙骨前应先在地面设置预埋件，预埋件为螺栓和铅丝，预埋件间距为800毫米，从地面钻孔下入，然后对基层涂刷防水材料进行防潮处理。木龙骨应进行防腐、防蛀、防潮处理。严格禁止使用沥青对基层、木龙骨进行防潮、防腐等处理，以防止长期室内污染。木龙骨按预埋件位置放好，用铅丝绑扎牢固。为保证龙骨表面平齐，应在绑扎处做凹槽，让铅丝陷入龙骨表面的平面内。

龙骨安装后应用长钢尺调平顶面，若不齐，应在龙骨下垫经过防腐、防蛀、防潮处理后的垫木加以调整直至顶面调平，用螺栓紧固，螺栓帽应陷入龙骨上预先加工的穴位内。为保证龙骨牢固，每隔800毫米应用长档横撑钉牢。龙骨安装好后，应在木龙骨的间隙处加垫一层保温、隔音材料，垫的高度应低于龙骨顶部高度，并应留有一定空隙。

空铺实木地板应铺设基面板，基面板为大芯板，整张使用，板与墙体间应留有3~5毫米的缝隙，构造为图2-7所示。将基面大芯板用长钉钉牢在木龙

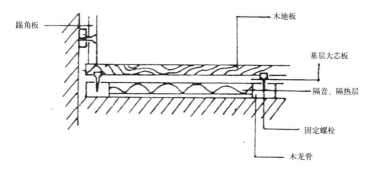

图2-7 空铺实木地板构造图

骨上，板与板的接头必须在龙骨上，接缝处留2毫米间隙，钉帽应冲进板面2毫米，刨平大芯板表面，将表面清扫后弹出安装控制线。

木地板铺装应从门口开始，板长对着室内进光方向或行走路线上，固定时用射钉钉入大芯板内。为保证板条缝隙严密顺直，可在铺装板条的近处钉铁扒钉，用楔块将板条靠紧。板与墙体间应留有3～5毫米的缝隙。如果是淋漆板，就可安装踢脚板进行收口。

素面实木地板铺好后，先用刨子将表面刨平刨光，用0号砂纸打磨，然后安装踢脚板将地板压实。将地面清理后披刮腻子，披刮腻子应先刮踢脚板，再刮地板，顺序是先里后外，腻子应披刮两遍。腻子干后，用1号木砂纸磨平，将地板表面清扫干净后涂刷地板漆，一般应至少涂刷两遍。然后，待漆膜硬干后进行抛光上蜡处理。

（2）实铺安装方法

实铺实木地板是将地板直接铺装在楼面的基层上，一般采用胶粘的方法。这种方法占用空间少，施工简便、工期短、适用于净高较低的房间使用。

实铺木地板对基层的要求较高，首先应在基层使用防水涂料涂刷地面进行防潮处理，在防潮层上面用细石混凝土找平，混凝土干后，在表面用107胶水泥浆满刮一遍，使地面平整度误差在2毫米以内。刮后养护，待地面完全干燥、含水率低于7%时，彻底清理基层后，弹出铺装控制线。

实铺木地板的顺序、方向同空铺相同，应注意随胶随粘贴。如使用氯橡胶型胶粘剂时，应在木地板背面及地面基层上同时刷胶；如使用乳液型胶粘剂则只需在基层上刷胶。胶面应涂刷均匀，刷完胶后应立即粘贴木地板，用力挤压相邻地板，使其严密、缝隙均匀，然后用小锤轻轻敲打板面，使其与基层粘贴牢固。

5.实木地板的维护与修补

规范安装的实木地板使用时非常方便，只要注意不破坏漆膜就可以长久使用。平时可用吸尘器吸去表面浮尘，用潮湿的拖把轻轻擦拭就可除去表面污物。不要在木地板上放过热物品，不用尖锐器物敲击地面。如有条件，每半年左右可进行一次打蜡养护。

实木地板的更换方法比较复杂，实铺的木地板无法单独更换，空铺的实木地板应在更换的木地板上钻一系列的小孔，注意不要钻的过深，以防钻入基层大芯板。然后将木地板从中间劈开，取出损坏的板条，将相邻块材的凸榫凿除。新板的凸榫刨去一半，将新板所有连接面涂刷胶粘剂，插入相邻的企口，将新板打入原位置，在板面打孔，钉入带胶粘剂的钉子，将钉帽冲入板内，最后进行腻子找平、刷漆等后期处理。

（三）复合木地板的选择和使用

1.复合木地板的特点

复合木地板又称为强化木地板，是近年来在我国流行起来的新型地面装修材料。复合木地板以原木为原料，经过粉碎、添加粘合材料和防腐材料制成基层板，再与面层以结晶三氧化二铝为耐磨层复合而成的木质型材。具有质轻、强度大、耐磨性能优良、防腐、防蛀、防燃等特性。复合木地板规格统一、便于施工、富于质感、应用范围广、维护简便、装饰效果明显、占用空间小的特点，已经成为家庭装修中地面装修中的常规性材料。

复合木地板的最大优势在于大幅度提高了木材的利用率，所以价格便宜，环保性能好，符合当前绿色、低碳生活方式的要求。实木地板的木材利用率仅为25%～40%，而复合木地板的木材利用率几乎达到100%，而且对树种的要求也很低，表面装饰层可以仿造出各种木材的纹理、色彩，效果非常逼真，对于我国以木建筑文化为传统，森林资源又极为匮乏的国家，推广应用的价值就更高。

2.复合木地板的分类

复合木地板的规格十分统一，均为2200毫米×195毫米，是按照建筑设计的基础模数设定的，厚度为6毫米、8毫米、14毫米等。复合木地板按表层耐磨层的多少可分为单面耐磨层和双面耐磨层两种，双面耐磨层的使用不受限制。从表面装饰层的效果上分有榉木、橡木、红木、樱桃木等，可以根据家庭装修的风格选用。

3.复合木地板的质量鉴定

复合木地板在近几年品牌很多，鱼龙混杂，在选择时应特别谨慎。复合木地板的质量标准主要是以表面材料的打磨次数来衡量，考核的标准是以布轮旋转至磨到基材的转动次数，即1500转和1800转，转数越高，质量越好。购买时应向经销商索要产品的性能检测报告和产品质量检验合格证，审核其质量等级，目测复合木地板应口、榫加工精细、装拆自如，板背面防腐防潮材料的涂布应均匀、饱满，手试板块应坚实、有弹性。

4.复合木地板的安装方法

复合木地板的铺装基层要求干净、干燥、坚实、平整，如达不到要求，应先用水沙砂浆找平基层，待安全干燥后方能铺装。如基层不能防潮，应铺一层防水聚乙烯薄膜作防潮层，防水膜接口应相互搭接，搭接宽度应不小于200毫米。

铺装时先铺放垫底料，在底料上铺放地板。安装第一排时应从左向右横向铺装，板的槽面靠墙，板的尾部放木楔，然后依次连接需要的地板块，先不要粘胶。如果墙不直，应在板上画出墙的轮廓线，按线裁切板块，使之与墙体吻合。每排最后一块板安装前，应180℃反向与该排其他板子榫对榫，在背后划上裁割线，按线裁割后安装，以保证与墙留有伸缩的空间。

每一排最后一块板裁切下的部分如果大于500毫米，可以作为下一排的第一块板，如果小于500毫米，应在本排的整板中选择一块切除一部分，以保证最后一块板裁切余料长度大于500毫米，这样可以节省材料，减少料头。最后一块板的榫部均匀涂胶，用木帽檀、锤子小心将板面连接起来，用

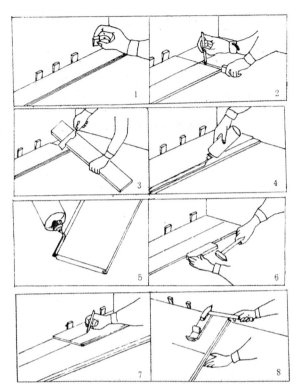

图2-8 交合木地板安装示意图

水平尺检测是否平整，并在墙与板之间放置5~8毫米的木楔子。

安装最后一排的最后一块板，应用榫面对墙，做好裁切线，根据裁切线切割后安装，用连系钩和小锤将其敲击到位，放置隔离楔。地板铺完后应待胶干透后取出隔离楔，安装踢脚线。图2-8为复合木地板的安装示意图。目前往往是生产经销厂家上家庭安装复合地板，如果地板的口、榫加工质量精细，也可少用或不用胶粘。

5.复合木地板的维护

复合木地板的日常清理十分简单，只需用吸尘器吸尘，用湿布、拖把擦抹一般污染物即可清除，注意拖把不能太湿，应拧干后使用。复合木地板表面一层极薄的三氧化二铝耐磨层，易于被指甲油、烈酒、墨水等污染后破坏，所以受到指甲油等污染后应立即用指甲油清除剂等清洗剂擦洗干净。复合木地板在使用中严禁用砂纸打磨，慎用化学清洗剂，不得打蜡、刷漆。

长时间使用后的复合木地板，部分部位的复合木地板可能被磨损，需要更新时有两种方法。一种是将损坏板拆除，按照安装程序重新安装。另一种方法是将整个房间的复合木地板重新铺装，将床、柜、桌等下面的地板，换到经常使用的部位，把已经损坏的或即将损坏的板块放在家具等的下面，也能起到较好的效果。

（四）陶瓷地砖的选择和使用

1.陶瓷地砖的特点

陶瓷地砖是以天然的陶土及炻石为主要原料，经过加工和高温烧结而成，其表面平整、重量轻、规格大，可以做大面积装修；其质地坚硬、耐磨、耐压、防水、防潮、防腐、防火，可以满足家庭中任何空间的装修要求；其吸水率低、可擦洗、不脱色、不变形、安全无毒、不污染环境，施工及维护保养方便，是家庭装修中最广泛使用的地面装修常规材料。

陶瓷地砖与陶瓷墙砖不同，陶瓷地砖不仅规格大，而且色彩更丰富，品种更多样。随着生产技术的进步，仿大理石、仿花岗岩、仿木地板等新型陶瓷地砖不断出现，从色泽到质感以及加工的精细程度都有了新的进步，使用在地面效果更逼真、规整。特别是陶瓷地砖的价格比天然石材低得多，适应的范围更广，是具有广阔应用前景的地面装饰材料。

2.陶瓷地砖的分类

同陶瓷墙砖一样，陶瓷地砖也分为釉面砖和通体砖两大类。釉面砖的主要原料是陶土，强度较低，一般规格较小，主要用于厨房、卫生间的地面装修。通体砖是以炻石为主要原料烧制成的，强度高，表面纹理更自然、光洁度高、吸水率低，有抛光、磨光、防滑等多个品种，规格也多样，可制成的规格较大，在家庭装修中应用的范围更广。

陶瓷地砖与墙砖不同，都是正方形的，厚度为6～8毫米，常使用的有300毫米×300毫米×6毫米、400毫米×400毫米×6毫米、500毫米×500毫米

×6毫米、600毫米×600毫米×8毫米、800毫米×800毫米×8毫米等规格。选用的规格要同房间的面积和整体装修的风格相适应，一般的规律是面积越大使用地砖的规格也应越大。在40平方米以上的地面用600毫米以上的地砖装修后的效果更整齐、有开阔感，面积小使用大规格的砖，既浪费材料，效果也会显得凌乱。

3.陶瓷地砖的质量鉴定

陶瓷地砖的质量鉴定方法与陶瓷墙砖的质量鉴定方法基本相同，但由于地砖的规格大、装饰部位与墙砖不同，所以其尺寸的要求与墙砖有所不同。陶瓷地砖平整度误差应小于0.5%、边直角误差应小于6%、周边尺寸偏差应小于2.5毫米，购买时还应重点检查统一规格产品的色差。

4.陶瓷地砖的铺装方法

铺装陶瓷地砖的基层要求坚实、平整、干净，铺装前应将基层地面的砂浆皮、污物、尘土等清扫干净，用掺有20%的107胶的水泥胶浆在地面甩成拉毛状的粘结层。铺装前应先弹出控制线。由于地砖单块面积较大，而房间的尺寸不一定规整，为了保证非整块砖排放在房间的边角，应先对房间进行找方。找方的方法是首先弹出与门道口成直角的基准线，将基准线平移到房间里角画出边线，在边线端点分别作垂线，此时不论房间的形状如何，画出的边线都是方形。

弹铺装控制线要根据地面设计决定。如地面设计有裙边，则应先弹出房间的中心点，方法是找出方线的两条对角线的交汇点，弹出两条相互垂直的定位线，再由定位线向两侧按地砖规格弹出分格线。如地面设计没有裙边，则应从门口的边线开始，以保证进口处铺整砖，非整砖置于阴角或家具下面，弹线也应弹出分格线。

铺装前应将地砖背面清扫干净并用水充分浸泡，铺装前取出，表面无明水后铺装。铺装时应按控制线在基层刷素水泥浆，将砖背面抹水泥：沙子=1：2.5（体积比）的水泥砂浆，厚度为10毫米，随即码放在素水泥浆上，用木板垫好砖面，用木锤砸实找平。素水泥砂浆应随刷随铺装，不得提前刷浆。每行铺完后应拉线修整接缝，用水平尺调整各块砖的高度，使其规矩、平整后再铺装下一行。

整个房间铺完后应马上用开刀调整拨缝，应先调纵向缝，再调横向缝，调好后用木板垫好。用木锤敲击垫木，砸实地砖，再用水平尺调整高度，使整体保持一致后勾缝。勾缝用水泥：沙子=1：1（体积比）的水泥砂浆，缝要填充密实、平整光滑。如果砖缝很小，可在砖面上撒干水泥，同时浇水填灌缝隙，填灌满后用拍板拍实。勾缝后应及时清理砖面进行养护。

陶瓷地砖铺装后的养护是用锯末或其他材料覆盖砖面，进行浇水养护。养护期最少两天，注意覆盖物不得使用易掉色的材料，养护期间砖面不得上人行走。

5.陶瓷地砖的维护和修补

陶瓷地砖的日常维护十分简单，遇到污染时可用拖把擦洗。使用时注意不要将重的金属物从高处坠落地面，以防砸碎面砖，不得在砖面上进行电焊等作业，抛光通体砖受到油渍、醋等污染后应立即清理，如清理不干净，可用稀料擦拭污染面，再用湿拖把拖净。

个别损坏的砖块需要更换时，可用凿子和铁锤将坏砖轻轻砸掉，清除旧砖后清理底层，按铺装要求的程序和方法换上新砖。注意在清除坏砖时不要损坏相邻砖面，新砖的规格、颜色应与老砖一致。

（五）地毯的选择和使用

1.地毯的特点

地毯是以动物毛发、植物麻、合成纤维、化学纤维等为原料，经过纺线、编织、裁剪、合成等加工程序制造的一种地面装修材料。地毯具有质地柔软、脚感舒适、使用安全、施工简便的特点，特别适宜家庭装修中有特殊要求的地面装修。地毯的品种繁多、色彩丰富、图案多样，装修后能够体现高贵、华丽、美观、气派的风格，同时具有隔热、防潮的作用。随着我国人民生活水平的提高，地毯在家庭装修和日常生活中的使用越来越多。

2.地毯的种类

地毯的种类很多，按材质可分为纯毛地毯、混纺地毯、化纤地毯和塑料地毯；按成品的形态可分为整幅成卷地毯和块状地毯；按编织工艺可分为手工编织地毯、机织地毯、簇绒编织地毯、无纺地毯；按表面纤维形状可分为毛圈地毯、剪绒地毯、毛圈剪绒结合地毯；手工纯毛地毯按图案风格不同可分为北京式地毯、美术式地毯、彩花式地毯和素凸式地毯。其中以材质分类是主要分类。

纯毛地毯的手感柔和、拉力大、弹性好、图案优美、色彩鲜艳、质地厚实、脚感舒适，并具有抗静电性能好、不易老化、不褪色等特点，是高档的地面装修材料，也是高档家庭装修中地面装修的重要材料。但纯毛地毯的抗污染、耐菌性、耐虫蛀性和耐潮湿性较差，而且价格昂贵，多用于高级别墅住宅中客厅、卧室等地面的局部装修。

混纺地毯是在纯毛纤维中加入一定比例的化学纤维制成，该种地毯在图案、花色、质地、手感等方面与纯毛地毯的差别不大，但却克服了纯毛地毯不耐虫蛀、易腐蚀、易霉变、不易清洗等方面的缺点，同时提高了地毯的耐磨性能，大大降低了地毯的价格，使用的范围更为广泛，在高档家庭装修中的卧室、客厅中使用越来越多。

化纤地毯也称为合成纤维地毯，是以锦纶（又称为尼龙纤维）、丙纶（又称为聚丙烯纤维）、腈纶（又称为聚乙烯腈纤维）、涤纶（又称为聚酯纤维）等化学纤维为原料，用簇绒法或机织法加工成纤维层面，再与麻布底缝合成地毯。其质地、视感都近似于羊毛，耐磨而富有弹性，鲜艳的色彩、丰富的图案都不亚于纯毛地毯，具有阻燃、防污、防虫蛀的特点，清洗维护都很方便，而且价格低廉，在一般家庭装修中使用的也日益广泛。

塑料地毯由聚氯乙烯树脂等材料制成，虽然质地较薄、手感较硬、受温度影响大，易老化，但该种地毯色彩鲜艳、耐湿性、耐腐蚀性、耐虫蛀性、可擦洗性都优于其他材质的地毯，特别是具有较好的阻燃性能和价格低廉的优势，在家庭装修中多用于门厅、玄关、卫生间地面局部装修。

地毯的级别是按照不同使用场所的性质不同划分的，共有轻度家用级、中度家用级或轻度专业使用级、一般家用级或中度专业使用级、重度家用级或一般专业使用级、重度专业使用级、豪华级6个级别。级别不同地毯的价格不同，家庭装修时可根据设计要求和经济支付能力选购。

3.地毯的质量鉴定

选购地毯时一定要向经销商索要产品性能检测报告和产品质量检验合格证。鉴定地毯质量主要有耐磨性、弹性、剥离强度三项指标，同时包括粘合力、抗老化性、耐燃性、抗静电性、耐菌性等性能指标。

耐磨性通常用地毯在固定压力下磨至背衬露出所需的次数表示。耐磨性能高低与所用材质、绒毛长度、编织道数多少有关，一般机织纯毛地毯在2500次以上，化纤和混纺地毯在5000～10000次。

弹性是指地毯经过一定次数的动荷载碰撞后，厚度减少的百分率。弹性最好的是纯毛地毯，其次是腈纶地毯，再次是棉纶和丙纶地毯。

剥离强度是指地毯面层与背衬之间复合强度的大小。由于检测时分为干、湿两种状态，因此这项指标也反映了地毯的耐水能力。

购买地毯时最简单的办法就是从地毯上取下几根绒线，点燃后根据燃烧情况及发出的气味，鉴别地毯的材质，避免上当受骗。

纯毛燃烧时无火焰，冒烟、起泡、有臭味，灰烬多呈有光泽的黑色固体，用手指轻轻一压就碎；锦纶燃烧时无火焰，纤维迅速卷缩，熔融成胶状物，冷却后成坚韧的褐色硬球，不易研碎，有淡淡的芹菜味；丙纶燃烧时有黄色火焰，纤维迅速卷缩、熔融、几乎无灰烬，冷却后成不易研碎的硬块；腈纶点燃时火焰旁的纤维先软化、熔融，然后起燃，有辛酸气味，烧后成脆性小黑硬球；涤纶点燃时纤维先卷缩、熔融，然后再燃烧，燃时火焰为黄白色、很亮，无烟，不延燃，灰烬为黑色硬块，用手指能压碎。

4.方块地毯的铺装方法

方块地毯的基底较厚，在第二层麻底下面还有2～3毫米的橡胶，在橡胶层的外面再贴一层薄薄的毡片，因此地毯本身较重，而且挺直平整，人在上面行走不易卷起，所以方块地毯一般采用活动式铺装，操作方法比较简单，具体步骤如下：

首先要进行弹线，弹线时应先找出房间的中心点，弹出通过中心点并相互垂直的定位线。如果房间内方块地毯铺装为偶数排时，则地毯的接缝通过中心线；如排数为奇数时，则地毯块的中心线同地面中心线重合。

在铺装地毯时，为使地毯的铺装美观，应采用逆光和吸光交错铺设的方法。铺装前先按绒毛方向用箭头划在地毯背面，铺装应由中间向两侧匀铺。为避免铺装错误，可先将背面向上，使标有箭头的地毯互相垂直预铺好。检验无误后由中间向两侧正式铺装，铺装时每块地毯都应与相邻的地毯相互挤紧。

当周边地毯不足一块时，将地毯背面量好尺寸，按绒面箭头方向和相互垂直的要求，检测无误后，用锋利的裁刀由底面切断地毯，将周边的地毯铺装好。地毯铺好后，要整理表面绒毛，将接缝处的绒毛左右揉搓，使其相互交错，保证地毯表面的绒面完整，不留缝隙。在门框的下面，为防止地毯被踢起，应用地毯压条压边。铺地毯压条应压住地毯边并敲平压条。

5.卷式地毯的铺装方法

卷式地毯有倒刺板卡条铺装、活动式铺装、固定式铺装三种方法。无论何种方法，地毯铺装都要求基层地面平整、洁净，否则会损坏地毯。

（1）倒刺板卡条铺装

倒刺板卡条铺装是地毯铺装的最基本的方法，也是满铺地毯应用最多的铺装方法，适用于地毯下层设有单独的弹性胶垫的卷式地毯的满铺。具体方法和步骤如下：

首先将房间地面清理干净，在地面四周沿踢脚板的边缘用高强水泥钉将倒刺板卡条固定在地面上，水泥钉间距应小于400毫米，倒刺板卡条距踢脚板8~10毫米，倒刺斜钉应朝向墙面。

铺装弹性胶垫时，胶垫应距倒刺卡条10毫米，采取满铺点粘的方法，即先沿长边铺好一边的胶垫，再放下另一边，量出尺寸，使其距另一边倒刺板卡条10毫米，划线裁切后用107胶点粘于基层地面上。

地毯应按房间长度、宽度进行裁切，按房间尺寸进行整幅铺装。如需要拼接，则需要拼接的两端对齐后用针线缝接，拼接后在接缝处的背面刷50~60毫米宽的乳胶液，用地毯接缝胶带或布条贴上或用塑料胶条贴于缝合处。将已经缝合好的地毯铺平。将地毯短边的一端先固定在倒刺板卡条上，拉直后将短边的一边固定在倒刺板卡条上，将沿边的毛边全部掩在踢脚板内或与

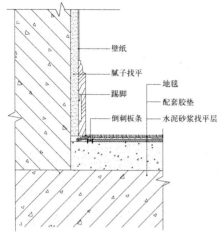

壁纸
腻子找平
踢脚
地毯
配套胶垫
倒刺板条
水泥砂浆找平层

图2-9 倒刺板铺装地毯构造图

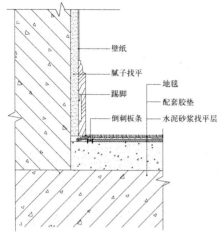（续）

踢脚板贴紧压实，然后向对边推进，反复拉平后将其固定在另一边的倒刺板卡条上，用裁刀裁去多余部分，将毛边掩在踢脚板内压平，使用同样方法固定另外一边。倒刺板卡条铺装地毯的构造如图2-9所示。

门口处没有倒刺板卡条的地方，应用收口压条将地毯压实。最后用吸尘器清理安装过程中的绒毛，使地毯表面顺平。

（2）活动式铺装

如果地毯面层下面还有底层，本身较重，不易被人踢起，房间的内部有家具摆设、人员活动较少的房间，可以采用比较简单的活动式铺装方法。具体做法如下：

首先应对地毯进行加工处理，按房间长度裁切地毯，如地毯宽度与房间宽度不符，应在地毯背面弹出宽度尺寸，用锋利的裁刀沿弹线割开，使地毯尺寸与房间一致。房间内所有地毯的接缝都应进行缝合，在对缝背面用粗针缝上，在对缝两侧及接缝胶带上涂刷地毯胶，将接缝胶带粘贴在地毯接缝处。铺装时应由房间的里面向门口逐渐推铺，用扁铲将地毯四周沿墙角修齐、压平，摆放上家具固定。

（3）粘结固定铺装

如果地毯较薄，室内家具又较少，铺装时应采用粘结固定铺装法，具体做法有满粘和局部粘法两种。无论采用何种方法，都应先对地毯进行加工处理，使地毯尺寸与房间一致，拼接方法与其他铺装方法相同。

满粘时将地毯铺放在房间中，校正位置后将地毯卷起1/2以上，在地面上满刷一道地毯胶，晾5～10分钟后将地毯逐渐推进铺平，推铺时应将地毯拉平，随铺随压平、压实。待粘结牢固后，卷起另一边，用同样方法铺装另一半，要特别注意两次铺装的分界处要平整、无空鼓。全房间铺装牢固后，用裁刀裁掉多余部分，将周边压平。

局部粘法与满粘法的区别在于刷胶。局部粘法是地毯在房间试铺后，卷起地毯的1/2以上，在地面中间刷出一条地毯胶带，将地毯铺平，再掀起地毯两边，沿墙边刷地毯胶带将地毯铺平压实。再以同样方法铺装另外一边，铺好后整理好周边。

6.地毯的维护和保养

地毯在使用中应尽量避免强烈的阳光直射，以免地毯老化褪色。使用过程中不得被油渍、酸性物质、有色液体等污染，如果发生污染应立即用地毯清洗膏擦除；如果污染严重应请专业清洗部门清洗。地毯的面层纤维中易积聚灰尘，应经常用吸尘器沿着顺毛方向清除，不得使用齿状或边缘粗糙的工具清理地毯。

地毯如出现戗毛，可用干净毛巾浸沾热水擦拭并用吹风机吹直，用熨斗垫湿布顺毛熨烫可恢复原状。铺有地毯的房间应注意通风、防潮，以免地毯发生虫蛀、霉变。如发现虫蛀、腐蚀等现象，应请专业人员进行修复。

（六）踢脚板的选择和使用

1.踢脚板的特点

踢脚板是用各种材质制成的板条状装修材料，宽度一般在8毫米左右，是地面装修过程中重要的配套产品。踢脚板能起到固定地面装修材料、隐蔽地面装修材料的伸缩缝和墙面底部的施工痕迹、提高地面装修的整体感、保护墙角易受损部位、保证墙体材料正常使用的作用。由于使用在墙面的底部，材质要求结实、稳定、不易腐蚀。

从装饰效果上看，踢脚板是从地面过渡到墙面的关键部位，在色彩上能起到色彩过渡和衔接的作用，在造型上可以使门、框套及整个墙面连成一体，提高整个空间的装饰效果。所以踢脚板是家庭装修中重要的功能性材料和常规性材料。

2.踢脚板的分类

踢脚板的分类主要依据材质进行分类，地面、墙面装修材料的所有材质都有相应的踢脚板。随着地面和墙面材料品种的增加，踢脚板的种类还会增加。目前家庭装修中主要使用的是以木质、石材、陶瓷、复合材料、金属及塑料为原料加工制作的型材。踢脚板可在施工现场按设计要求制作。

选用踢脚板的材质应考虑地面材料或墙面装修材料的材质和构造，一般应与地面材料的材质近似，以便于日常维护；墙面做墙裙、固定家具、暖气罩时一般应与墙面材料一致。踢脚板颜色应区别于地面和墙面，应是地面与墙面的中间色，并根据房间的大小确定。房间面积较小，踢脚板应靠近地面颜色，反之应靠近墙面的颜色。踢脚板的线型不宜复杂，并应同整体装修风格相一致。

3. 踢脚板的质量鉴定

踢脚板是装修中的配套用品，其质量标准应同相应材料的质量检验标准相同。选购木质踢脚板时，目测其外观质量应线型清晰、加工深度一致、表面光滑平整，无死节、髓心、腐斑、毛刺、戗茬等，含水率应低于12%，无扭曲变形。石材和陶瓷的踢脚板等检验各板的线型应一致、无明显色差，规格尺寸误差应小于1毫米。

4. 踢脚板的安装方法

踢脚板的安装固定有两种基本方法，即钉钉法和胶粘法。钉钉法适合木质踢脚板的安装固定，胶粘法适合石材、陶瓷等材质踢脚板的安装固定。木质踢脚板包括实木、中密度板、五厘板、纤维板等材质制成的踢脚板，适用于实木地板、复合木地板、地毯、塑料地板、陶瓷地砖、石材地面铺装后使用，不适合在厨房、卫生间中使用。石材、陶瓷等材质的踢脚板没有限制。

安装木质踢脚板的基层墙体要求平整、坚固、干净。安装前应在墙面弹出踢脚板的上口水平线，在地面弹出踢脚板厚度的铺钉控制线，在基层墙面钻孔下木楔，木楔间距应不大于300毫米。铺装时先将木质踢脚板在墙上试排，检查无误后用板厚2.5倍的圆钉钉入木楔，圆钉应进行防腐处理，钉帽打扁后冲入板面2~3毫米，固定时应保证踢脚板紧贴墙面和地面，并保证安装牢固。

踢脚板安装的接头处应锯成45℃斜口拼接，接口处应涂刷胶粘剂。对于质地坚硬、易劈裂的木材，应先在踢脚板钉钉位置钻孔，孔径为钉径的85%

左右。踢脚板安装后，要按照木器漆涂刷的技术要求进行刮腻子、打磨、刷漆。在操作时应做好其他装修完成面的成品保护，防止造成污染和损坏。

石材、陶瓷踢脚板的安装方法同墙面陶瓷砖的粘贴方法基本相同。注意应选用长度与地面材料边长一致的踢脚板，粘贴前在墙面和地面弹出控制线后，用107胶水泥砂浆或陶瓷胶粘剂粘贴。粘贴前应进行试排，选择色差小、规格统一、质量完好的踢脚板在同一房间，踢脚板的粘贴必须平直、牢固。

5.踢脚板的维护和修补

踢脚板处在室内最明显的部位，也是墙面最易污染的部位，在日常清理地面时就应同时清理踢脚板，清理方法同地面材料的维护一样，注意不要污染墙面。踢脚板脱落后，要及时进行修补，重新安装的方法如踢脚板安装施工方法。

踢脚板破损后应及时进行更换。石材及陶瓷踢脚板为块形，可以进行局部更换，先将破损的踢脚板剔除，清理基层后按新砖粘贴方法安装。木踢脚板既可整根更换，也可以对破损处进行局部更换，方法是将整根踢脚板取下，将破损处开45°斜口锯下，新板锯45°斜口拼接，再将修复好的新板安装上即可。

（七）塑料地材的选择和使用

1.塑料地材的特点

塑料地材是以聚氯乙烯树脂、氯醋共聚树脂、聚乙烯与聚丙烯树脂等为主要原料加工生产的地面装修材料，具有价格低廉、花色品种多、选择余地大、装饰效果好、质轻耐磨、尺寸稳定、耐潮湿、阻燃的特点。特别是其铺装方法简单、容易，家庭成员自己就能铺装，易于清洗、护理、更换，是家庭装修中经常使用的一种地面装修材料。

2.塑料地材的分类

塑料地材的种类很多，一般是按产品的外形来划分，可分为块状塑料地材和卷状塑料地材（日常生活中又称为地板革）。卷状塑料地材按其结构又可分为带基材、带弹性基材及无基材三种，家庭装修中主要使用前两种。块状塑料地材又有插接式、直边式等多种规格、款式。

3.塑料地材的质量鉴定

购买塑料地材时，应向经销商索要产品有害物质含量检测报告和产品质量检验合格证。购买卷材时，目测外观质量不允许有裂纹、断裂、分层、折皱、气泡、漏印、缺膜、套印偏差、色差、污染和图案变形等明显的质量缺陷。打开卷材检查每卷卷材应是整张，中间不能有分段，边沿应齐整、无损坏、无残缺。

购买块状塑料地材时，目测外观质量，不允许有缺口、龟裂、分层、凹凸不平、明显纹痕、光泽不均、色彩不匀、污染、异物、伤痕等明显质量缺陷。检测每块的尺寸，允许误差值边长应小于0.3毫米、厚度应小于0.15毫米。

4.塑料卷材的铺装方法

塑料卷材有活动铺装和固定铺装两种方法，无论何种铺装方法，都要求基层地面平整、坚实、干燥、洁净。

活动铺装前应按房间的尺寸确定卷材的幅数，如要求图案拼花时，应根据拼花需要确定卷材幅数。购买卷材时应按房间长度留出20～50毫米余量后裁切好。铺装时沿房间长度方向铺装，拼花处可用胶粘，也可采用搭接法。铺装后让卷材平铺一段时间后，用裁刀裁去多余部分即可。

固定铺装法对卷材的裁切同活动法铺装一样，铺装时应使用配套的胶粘剂，在卷材背面及基层地面均匀地涂刷一遍，搭接处不应刷胶。铺装时四人分四边将卷材提起，按预先弹好的控制线先将一边放下，再慢慢顺线铺贴，如卷材离线应立即揭起重铺。铺好后由中间向两边赶出气泡，气泡未赶出处，面积大时可将前端提起后赶出，小气泡可用针头或针管将气挤出。

接缝处要用直钢尺压准搭接部的中线，用切割刀将两层卷材一齐切断，撕下断开的边条，沿搭接处刷胶，将卷材压紧贴牢。最后将整个地面滚压一遍，使材料与基层粘实、贴牢。

5.塑料块材的铺装方法

塑料块材一般采用满粘的方法，每次铺装两块。弹控制线时，应先对房间找方，找出中心线，再依次向两边弹控制线，应按板块宽度的两倍弹线，应尽量将非整块排在墙边或家具下面，靠墙的四周应留出200～300毫米的边框做镶边处理。

块材在铺装前应进行脱脂、脱蜡处理，方法是将块材放入75℃左右的热水中浸泡10～20分钟，取出晾干冷却后，用棉丝沾丙酮：汽油=1：8（体积比）的混合液涂刷抹平。

铺装时应先在基层刷一道底胶，底胶为胶粘剂加稀释剂稀释。底胶干后铺装块材，在底胶上刮胶粘剂，刮胶应随刮随铺，刮胶后应晾3～5分钟后，用手指轻触胶面不粘手时，双手斜拿块材，先与控制线及已粘好地块对齐，然后将整块材料慢慢贴在地面上，用手按压、用橡胶滚筒或橡皮锤从中央向四周滚压或锤击，排除空气，将板块压严锤实。

挤出的胶粘剂要及时用棉丝清理干净。铺装完毕应及时清理地板表面，使用水性胶粘剂时可用湿布擦净，使用溶剂型胶粘剂时应用松节油或汽油擦除胶痕。塑料地板必须打蜡后才能使用，蜡为软蜡：汽油=10：2的上光软蜡，满涂两遍，用干净抹布擦亮后即可使用。

6.塑料地材的维护和更换

塑料地材在使用过程中应定期打蜡维护；避免热水、碱水等与地材接触，不得在地材上放置60℃以上的热物体或踩灭烟头等；避免金属工具、刀、剪等坠落损伤表面。如有墨汁、果汁、油渍等污染，应先擦去污物后，用稀肥皂水擦洗，如不能除净，可用汽油轻轻擦拭干净。

塑料卷材地面发生损坏，一般不能修补，需要整体更换。塑料块材地面发生损坏，可进行局部更换。更换方法是剔除破损的板块，清理基层表面，按铺装方法重新铺装新的板块。

（八）地面涂料的选择与使用

1.地面涂料的特点

地面涂料又称为地台漆、地坪漆，是由聚氨酯、环氧树脂、苯乙烯、丙烯酸酯、聚醋酸乙烯为原料制成的建筑涂料，具有耐油、耐水、耐压、抗老化等性能，并能耐受一般酸、碱的腐蚀，具有较好的耐磨性。其花色多、适应力强、施工简便、装修效果的整体感强、维护与更新方便，是建筑装饰工程中经常使用的材料之一，在家庭装修中可用于阳台、厨房、卫生间地面装修。

2.地面涂料的分类

地面涂料按其主要成分可分为聚氨酯类、环氧树脂类、苯乙烯类、丙烯酸酯类、聚醋酸乙烯类等品种，不同的品种不仅价格有差别，适用的地面基材也不同，分别用于水泥基层、钢铁基层、木质基层等。按施工工艺划分，可分为单组分、双组分、三组分等，其中以单组分和双组分的为主。

3.地面涂料的选购与使用

地面涂料的基本使用方法是刷涂，不同的地面涂料使用方法有很大区别，在购买时不仅要向经销商索要产品质量检测报告和产品质量检验合格证，还应向经销商索要产品使用说明书，产品使用说明书应详细注明产品的适用范围、配比比例、使用工具、施工方法、技术要领、工艺要求、质量标准等内容，使用时应严格按照产品使用说明书进行操作。以下以双组分环氧树脂类地面涂料为例进行说明。

该种地面涂料是由地面油漆与相应的催硬剂混合使用。涂刷时基层表面必须平整、洁净、坚实、干燥。混凝土地面的底漆为油漆与调薄水（专用稀释剂）2∶1（体积比）混合后涂刷；钢铁表面用防锈底漆和专用催硬剂混合后涂刷；锌铁表面用锌磷底漆和专用催硬剂混合后涂刷。

底漆干后涂刷面漆，面漆为体积比4∶1的油漆和催硬剂混合，搅拌均匀，放置10～15分钟，待反应充分后使用。刷涂和滚涂时，加入25%的调薄水（专用稀料）；喷涂时加入33%的调薄水（专用稀料）。在温度25℃、相对湿度70%时，硬干时间为24小时，重涂时间间隔最少12小时，最多为7日。超过7日应将漆膜表面轻轻打磨，以增强附着粘接力。施工环境温度应在10℃以上，一般应最少涂刷两遍。已混合的油漆必须在8小时内用完，因此每遍涂刷时要适量配置，以免造成浪费。

4.地面涂料的保养与修补

地面涂料的日常护理非常简单，可以擦洗、冲洗清洁表面，但应避免强酸、强碱腐蚀地面，遇有污染应及时清洗。

涂料地面如有局部损坏可用涂刷方法及时修补，将基层处理后按使用说明书调好漆液进行修补。如大面积损坏或整体更新时，应使用同一种地面涂料，无需清除原漆膜，清理、打磨后可直接涂刷。

（九）马赛克的选择和使用

1.马赛克的特点

马赛克是由欧洲传入我国的一种装修材料，在欧洲已经有近两千年的应用历史。马赛克（Mosaic）一词源于古希腊语，意思是"值得静思，需要耐心的艺术工作"，可见该种材料的生产及使用的艺术含量之高。在建筑装修装饰领域，马赛克特指的是细小规格的材料的组合。马赛克具有材质种类多、规格和形态丰富、应用范围广泛、艺术效果突出等特点，可用于建筑外部及室内装修的顶、墙、地及游泳池、景观水池等表面装修装饰。常用于文化、艺术含量要求较高的局部装修，特别是欧式装修风格使用最多，是显示欧式风格的重要元素之一。

2.马赛克的分类

马赛克一般按材质分类，可分为玻璃马赛克、陶瓷马赛克、石材马赛克、金属马赛克、贝壳马赛克、木质马赛克、皮革马赛克、合成材料马赛克等。

（1）玻璃马赛克

玻璃马赛克是生产和使用数量最多的马赛克品种，按照生产加工工艺可分为熔融玻璃马赛克和平板玻璃马赛克。

熔融玻璃马赛克是将硅砂或玻璃破碎粉与化工颜料混合，通过高温热熔，使用专用模具压制，融合制成表面有颜色变化的玻璃马赛克。高温热熔玻璃表面粗犷且有气孔，色彩偏暗，自然、多变，并可融入氧化铜颗粒或施金釉釉面形成金色发光或带珠光效果的表面。其质地硬脆、耐火、耐潮、耐酸碱，不易龟裂，色彩丰富多变、不褪色、无辐射，稳定性好，导热和膨胀系数低，是最常使用的玻璃马赛克。

熔融玻璃马赛克按表面效果可分为沙面彩色玻璃马赛克（又称沙面马赛

116

克、漆面马赛克）、半透明彩色玻璃马赛克（又称半透彩玻马赛克）、金星（金线）彩色玻璃马赛克（又称金线马赛克）、多彩乳浊玻璃马赛克（又称幻彩马赛克）、多彩乳浊金线玻璃马赛克（又称幻彩金线马赛克）、金属透明釉面玻璃马赛克（又称珠光马赛克、幻彩马赛克）、乳浊状烧结彩色玻璃马赛克（又称冰玉马赛克）和多彩乳浊烧结马赛克（又称琥珀马赛克、麒麟马赛克）等8个品种。

平板玻璃马赛克是将平板玻璃通过手工或机械进行切割，与彩色釉料热熔或在底面冷附着其他颜色材料而制成的玻璃马赛克。其基础材质是平板玻璃，质地硬脆、耐火、耐潮，表面晶莹透明、色彩鲜艳、颜色纯正，表面易于清洁，不易纳污、稳定性好，易与其他材质马赛克搭配组合成另一花色品种马赛克，是经常使用的玻璃马赛克。这种马赛克如果底面冷附着颜色材料的材质不耐酸碱、不防水，则只能用于室内干燥的墙面上。

平板玻璃马赛克按表面效果可分为热熔彩釉玻璃马赛克、冷附着彩色玻璃马赛克和热熔异型玻璃马赛克3个品种。

（2）陶瓷马赛克

陶瓷马赛克是最具有历史的传统马赛克，也是生产和使用数量较多的马赛克品种。按照原材料与加工工艺的不同，陶瓷马赛克可分为釉面陶瓷马赛克和通体陶瓷马赛克。

釉面陶瓷马赛克是通过模具压坯、表面施彩釉、高温烧制而成的微小规格釉面陶瓷砖，按照表面效果可分为亮光釉面、哑光釉面、结晶釉面、劈裂釉面、密度釉面、金属釉面等不同品种。通体陶瓷马赛克是将同色陶瓷料通过模具压坯、高温烧制而成的微小规格通体陶瓷砖。按表面效果可分为亚光面及抛光面两个品种。

陶瓷马赛克质地坚硬，有韧性，防火、防水、防潮、耐酸碱，不褪色、粘附力强，有一定的吸水率，冷热稳定性好，导热和膨胀系数低，不易磨损、龟裂，使用环境几乎不受限制。釉面陶瓷马赛克表面颜色丰富、纯正，还可以通过施釉工艺制造出立体、幻彩、渐变、金属等质感、纹样和色彩变化，可塑性强，应用范围非常广泛。

（3）石材马赛克

石材马赛克是最原始的马赛克品种，在古希腊、古罗马时期就被广泛应用。石材马赛克用天然石材经过切割、打磨等工艺加工而成的，几乎所有的石材都可以通过加工成为纯天然质感的马赛克。由于各种石材的质地、颜色不同，不同石材的马赛克颜色、质感就不同，但都古朴、高雅、自然。按照表面效果分类，石材马赛克有哑光面、仿古面、抛光面三种。由于天然石材质地坚硬、冷热稳定性好、导热和膨胀系数低，使用环境几乎不受限制。但较深颜色的花岗岩由于放射性元素较高，在人们经常逗留的空间内应慎用，在家庭装修时多用于入户门内玄关的地面。

（4）金属马赛克

金属马赛克是一个新兴起的马赛克品种，是将金属（不锈钢、铁、铜、铝合金、各种金属镀板等）板材通过机械切割、模具冲压、打磨压制成的马赛克。金属材质坚硬，富有韧性，耐火，但不耐潮、不耐酸碱，热稳定性较差，导热和膨胀系数比其他马赛克高，再加上花色不多、表面效果差异不大，故多用于现代风格和仿古风格的装修工程中。

（5）贝壳马赛克

贝壳马赛克是最原始的马赛克品种，在欧洲已经有两千多年的历史。贝壳马赛克是用海洋天然贝壳或人工养殖的淡水贝壳经切割、打磨而成的马赛克。贝壳马赛克具有天然的质感、光泽，防水、防火、防潮，但质地硬脆，而且受取材局限，规格较小，制作多为人工操作，所以价格昂贵，一般用于室内顶棚的局部点缀装饰时使用。现在生产加工手段提高，市场中有密拼小贝壳制成的马赛克组合板材，可以在家庭装修时选择使用。贝壳马赛克按材质和加工工艺可分为淡水贝壳马赛克、海水贝壳马赛克、有缝贝壳马赛克板、密接缝贝壳马赛克板。

（6）木质马赛克

木质马赛克是木材、椰壳、植物表皮等经过切削、打磨、表面处理后制成的马赛克。这种马赛克质感自然，花纹美观，但加工比较复杂、花色也比较单一，稳定性能也较差，主要用于顶棚、墙面的点缀性装修。

（7）皮革马赛克

皮革马赛克是用动物皮制成革后，经过剪切、修理后制成的马赛克。这种马赛克质地自然、材质柔软，但不防水、防火、防潮，花色也比较单一，主要作为墙面局部镶嵌材料使用。

（8）合成材料马赛克

合成材料马赛克是以合成材料，如塑料板、仿皮革等为基础材料制成的马赛克，是马赛克的一个新品种。这种马赛克种类较多，可根据爱好和需要选择使用。

3.马赛克的使用方法

马赛克使用的基本方法是铺贴，主要有纸面铺贴和网面铺贴两种基本方法。需要特别指出，由于马赛克的材料规格小，铺贴工艺比较复杂，铺贴的施工效率很低，工程的造价很高，一般家庭装修使用的较少，主要用于局部的点缀性装饰。虽然马赛克铺贴工艺复杂，但技术难度不大，只要有耐心，自己也可以尝试铺贴小面积的马赛克，面积较大的交给家庭装修专业工程企业或找马赛克经销商的施工队伍完成铺贴。

马赛克大面积使用一般是游泳池表面装修、大幅内墙装饰画、公共通道空间等，小面积主要用于艺术方拼或艺术拼画。无论面积大小，除无颜色差别要求的，都需要对设计图纸和样本以马赛克的规格进行深化、细化。具体方法是将图纸或样本进行放大到能够以马赛克规格划分为止，在图中标出每块马赛克的编号。现在有专用的计算机软件，深化的效率有了极大的提高。编号后按照300毫米×300毫米的模块进行细分，细分模块内以各马赛克的编号作为一联，将每一联内的马赛克进行预排，对照图纸进行校验，色彩准确无误后进行铺贴前的处理。

采取纸面铺贴法的在马赛克表面涂刷浆糊，用牛皮纸粘接，并做好编号和方向。采取网面铺贴法的在马赛克粘贴面涂刷白乳胶，以马赛克粘接网将背面粘结成一体，并做编号和方向。

马赛克铺贴前应先在基层粘结表面弹出水平线和每联马赛克的垂直控制线。铺贴时在基层表面均匀的刮抹马赛克粘接剂，粘接剂厚度应在3毫米左右。纸面铺贴时按编号和标示方向，将马赛克揉压粘结在已抹平的粘接剂上，用软性灰板轻轻拍打找平压实，再铺贴下一联，铺贴应一排一排进行。20～40分钟后（视气温和粘接剂的粘结时间而定）用雾状喷壶或沾水海绵向马赛克纸面喷水或扫水，将纸面湿透。5～10分钟后，将湿透的牛皮纸沿一角轻轻剥落。网面铺贴的按编号和标示方向，将马赛克网贴面揉压粘结在已抹平的粘接剂上，用软性灰板轻轻拍打找平压实。

24小时后，确认马赛克粘结干固后，用软性填缝灰板把填缝剂逐块填满马赛克缝隙，每次填缝剂最好不要多于2平方米的用量，以保证填缝剂质量。用海绵块或湿棉布轻轻擦去马赛克表面多余的填缝剂并对表面进行清洁。为使马赛克表面光洁和易于日后清理，可在表面清洁后涂刷一层专用的大理石瓷砖保新剂。

4.马赛克的保养与维护

不同材质，用于不同部位的马赛克，保养与维护的要求与方法不同。玻璃、陶瓷、石材马赛克的保养和维护相对比较简单，其他材质的马赛克相对比较复杂。用于顶部的马赛克保养、清理比较简单，墙面次之，地面较为复杂。保养和维护的目的是保证马赛克长时间具有完整性和装修效果，玻璃、陶瓷、石材马赛克可随时用清水清洗表面；木质、皮革马赛克可定期用潮棉布擦拭并喷涂防护剂。不能用尖硬器物磕碰、撞击马赛克表面，以防止马赛克破碎或掉落。

四、紧固件、连接件和胶粘剂的选择和使用

（一）紧固件的选择和使用

1.钉子的选择和使用

钉子是传统的紧固连接件，应用在建筑领域已经有很长的历史，也是家庭装修中使用非常多的紧固连接件。钉子的种类很多，按金属的材质可分为钢钉、铁钉、铜钉等；按其形状和紧固方式也可以分为很多品种，不同的品种在家庭装修中使用的部位、紧固材料的种类和起到的作用不同。正确地选

择和使用钉子，也是家庭装修时的一项重要内容。

家庭中经常使用的钉子有圆钉、射钉、地板钉、套环钉、混凝土钢钉和装饰钉。普通圆钉一般只用于结构施工及粗制部件加工，钉帽一般不打入部件的内部，主要用于木材的连结和紧固。射钉是射钉枪的专用钉，主要用于家庭装修中的细木制作和木质罩面工程，无钉头外露，便于表面的修饰。地板钉是木地板铺装时的专用钉，钉尖为平头，钉杆截面为矩形，穿透木材时不易使其劈裂。套环钉主要用于纤维板、石膏板等的紧固，带有刃形的边缘，能大大增强基层的持钉力。混凝土钢钉主要用于水泥墙、地面与面层材料的紧固，其特点是钢性强、不弯曲，渗透力大。装饰钉主要用于软包工程中面层材料的紧固，其钉帽带有装饰造型及颜色，能够提高装修后的观感效果。

钉子只有正确使用才能发挥出紧固连接的作用。正确使用钉子首先要选好钉子的规格，选择使用的钉子长度应是被紧固工件厚度的2.5～3倍。对两种单位重量轻重不同材质的工件结合紧固时，必须保证钉子长度满足紧固的要求。钉钉子时，钉杆与工件应有一个倾斜角度，钉入工件后形成燕尾式斜钉紧固，产生钩扣效果，能够增强紧固的程度。每个紧固面上，应最少钉入两个符合标准的钉子，以保证连接坚固。

木材用钉子连接紧固时，应先锯去紧固工件过长的端头，以减少木材劈裂的机会。硬木类工件钉钉时，应先在工件上钻好钉孔，以避免工件劈裂，钉孔孔径应略小于钉径，以保证连接的牢固程度。

2.螺丝钉的选择和使用

螺丝钉是家庭中木工工程中大量使用的紧固件，主要用于有较高持钉能力要求的工件连接紧固或紧固后有便于拆分要求的连接紧固。按钉帽上凹槽的形式，分为一字槽和十字槽两种螺丝钉，不同的槽型需要使用不同的改锥进行紧固。其中十字槽可以避免改锥滑动，定位更方便、准确，能够提高工作效率，性能上要优于一字槽式。

由于螺丝钉不仅能够在工件上形成牢固的接点，同时可使接点完好地进行拆分，因此被广泛用于门、窗安装及木质工件的连接紧固。使用螺丝钉时，严禁用锤子直接钉入，应用改锥拧入。为准确固定螺丝钉可将螺丝钉钉入紧固工件1/3后再用改锥拧入紧固。螺丝钉应垂直于连接工件，不得有斜角。

3.螺栓的选择和使用

螺栓是家庭装修中安装工程大量使用的紧固件，主要用于各种设备、设施的安装紧固。螺栓由螺杆和螺帽、防松动套圈构成，按照螺杆帽上的凹槽形状可分为一字槽和十字槽两种，不同的槽型需要使用不同的专用改锥进行紧固，两种槽型性能的差别同螺丝钉。

螺栓的使用方法非常简单，只要将螺杆插入工件的孔内，拧上螺帽就可以进行连接紧固。使用时应注意螺杆的杆径应与工件上的孔径高度吻合，小于工件孔径将大大降低牢固程度；螺杆的长度应大于连接工件厚度3毫米以上，以保证连接的强度；螺帽与工件之间应加防松动套圈，以保证连接紧固的稳定性。

4.墙体紧固件的选择和使用

在家庭装修中经常使用的墙体紧固件主要是塑料胀销螺钉和金属膨胀螺栓，主要用于固定重量大的工件、饰物等和强度要求高的灯具等。使用墙体紧固件时，要求墙面坚实、平整，应先在墙面用电钻钻孔打眼，孔的深度应大于紧固件的长度，孔径应略小于紧固件的直径，以用锤子能将紧固件轻轻敲击入孔为宜。孔洞应平行于地面，不得有向地面倾斜的角度。

使用塑料胀销螺钉时，先将塑料胀销塞入墙上打好的孔内，墙面不能有裸露的胀销，应入墙2毫米左右。将螺钉和连接工件直接用改锥拧入塑料胀销的孔内，胀销受力膨胀后与墙体牢固结合。使用金属膨胀螺栓时，将螺栓塞入墙内，用扳手紧固螺母，使金属胀销膨胀后与墙体固定，然后将工件装在螺栓上进行固定。

（二）连接件的选择和使用

1.合页的选择和使用

合页是家庭装修中必不可少的连接件，凡是有开启要求的部件、构件，都需要用合页作为连接件，才能实现开启的功能。在家庭装修中，合页主要用于平开式门、窗及家具、厨具等的制作与安装。合页的种类很多，按连接件的材质分为金属、玻璃、木材等合页，分别用于不同材质的部件、构件的安装。按照合页的结构形式分，主要有普通合页、抽芯合页、可拆合页、斜高合页、珠承合页、装饰合页等。

普通合页是传统合页，左右不能分离，主要用于户内门、窗的安装。抽芯合页是不需拧松合页，只需抽去轴芯就可以将门取下，主要用于有拆卸要求的门的安装，使用时需按门的开启方向选用。可拆合页也是一种可拆解式合页，拆解时不用抽芯，只要将门抬高，脱离固定销即可拆下。斜高合页是当合页打开时，门会稍稍升高但开启自如的合页，适合在铺装长绒地毯等材料的室内使用。珠承合页是永久型润滑合页，承载能力高，主要用于重量大的实木门、金属门等的安装。装饰合页是一种体积小、承重能力较差的合页，主要用于橱柜、家具等小型门扇的安装。

合页的使用要严格按照合页的功能进行选型，在安装时要严格按照规定使用专业的紧固件，按照专业安装技术要求进行安装。合页上预留的所有紧固点，都应有符合标准要求的紧固件进行紧固。

2.滑轨的选择和使用

滑轨是推拉门、窗、隔断必备的连接件，由导轨和微型滑车两部分构成。滑轨按导轨数量可分为双轨和单轨两种。双轨是顶棚和地面都有导轨，上端连接件是挂在两架微型滑车上，滑车安装在上导轨上，下端由导轨作为导向，主要用于规格、重量大的门、窗推拉。规格小、重量轻的推拉门、窗，也可将小滑轮直接安装在门、窗的底部槽内，直接安放在底部的导轨内，上部卧入框的槽内。单轨就是仅在下部设导轨，上部没导轨，主要用于轻型隔断的安装。

滑轨的质量差异很大，选购时应选择加工精度高、材质强度大的产品。滑轨的安装必须牢固，导轨应顺直、平滑，滑车、滑轮安装应牢固，使用中应平稳、轻捷、噪音小，安全可靠。

（三）胶粘剂的选择和使用

1.多功能胶的选择和使用

多功能胶又称为多用途胶粘剂，按其主要成分可分为很多种类。多功能胶主要用于各种装修材料的粘接，在家庭装修中的应用非常广泛，具有施工操作简便、粘接性能强的特点。家庭装修中使用的主要品种以及各自的应用范围如下。

聚醋酸乙烯类建筑胶是以聚醋酸乙烯为基料制成的多功能胶，具有粘接性好、施工方便、无污染等特点，适于木材、石材、陶瓷、水泥制品、石膏制品等粘结时使用。聚醋酸乙烯类建筑胶一般不宜在长期高湿的环境，如卫生间等处装修时使用。

聚氨酯类多功能胶是以聚氨酯和固化剂组合而成的多功能胶，具有粘接性好、耐水性强、无刺激气味等特点，适于木材、金属、塑料、水泥制品等粘结时使用，在通风条件下、潮湿的环境下使用具有优势。聚氨酯类多功能胶一般为双组分，施工中需要按比例在现场配胶，使用起来相对复杂。

环氧树脂类多功能胶是以环氧树脂和催硬剂组合而成的多功能胶，具有粘接力强、耐水、耐湿、耐热、低毒等特点，适于玻璃、石材、陶瓷、水泥制品等的粘结时使用。环氧树脂类多功能胶为双组分水乳型高分子粘合剂，施工中需要在现场配胶。

橡胶类多功能胶是以橡胶类原料为主制成的多功能胶，具有耐高低温、抗老化、有弹性、固化速度快、粘结强度高的特点，适于橡胶、塑料、金属、玻璃等粘结时使用。

硅酮类多功能胶是以硅酮类材料制成的多功能胶，具有耐候性能好、抗老化能力强、粘结强度高、适用范围广、无毒、无害、无污染等特点，属于结构胶的范畴，可以用于室外建筑幕墙工程，适于玻璃、金属、石材、陶瓷、水泥制品等粘结时使用。

使用多功能胶时，要特别注意不同类别胶的相容性，尽量不要多种胶同时使用。如需混合使用时，应进行相容性试验后方能使用。

2.壁纸粘结胶的选择和使用

壁纸粘结胶主要用于壁纸、壁布的粘贴，也可用于其他合成材料的粘贴。壁纸粘结胶主要有聚乙烯醇类和聚醋酸乙烯类两种，还有粉状壁纸胶。使用粉状壁纸胶时，应将清水放在容器中用木棒搅出漩涡，以与水的质量比为1：20的胶粉慢慢倒入水中，用木棒搅匀，2分钟后胶粉溶解，放置5分钟后可以使用。

壁纸胶的使用也需要进行前期配制，配制时需要加入纤维素，纤维素应最少提前2小时用清水浸泡，制成纤维素溶液，溶液内不得有未溶解的纤维素，纤维素与水的混合比例为纤维素：水=1：40（体积比）。使用时按胶：纤维素溶液=10：3（体积比）进行配制，如果支撑后的胶液国语粘稠，可加入适量的清水进行调节。

3.地板粘结胶的选择和使用

地板粘结胶是用于木地板、塑料地板等与水泥地面及木材粘结的专用胶，其材料构成种类分为聚醋酸乙烯类、合成橡胶类、聚氨酯类及环氧树脂类。聚醋酸乙烯类地板胶包括水性塑料地板胶、水基胶、水乳型地板胶、PAA胶粘剂等，在铺装地板时直接使用，适应各种地板的铺装。合成橡胶类地板胶主要适于塑料、橡胶类地板及地毯等地面铺装时使用。环氧树脂类地板胶主要用于潮湿环境下塑料地板的铺装。

4.密封胶的选择和使用

密封胶是家庭装修时必用的材料，主要用于橱柜台面与墙体、洗手盆台与墙体、门窗套与基层缝隙、各种材质交界面、木质和复合饰面板接缝等部位的密封处理。密封胶具有封闭性强、耐候性好、能够弥补装修施工中的质量瑕疵等特点，在家庭装修中被广泛使用。

密封胶为筒装，施工极为简便，将胶筒撞到专用打胶枪上后就可使用。打胶时注意要打胶均匀、连续、密实，同时不要污染已完工的装修面。

5.腻子粉的选择和使用

腻子粉是家庭装修时必用的常规性材料，主要用于基层的找平和加强基层与面层结接的强度。腻子粉在家庭装修中使用量大，对工程质量的影响程度强，应选择质量可靠的大企业生产的产品。具有特殊要求如防潮时，应选用专用腻子粉。质量好的腻子粉呈本白色，粉末细腻、手试润滑、无杂质。

腻子粉为袋装，使用时将腻子粉倒入容器桶内，加入清水进行搅拌，搅拌一般应在5分钟以上，使其成为浆糊状后放置2～3分钟，让腻子粉充分吃水后使用。腻子粉的使用一般采用披刮的施工方法，将腻子膏放在托板上，用腻子刮板将腻子膏刮抹在基层面上，用力应均匀、有力，应反复数次将腻子膏刮平。

第三章 | 家庭装修设备的选购

　　家庭装修的目的是为了完善家庭住宅的功能，提高日常生活的品质。装修装饰材料主要是对建筑室内环境的观感效果进行提升，并不能在根本上改善住宅的使用功能，只有通过对各种功能性设备、设施进行合理选购，并在家庭装修施工中得到合格的安装，才能切实提高家庭生活的舒适性、便捷性和安全性。因此，在家庭装修时如何正确选购需要进行安装施工的功能性设备、设施，就是家庭装修中的一项重要内容。

一、卫浴设备的选购

（一）卫浴设备的选择原则

1.卫生的原则

　　卫浴设备是供人们洗浴、如厕的功能性设备，是极易受到污染的设备，需要进行经常性的清洗才能保证设备与环境的卫生。不同材质的卫浴设备，其藏污纳垢的水平不同，特别是设备表面材料的密实水平、光吸程度等都决定了设备的卫生状况。所以选购卫浴设备首先要考核其卫生保洁能力，应选择易于清洗、不易污染、能够防止污染的产品。

2.节水的原则

　　卫浴设备都需要用水对人体和设备进行清洗，是家庭生活中消耗水资源最多的设备、设施，也是最容易造成水资源浪费的设备、设施。我国是一个水资源极度匮乏的国家，有一半以上的城市属于贫水型城市。节约用水必须从每个家庭做起，最重要的是从卫浴设备的节约用水把关。卫浴设备生产企业在不断的提高产品的节水水平，现在已经有不用水冲的便器、高节水的卫浴产品等。在选购时要选择用水量少、冲洗效果好、能用多种水资源进行清洗的节水型、高效型、耐用型的卫浴设备。

3.安全的原则

在使用卫浴设备时，人都处于自我保护意识相对薄弱的状态。在高湿、高温、人的动作幅度大、保护意识淡薄的情形下，是极易发生伤害和危险的时刻。必须提高安全保护的级别才能保证家人的安全，特别是老人、孩子的安全。安全的原则体现在造型上，就是应选用圆弧型、弧型的产品，在功能上要求产品配件的功能要完善，设备要有防滑、防跌倒等功能，要防堵、防漏，故障率要低。

4.便捷的原则

人们在洗浴、如厕时的动作、姿态是相对固定的，对于行动受到极大限制的状态，更是需要特别给予照顾的时刻。所以，卫浴设备要考虑人在特殊状态下使用的便捷性，设计上各功能的实现要符合人在特定状态下使用的方便性、配套性、完整性，安装时要位置科学、合理，便于人们使用。

（二）卫生间设备的选购

卫生间设备是家庭生活中必备的基本设备，主要包括坐便器、小便器、洗手盆、净身器及配套的卫浴配件。

1.便器的选购

便器是专供人们如厕的专用设备，也是卫生间中的基本设备。便器有蹲式和坐式两种，坐式更为舒适、节省，所以家庭中一般选用坐式，称为坐便器。坐便器是由器体与水箱两部分组成的，外观形式上分为分体式和连体式两种，分体式是便器与水箱分开，是比较传统的款式；连体式是水箱与坐便器合为一体，由于连体式占用空间小、连接管路少、故障率低，便于维修，同时外观美观，线条更为流畅，所以家庭装修时选用连体式的较多。

坐便器的材质主要是陶土，经过注浆、定型、上釉、烧制而成。现在市场上也有一些新材质的坐便器，如人造玛瑙、金属等，在一般家庭装修中选购的不多，主要选用陶瓷制品。坐便器上的主要配件为座圈及盖板，一般采用塑料制品，固定在坐便器上。随着技术的发展，目前市场中有可加热的座圈，在寒冷条件下使如厕更舒适，家庭装修时可以选用。

从内部出水排污方式上分，坐便器分为冲落式和虹吸式两种，冲落式又可分为重力式和压力式两种；虹吸式又可分为喷射虹吸式和漩涡虹吸式两种。目前各种方式的坐便器市场都有销售，也都各有优缺点，冲落式的节水性能好，但噪音过大，一般家庭不宜选用，多用于公共卫生间。家庭主要使用的是加大排污管口径的节水型的虹吸式。从安装形式上可分为落地式和壁挂式两种，目前主要使用的是落地式。但随着"同层排水"的新住宅建设排污管道设计的普及，壁挂式将会成为主要的坐便器安装形式。坐便器出水控制主要依靠水箱内的冲水阀门，其结构和工作原理如图3-1所示。

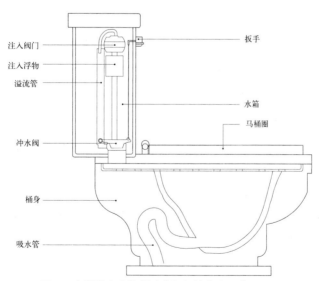

图3-1 坐便器出水控制冲水阀门结构和工作原理图

冲水阀是坐便器最主要的配件，直接决定了坐便器的节水水平和安全稳定使用能力。冲水阀有金属、铜塑结合与全塑三种，家庭装修中主要使用的是全塑的。冲水阀如果发生故障，就会发生水箱已满但水仍然在流、水一直在流但水箱无水、水已满但无法出水等故障，不仅给生活带来不便，也会造成水的大量浪费。所以选购坐便器时，要特别注意检验冲水阀的质量与功能。要选择加工质量好、节水、故障率低的产品。

选购坐便器时应考虑坐便器的高度，一般应选择距地面420～450毫米的坐便器更为舒适。购买时应向经销商索要产品性能检测报告和产品质量检验合格证，并对相关配件质量保修单等质量文件进行查验，要求随产品的质量文件齐全。选购时应目测检查其外观应无裂纹、棕眼、斑点、桔釉、烟熏、落脏、缺釉、磕碰、坑色等明显的质量缺陷。坐便器表面釉面质量直接决定了冲洗的难易程度，用手检查内侧的釉面质量，应光滑、平整、密实。

坐便器除目测和手试外，还应重点检测其规格尺寸，首先检测下水口与家庭卫生间排水口的口径、距墙面的距离是否一致；同时测量安装面高低误差，应小于5毫米，表面高低误差应小于5毫米，整体误差应小于8毫米。还应进行功能检测，排污口外径大于100毫米时，用水量应少于9升；排污口外径小于100毫米时，用水量应不超过6升，且一次排出全部污物和卫生纸，并不留污水痕迹。现在有些坐便器用水在4升之内，应该优先选购。

小便器是专供男性小便时的专用设备，有壁挂式和落地式两种，在家庭中很少选用。如果家庭装修时需选用，以壁挂式为宜。

2.洗手盆的选购

洗手盆是专供人们洗脸、洗手和洗涤小件织物的专用设备，也是卫生间中必备的基本设备。洗手盆的选购应与坐便器配套购买，在颜色、造型上应与坐便器相协调。洗手盆有独立式和台式的两种，可以根据家庭成员的喜好和卫生间的面积进行选择。台式洗手盆又有嵌入式和台上式两种形式，可以根据家庭成员喜好进行选择。台式洗手盆台面的下部，一般应设计小橱柜，存放洗浴用品，其款式及风格应满足家庭成员的要求。

选购洗手盆时的流程、方法、标准与选购坐便器相同。检测洗手盆规格尺寸，安装面误差应小于4毫米、表面误差应小于5毫米、整体误差应小于6毫米、边缘误差应小于5毫米。

3.净身器的选购

净身器是专供人们在便后、性生活后对肛门、阴部进行冲洗的专用设备，在发达国家已有较长应用历史，在我国是一种日益普及的新型卫浴设备。净身器不仅能解决年老体弱、半身不遂、手脚不便人群的便后清洗问题，也是保护妇女健康，防治肛肠系统、妇科系统疾病的重要辅助手段。随着我国人民生活水平的提高和家庭居住环境的改善，净身器在家庭装修时作为卫生间专用设备的选择会越来越多。

净身器有单体式和合用式两种，单体式是一个独立的器具，外观与坐便器基本相同，选购时应与坐便器配套购买，其检验流程、方法、标准与选购坐便器基本相同。在功能上应重点检测对水的加热、出水方向的控制、按钮、手柄的灵敏程度等进行检验。合用式是将净身器安装在坐便器上，使坐便器具有水加热、喷头冲水等功能。选购时应索要产品的性能检测报告和产品质量检验合格证等质量文件及产品的使用说明、安装方法等技术文件，并按规定进行安装。

（三）盥洗间设备的选购

随着我国居住条件的改善和人均住房面积的增长，我国住宅户型中两个卫生间的户型比重越来越高，客观上为卫生间与盥洗间的分离创造了条件，特别是在主卧卫生间中，洗浴设备已经成为家庭装修中重要的设备。在家庭经济支付能力增强的条件下，直接关系到人们卫生与健康的洗浴设备，越来越成为家庭生活中的基本设备，成为家庭装修中重要的投资内容，越来越受到关注。

1.浴缸的选购

浴缸（有些地方称为浴盆）是专供人们洗浴的专业设备，浴缸洗浴的形式是泡洗，具有舒筋活血、清洁肌肤、消除疲劳、有利睡眠的功效，是人们比较喜爱的一种洗浴形式，也是中国传统的洗浴方法。浴缸按功能可以分为普通浴缸和按摩浴缸两种，普通浴缸只能用于洗浴；按摩浴缸不仅能够供人们洗浴，同时可以通过水在浴缸周边的喷射、漩流、翻滚，起到按摩穴位、放松

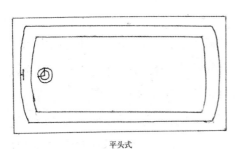

平头式

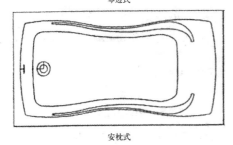

琴边式

安枕式

图3-2 浴缸的款式示意图

身心的作用。

浴缸的材质种类很多，有陶瓷、人造石、亚克力、玻璃钢、铸铁搪瓷、钢板搪瓷、塑料、木材等，但家庭中主要使用的是陶瓷、玻璃钢及搪瓷浴缸，有些家庭住宅卫生间面积较小，使用木质浴盆也是比较好的选择。浴缸按外观形式上可分为平头式、安枕式、琴边式等多种款式，图3-2是浴缸的款式示意图。

平头浴缸的造型比较简单，是传统的款式，一般只适合坐浴，泡澡时不太舒服；安枕式浴缸在一边设计了平坡式的造型，泡澡时头部可以放在上面，使用起来就舒适的多；琴边式是在安枕式浴缸的两壁上部，设计了凹凸不平的直线，手扶浴缸边时不易滑动，提高了使用中的安全性，所以当前市场中主要销售的是安枕琴边式浴缸，特别适宜中、老年人使用。

选购浴缸时，如果家庭住宅中没有专设的盥洗间，浴缸需放在卫生间时，浴缸的质地、颜色、款式应与坐便器、洗手盆相一致，形成三件组合，可在同一经销商处选购。如果是专设的盥洗间，则可以不考虑同其他设备匹配的问题，以浴缸为核心进行盥洗间的其他设备的选购。

购买浴缸时，一定向经销商索要产品性能检测报告、产品质量检验合格证、质量保修单等质量文件。购买按摩浴缸时还应进行通水试验，检验其工作性能及运行状态。购买陶瓷浴缸的检验方法同购买坐便器相同。购买搪瓷浴缸时应目测搪瓷表面无脱瓷、裂纹、划痕、色差等质量缺陷，手摸搪瓷面应平整、光滑、细腻。购买玻璃钢浴缸时应目测缸体的上缘面、内侧面及底部不允许有小孔、皱纹、气泡、固化不良；不得有浸渍、裂纹、缺损等质量缺陷；缸体外观不允许有固化不良、浸渍、缺损、毛刺等质量缺陷；切割面不允许有分层、毛刺等质量缺陷。

2.淋浴房的选购

淋浴房是专供人们喷淋洗浴时的专用设备。淋浴房具有节约用水、洗浴快捷、简便的特点，是人们洗浴的基本设备。在家庭住宅中没有独立盥洗间时，在卫生间内设置淋浴房或淋浴区是实现家庭居住功能的重要方法。淋浴房可以在家庭装修时通过对卫生间的改造形成，也可到市场中购买成品淋浴房。这里主要讲述的是成品淋浴房的选购。

淋浴房是一个工业产品的组合品，由顶、围栏、底盘构成一个相对独立的封闭空间，其外立面多为圆弧型，设置推拉门或外开门供人出入，一般置于卫生间的一个阴角处。淋浴房按功能可以划分为普通淋浴房和按摩淋浴房，普通淋浴房只能供人们淋浴净身，按摩淋浴房可以通过侧壁的喷水口喷射出水柱，按摩人体的穴位，达到保健的效果。

淋浴房由底盘、围栏和房顶构成，底盘一般由陶瓷、亚克力、玻璃钢等制成，围栏一般由塑料加金属支撑构成，外侧设推拉的圆弧型玻璃门或外开门。洗浴时将门关上，防止水溅到外面。顶部材质一般与围栏材质相同，设有喷淋花洒。在内侧围栏上还设有手持喷淋、洗浴用品台等，使用起来非常方便。图3-3是淋浴房的示意图。

选购淋浴房时，其规格、尺寸一定要与家庭住宅卫生间的面积、拟设置的位置相适应。规格小了使用起来会不方便，大了又影响卫生间的使用，需要进行精细的测量、计算，统筹规划好后确定淋浴房的规格与形式。购买淋浴房时，应向经销商索要产品的性能检测报告、产品质量检验合格证、产品安全认证等质量文件及产品使用说明书、产品保修单等技术文件。随产品的资料必须完整、齐全。

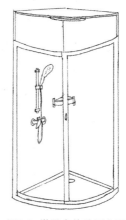

图3-3 淋浴房构造示意图　　133

购买淋浴房时，应在购买场地进行组装后试验其性能，检验其组件的配套性、完整性及各组件的加工质量，所有组件应完好无损，无划痕、裂纹、表面污损、缺损、毛刺等质量缺陷；推拉门的开启应灵活；底盘排水坡度应合理、排水应顺畅，不得存水、倒水；各喷淋花洒应工作正常、无故障。检验合格后方能在家庭装修中按规定进行安装。

3.桑拿房的选购

桑拿浴是由国外传入我国的一种新洗浴形式，是通过制造高湿、高温的封闭环境，促使人大量排汗而达到沐浴净身的效果。桑拿浴不仅能够清洁人体，同时可以通过促进血液循环、增强代谢能力达到强身健体的作用。桑拿浴传入我国后很快就得到推广，现在已成为大众比较喜爱的洗浴形式。但年老体弱、患有高血压、心脏病等人群不适应这种洗浴形式。

桑拿浴房是专供人们桑拿浴时的专用设备，其规格可大可小，在家庭住宅设有独立盥洗间时，非常适合在家庭装修中选用。桑拿浴房一般是用松木、柏木等软类实木作为房体，内设加湿、加温的专用设备。房体上开门，多为实木玻璃门，供洗浴者出入，房内设条凳，供人们操作加湿、加温及坐浴，使用极为方便。桑拿浴房一般要与浴缸或淋浴配套使用。图3-4是桑拿浴房的平面示意图。

选购桑拿浴房时，首先要确定其规格。桑拿房的高度一般不超过2米，在家庭住宅的盥洗间安置没有问题。桑拿浴是高耗能的洗浴方式，一般应一家人同时共浴，以节省能耗，所以桑拿浴房的面积应根据家庭人口数量及洗浴习惯确定。家庭用桑拿浴房一般采用定制的形式购买，将桑拿浴房的规格、尺寸报给经销商，经销商要根据家庭提供的具体规格、尺寸绘出生产加

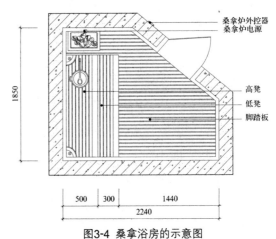

图3-4 桑拿浴房的示意图

工图，经确认后进行加工、制作、安装。

（四）卫浴配件的选择

卫浴配件是实现卫生间、盥洗间功能的主要设备，对完善各种卫浴设备、设施的使用功能具有重要的辅助作用，也是家庭装修中必不可少的选购项目。

1.水龙头的选购

水龙头是水源的开关阀门，负责控制和调节水的流量，不但是卫浴设备的重要配件，也是厨房设备的重要配件，在家庭装修时是必须选购的设备。水龙头的种类很多，从内部结构上划分有有垫圈式和无垫圈式两种；从使用方式上可分为旋转式与抬启式两种；从外观上可分为单柄与双柄两种；从材质上可分为铸铁、铜、不锈钢等；从表面处理上可分为仿金、仿铜、仿青铜等，家庭装修时可以根据不同的喜好、风格及功能需要进行选择。图3-5是各种水龙头的示意图。

图3-5　各种水龙头的示意图

选用水龙头应根据水源来确定，如果是单一供水，则应选择一个进水口的水龙头；如果冷、热水分流供应，则应选择有两个进水口的；如果是经常手上带油、肥皂液等使用，则应选择抬启式的；如果需要快速调节水的温度和流量，则应选择单柄抬启式的。抬启式单柄水龙头的适应范围最广，在不能确定准确的使用方式时，应选购抬启式单柄水龙头。

选购水龙头时，应向经销商索要产品质量检测报告、卫生检测报告和产品质量、卫生检验合格证。由于水龙头内如果使用铅，将会造成用水的长期污染，所以，检验其卫生检测和卫生安全认证尤为重要，是保证家庭成员身体健康和生命安全的重要措施，必须严格验查。购买时应日测外观质量无污损、波纹、划痕、毛刺等质量缺陷；手试应运动灵活、无阻滞。

2.淋浴喷头的选购

淋浴喷头又称为花洒，是洗浴时的专用设施，也是洗浴设备的必备配件。淋浴喷头主要由不锈钢、塑料等制成，有固定式和活动式两种，固定式的规格较大，一般置于顶部；活动式的规格较小，以不锈钢蛇形管作连接件与水源连接，可以有一定的活动范围，一般置于墙上。在家庭住宅卫生间卫浴混用时，一般采用活动式淋浴喷头，并在墙上安装淋浴喷头吊挂件。

购买淋浴喷头时，应向经销商索要产品性能检测报告和产品质量检验合格证。购买时应选择把握舒服、造型美观、出水畅通、水流柔和、重量较轻的产品，目测外观质量应无划痕、毛刺、缺损等质量缺陷。

3.梳妆镜的选购

梳妆镜是检验洗浴质量和进行浴后整理的专用设备，一般置于洗手盆的上方，多与镜子上方的镜前灯配套使用。梳妆镜有普通镜及防雾镜两种，普通镜镜面会在洗浴时结雾，使用前需先抹去雾朦并需要不断抹擦；防雾镜是镜面不结雾的梳妆镜。防雾镜是通过对镜面的加热使洗浴时的热水蒸气无法在镜面结雾。防雾镜有电热丝加热和电子加热膜加热两种。电子加热膜加热具有能耗少、安全性高、耐用性强、可加工性强等特点，是防雾镜的主导产品，也是家庭装修时应优先选购的产品。

购买梳妆镜时应检验镜面平整、水平，应无波纹、划痕、缺损等质量缺陷；实照镜面应保真不变形。防雾镜的防雾功能、防雾区域要符合要求。

4.手纸盒的选购

手纸盒是置放卫生纸的专用设施，也是卫生间必备的配件。一般置于坐便器周边的墙壁上，应以如厕时手能轻松获取为准。手纸盒按位置可分为嵌入式和挂装式两种，嵌入式是嵌入在墙体内的手纸盒，需要在结构施工中预留，一般家庭住宅中都未有预留，因此，家庭装修中主要使用的是挂装式。

从材质上划分为不锈钢和塑料两种，都能满足功能要求。家庭装修时可根据喜好和风格的要求进行选购。

购买手纸盒时，应向经销商索要产品质量检验合格证。目测外观质量应无划痕、毛刺、无损等质量缺陷，手试应装置手纸方便、取纸灵活。

5.毛巾杆的选购

毛巾杆是吊放毛巾、小衣物的专用设施，也是卫生间必备的配件，一般置于洗手盆两侧的墙壁上。毛巾杆一般由不锈钢制成，有光杆和挂钩两种形式。光杆式一般用于毛巾的晾放，挂钩式一般用于小衣物的挂放。购买毛巾杆时应索要产品质量检验合格证，目测外观质量应无毛刺、污损等质量缺陷。手试晾杆应光滑、顺直。

6.置物架的选购

置物架是摆放洗盥用品、化妆品等的专用设施，一般置于洗手盆右侧的墙壁上。置物架有单层、双层、三层等多种规格，一般以不锈钢为架子，以玻璃为挂板，也有无玻璃挂板，物品直接放在不锈钢架上的。购买置物架时应索要产品质量检验合格证，目测外观质量应无毛刺、划痕、污垢、缺损等质量缺陷；配件应齐全。

二、厨房设备的选购

（一）厨房设备的种类及选购原则

1.厨房设备的功能

厨房设备是专供人们制作食品的专用设备。我国历来有"民以食为天"的古训，说明吃是维持生命的最重要的内容。吃的营养水平和可口程度直接决定了人的生存质量，是反映生活质量最基本的标志。我国已经由温饱型社会转入全面建成小康社会的发展阶段，厨房在家庭装修中的地位越来越重要。社会上有"小康不小康，关键看厨房"的说法，足见厨房在家庭生活中的重要程度。

我国具有悠久的饮食文化和独特的饮食习惯，煎、炒、烹、炸、煮、炖、煲等烹饪技巧的应用非常普及，需要相应的器具与设备完成对食材的加工制作，这就是厨房设备的基本功能。随着现代城市生活节奏的加快和科学技术的进步，人们对厨房设备不断提出新的要求，以创造更为舒适、安全、温馨的家居环境。国家曾提出"厨房是住宅的心脏部分"的论点，说明厨房在家庭住宅中具有特殊的地位，其功能的完善程度直接反映了家庭装修的质量和档次。

2.厨房设备的种类

按照功能划分，现代厨房设备可分为储藏设备、洗涤设备、调理设备、烹饪设备和进餐设备五大类。

储藏设备是存储食品和器皿用品的专用设备，可分为食品储存设备和器物用品储存两类。其中食品储存又分为冷藏和非冷储藏两种设备，冷藏是使用电冰箱、冷藏柜等设备，实现防止食材、食品变质腐坏的储存功能；非冷储藏是存储粮食、调味品等不易变质腐坏的设备。非冷储藏食材、食品和器物用品的存储是通过厨房内的底柜、吊柜、角柜等实现存储功能。

洗涤设备是对食材、器皿、工具等进行清洗、消毒的专用设备，由冷、热水供应系统、排水系统、洗涤系统及垃圾处理系统构成。冷热水供应系统的功能主要由厨房内的水龙头实现；排水系统功能主要由厨房内的排水管实现；洗涤系统功能由厨房内的洗菜盆实现；洗涤后产生的垃圾主要由食品垃圾粉碎器或配备的垃圾箱（桶）来实现。在现代厨房中，还应设置洗涤后的消毒系统，其功能一般由厨房内的消毒柜实现。

调理设备是对食材进行整理、加工、配料、调制的专用设备，包括切削工具、配料器皿和调制工具等。调理设备在现代厨房中主要由食品切削机具、榨压汁机具、调制机具和相配套的工具和器皿等构成。调理设备的科技含量决定了厨房中对食材的加工速度和质量，也决定了人们对食材加工时的体力支出，其功能是在厨房内橱柜的台面上实现的。

烹饪设备是对食材进行烧制的专用设备，包括炉具、灶具及相关的器具。中国城市中家庭住宅厨房的烹饪设备包括燃气灶、电饭锅、微波炉、微波烤箱、电磁炉、电饼铛、电火锅等新型烹饪设备，也包括传统的锅、铛、勺、铲等器具。烹饪设备功能的实现要依靠煤、液化天然气、电等能源的消耗，在相应的空间中完成，因此，现代厨房中应配备足够的电源插座、橱柜台面。

耗，在相应的空间中完成，因此，现代厨房中应配备足够的电源插座、橱柜台面。

进餐设备是供人们进食的专用设备，主要由餐厅中的家具和进餐时使用的工具和器皿等构成。

进餐设备是供人们进食的专用设备，主要由餐厅中的家具和进餐时使用的工具和器皿等构成。

在家庭装修中所进行的厨房设备的选购，一般不包括进餐设备的选购。进餐设备的选购一般是在家庭装修结束后，由家庭成员自行选购。图3-6是配套的家用厨房设备示意图。

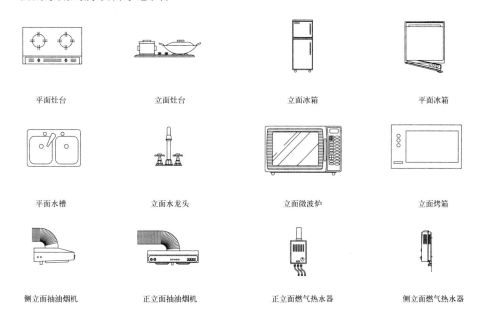

平面灶台　　　　　　　立面灶台　　　　　　　立面冰箱　　　　　　　平面冰箱

平面水槽　　　　　　　立面水龙头　　　　　　立面微波炉　　　　　　立面烤箱

侧立面抽油烟机　　　　正立面抽油烟机　　　　正立面燃气热水器　　　侧立面燃气热水器

图3-6 配套的家用厨房设备示意图

3.厨房设备的选购原则

卫生的原则，即厨房设备应具有抗御污染的能力。厨房是制作食品、供人吃喝的地方，对卫生安全的要求是家庭中最高的地方。厨房设备必须要有抗污染的能力，特别是防止蟑螂、蚂蚁、老鼠等污染食品的功能，才能保证饮食安全、卫生。厨房中的橱柜应具有良好的密封性，可开启的部分应安装防蟑密封条，防止食物受到污染。

防火的原则，即厨房是家庭住宅中唯一使用明火的区域，必须注重用火安全，防止火灾事故的发生。厨房的防火性能是由装修材料和橱柜材料的防火阻燃能力高低决定的。厨房装修时应使用不燃、难燃材料，特别是在用明火的周边区域，如橱柜台面、燃气灶上方等，必须使用不燃材料，才能保证厨房乃至整个家庭的安全。

方便的原则，即厨房内的操作要有一个合理的流程、规格，用最短的时间、最少的体力支出实现厨房的功能。在厨房橱柜设计中，各功能部位的排列顺序，要同食品制作的操作顺序相一致，台面、灶台等的高低、吊柜的位置、高度等应符合人体工程学原理的要求，在使用过程中尽量避免反复、交叉，使用时应顺手、省力、轻巧。

美观的原则，即厨房中的设备，特别是橱柜的造型、色彩要赏心悦目。厨房有封闭式和开放式两种形式，开放式厨房与餐厅融合在一起，家庭成员之间交流更方便，空间的利用效率更高，逐渐成为家庭装修中的主要形式，也成为家庭装修中的重要亮点。橱柜不仅要满足功能性要求，同时要提高其观赏性，表面材料不仅要防污染、好清洁，同时要质感突出、色彩艳丽、质量持久。

（二）橱柜的设计制作与选购

1.橱柜的流程设计

橱柜是厨房内的最主要的设备，是集存储、洗涤、调理、烹饪等多功能为一体的专用设备。在厨房有限的空间内，橱柜的规格必然受到空间的限制，为了避免在使用过程中发生脏净交叉、生熟交叉，就要进行合理的流程设计，在流程中的各功能点上配置相应的设备，才能保证卫生、提高效率、节省时间和体力。

橱柜的合理程序应该是储藏设备靠近洗涤设备，与调理、烹饪设备相隔断；调理设备应靠近洗涤设备和烹饪设备；烹饪好的食品应尽快移出橱柜，进入进餐区的餐桌上。烹调操作的顺序通常是取食材→洗涤→整理→切改→配料→调制→烹饪→进餐，橱柜的流程设计应按照以上顺序进行策划、空间分配、设备安排和材料选择。

2.橱柜的主要材料

橱柜的材料主要有台面板材料和柜体材料两大类。台面材料主要有不锈钢、大理石、人造大理石、防火板、实体面材等，要求不燃、防污染、易清洗、强度高。柜体材料主要有实木、大芯板、纤维板、密度板等，要求抗污染、持钉能力强、易清洗，一般应进行表面的防污、防腐处理。门扇一般以三聚氰胺阻燃板或烤漆木材板制成，要求色彩艳丽、抗污染、易清洗、防老化。

3.橱柜的购置形式

橱柜的购置有现场制作与市场购买两种方式。现场制作是在家庭装修时根据厨房的实际，由木工因地制宜制作而成。这种方式对厨房空间的利用更合理、效率更高，但手工制作的橱柜质量比工厂生产的要低，使用中的稳定性也差，一般多用于老住宅中小厨房改造。市场购买是在市场中确定好品牌厂家，请厂家的技术人员到现场测量后，按测量的实际尺寸在专业工厂中定制，制成后再在现场中安装。这种方式虽然工期较长、价格较高，但质量好、精度高、功能齐全、装饰效果更好，是目前家庭装修中橱柜购置的主要方式。

4.橱柜的设计程序

定制橱柜要根据厨房的面积、位置、结构特点和使用能源的种类决定。首先要在现场进行实地测量，主要测量厨房的具体尺寸、给排水的入户位置、管道的位置及距离墙的尺寸；窗户的高度、宽度及其位置；烟道口的位置及形状、入户燃气管道的位置；暖气的长度、宽度及高度；配备灶具的规格及形式、拟使用的厨房其他专用设备的规格、尺寸等，测量应精准，数据应完整。

根据实际测量的数据、使用能源的种类和厨房的位置，在征求家庭各成员对橱柜的总体设想和要求的基础上，专业设计人员进行橱柜的整体方案设计。设计应按照合理的流程和厨房具体规格进行，要求各项基本功能都要进入设计方案并有具体的实现形式。为了增加选择性，根据厨房结构特点，可以设计出几种方案供家庭成员选择，在充分对比优势的基础上，确定整体设计方案。整体设计方案应是合理利用空间、科学安排流程、安全卫生使用的方案。

　　整体设计方案确定后，再进行款式、材质、造型、颜色的设计，要根据家庭的经济支付能力和装修的具体风格，进行台面板、橱柜门、橱柜架体的具体设计，也应有几种设计图纸及材料样品、样板供家庭成员进行对比、筛选，最后确定橱柜的设计图纸，并按设计图纸进行生产加工。

　　5.橱柜的几种设计实例

　　根据厨房的面积、结构特点和家庭的烹调习惯，橱柜可以有多种组合形式，各类橱柜的设计效果图见下列各图。图3-7是单排式橱柜，即只在厨房的一个侧面设置了橱柜，厨房的所有功能只在一个侧面就全部实现。这种橱柜设计适合在狭长形的厨房中使用。

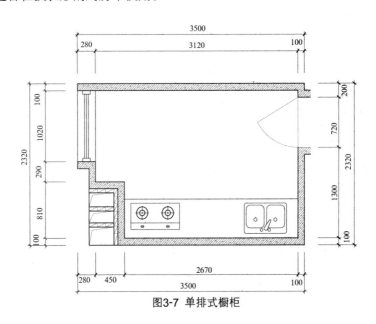

图3-7 单排式橱柜

　　图3-8是双排式橱柜，是在厨房的双侧墙面都设置橱柜，厨房的功能分别在两边实现，更有利于脏净分离。这种橱柜设计适合在宽绰但进深小的厨房中使用。

　　图3-9是L型橱柜，是在厨房的一侧墙与相邻墙面设置连体橱柜。这种橱柜设计适合在厨房进深较小，且是封闭式厨房中使用。

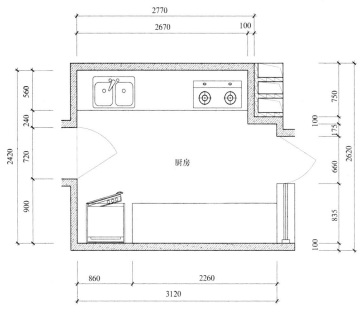

图3-8 双排式橱柜

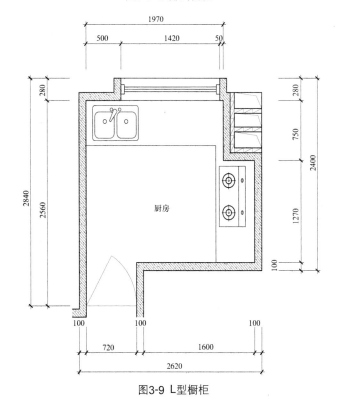

图3-9 L型橱柜

图3-10是U型橱柜，是充分利用厨房三面形成的空间都设置了橱柜，使厨房功能的实现更为流畅，特别是这种设计一般都在厨房窗户下设置了切改、调制的台面，更利用采用自然光进行操作，一般家庭在空间面积允许时，大多采用这种设计。这种橱柜设计特别适合在开放式厨房中使用。

图3-11是环型橱柜，即在厨房的四周，除户内门外，都设置了橱柜，有些大面积厨房，在厨房的中部也设置了不带吊柜的橱柜。这种橱柜设计适合在别墅等大厨房中使用。

6.橱柜的质量鉴定

橱柜是家庭生活中使用频率最高的固定设施，其质量验收应严格、细致，除要检验规格、材质、颜色是否与设计文件一致外，还应重点检查以下各方面的质量。

台面板和挡水板应安

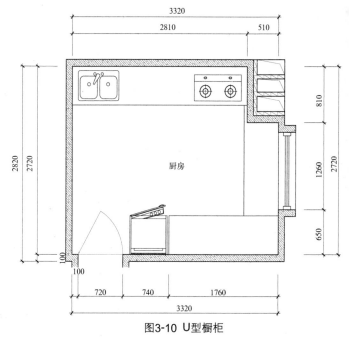

图3-10 U型橱柜

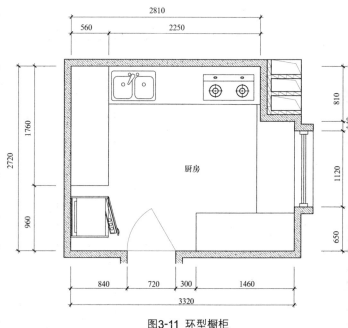

图3-11 环型橱柜

装稳固、封闭、无渗漏，表面应光洁、平整、无划痕、缺损等质量缺陷；门扇封边应严密、紧固、光顺，不应有翘曲、卷边等质量缺陷；连接门扇与柜体的连接件应安装牢固、位置正确，以刨花板、密度板为柜体时，安装合页时应加塑料胀塞，以提高持钉能力；水平底脚应顺直、紧贴地面；储物栏、吊挂装置应齐全，安装应牢固；门扇、抽屉门应开启灵活、回位准确、无噪音、表面应光洁，无污染、缺损等质量缺陷。

（三）厨房配套设备的选购

1.灶具的选购

灶具是烹制食品的专用设备，也是厨房中必不可少的专用设备。灶具分为灶台式和集成灶式两种，灶台式是一个单独的灶具，安放在灶台之上，是传统的灶具，只能供烹制食品；集成灶式是将灶具、消毒柜、抽油烟机、烤箱、蒸箱、微波炉等组合在一起的灶具，是近年来日益兴起的一种新型灶具。

选购灶具时，应根据橱柜的设计进行选购。灶台式灶具有嵌入式和台上式两种，一般都设有两个灶眼。嵌入式的控制开关在灶具的表面，安装时应嵌入橱柜的里面，灶具的安装面与橱柜台面应平直，这就需要在橱柜台面设计时预留出灶台的位置，如直接安放在橱柜表面则操作、控制不太方便。台上式的灶具控制开关、旋钮在灶体的侧面，可直接安放在橱柜台面上，使用比较方便、灵活。灶台式一般只适应以液化气为能源的住宅厨房中使用。

集成灶的组合形式很多，除灶具是必备的功能设备外，消毒、烤箱、蒸箱、微波炉等功能设备可以有多种组合，一般应在两种功能以上。集成灶按排油烟形式可分为下排烟和上排烟两种，下排烟式的是将抽油烟系统安放在灶台的内部、灶具的上部，灶具台就要低于灶台表面。这种抽油烟形式的优点是排烟效率高，烹制过程无烟、无味。缺点是烹饪时锅的抬起高度大，对锅的掌握和控制不太灵活。上排烟式是在灶台的内侧安装连体的抽油烟系统，略向灶具倾斜，烹饪时油烟从侧面排出。这种抽油烟系统的优点是灶台与灶具平直，对锅的掌握与控制灵巧、省力，缺点是抽油烟的效率比下排烟式的要低一些。图3-12是两种抽烟形式的集成灶示意图。

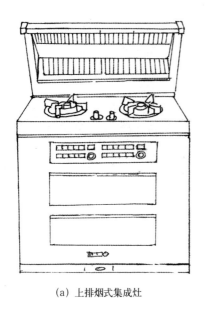

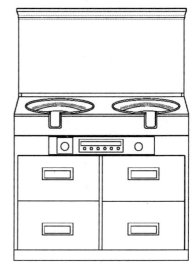

（a）上排烟式集成灶　　　　　　（b）深井下排烟式集成灶

图3-12　两种抽烟形式的集成灶示意图

集成灶不仅能够提高厨房空间的利用效果，便于橱柜的整体设计，同时灶具可以使用液化气，也可使用电能，一般是两个灶眼，可分别设置两种能源的使用灶具，可以提高使用的安全保障程度。厨房使用能源的安全性水平，电能更安全、环保，在大城市中电磁炉的配置比例在不断提高，这也是集成灶的发展优势之一。选购集成灶式的厨房橱柜设计应以集成灶的规格、安装位置为依据。

灶具的使用中会有安全隐患，因此，购买灶具时应严格把握质量。国家对灶具生产制定有严格的标准，对产品的销售制定了相关的制度。在购买灶具时，应向经销商索要产品性能检测报告、产品质量检验合格证、产品安全认证、生产许可证等相关质量文件，必须购买相关随机资料齐全、完整的产品。

购买灶具时还应具体检测其性能，灶具的点火系统应安全可靠、点火有效、开启灵活；燃烧系统应燃烧充分，排出废气中一氧化碳含量应小于0.05%；热量调节应灵活、有效。目测产品的表面应洁净，无污染、缺损等质量缺陷；所有的部件、零件、构件应齐全、完整无损；包装应完好、保护措施应到位。

2.水盆的选购

水盆是洗菜、刷碗的专用设备，是实现洗涤功能的基本设施，也是厨房中必不可少的设备。水盆按材质划分主要有陶瓷和不锈钢两种，陶瓷水盆是传统的水盆，质量重、无法分割，现在家庭装修时选用的已经很少了。不锈钢具有质量轻、易于清理、安装方便等特点，家庭装修时主要选用不锈钢水盆。不锈钢水盆有单槽和双槽两种，双槽式能够脏净分离，使用更安全、卫生，所以只要面积允许，应尽量配备双槽水盆。

水盆应安装在厨房橱柜的内部，盆边应与橱柜台面高度一致，规格应与橱柜台面上的预留位置的规格尺寸相一致。购买时应目测外观质量，水盆表面不应有沙眼、裂纹、凹凸不平等质量缺陷；水盆的槽沿应加工平滑、完整、无毛刺、无凹凸不平；水盆的壁厚应不小于1毫米，安装水龙头的位置应准确、孔沿应平滑、无毛刺。

3.抽油烟机的选购

抽油烟机是排除烹饪时油烟、废气、味道的专用设备，是保障室内空气质量的重要设施，也是厨房中必不可少的重要设备。抽油烟机按照安装位置分为顶式和壁式的两种，顶式是安装在灶台上部的抽油烟机，壁式是安装在灶台内侧墙面上的抽油烟机。图3-13是两种抽油烟机的示意图。

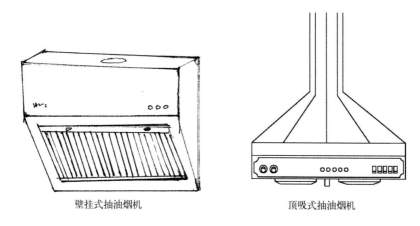

壁挂式抽油烟机　　　　　　　顶吸式抽油烟机

图3-13 两种抽油烟机的示意图

顶式抽油烟机按照工作原理划分，可以分为平卧式和立式两种，平卧式从灶台顶部直接吸排油烟；立式是通过灶具顶部的集烟罩收集油烟，从侧面的排油烟机吸排油烟。立式抽油烟机由于设置了集烟罩，吸排能力更高，排污率能达到95%左右，家庭装修时选用的较多。图3-14是立式及平卧式抽油烟机示意图。

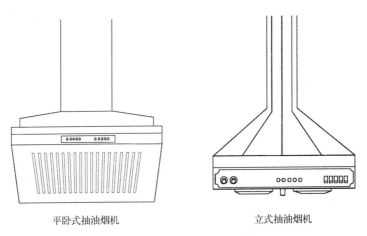

平卧式抽油烟机   立式抽油烟机

图3-14 立式及平卧式抽油烟机示意图

选购抽油烟机时，首先要确定安装位置，选购相应的款式，根据厨房排烟道的排烟能力确定功率。购买时应向经销商索要产品性能检测报告、产品质量检验合格证、安全认证等质量文件和安装说明书等技术文件，应购买随机资料齐全的产品。购买时应目测外观质量，表面应无脱漆、锈斑、掉色等质量缺陷，表面应平整、光滑；排烟系统应完整、无破损，废油槽应光滑、坡度应合理；手试排烟口应拆装自如，各种按钮控制有效。

4.排风扇的选购

排风扇是进行室内外空气交换的专用设备，是厨房、卫生间净化空气的重要设备，用于厨房能将抽油烟机未排出的烟气，以排风的形式排到室外。排风扇的结构轻巧、价格便宜、清理方便，在家庭装修时被广为选用。排风扇按功能可分为排气扇和换气扇两种，排气扇仅能向室外排风；换气扇则不仅能排风，也能进气，便于室内空气的流通和净化。

排风扇有开敞式和遮隔式两种，遮隔式在排风扇未工作时，能遮挡外界蚊蝇等进入室内，家庭装修时一般选用遮隔式排风扇。排风扇的材质主要有塑料、金属两种，金属排风扇主要是以轻质的铝制成，质量优于塑料为主的产品。购买排风扇时应向经销商索要产品性能检测报告和产品质量检验合格证等质量文件。目测外观质量应表面光滑、平整、无划痕、毛刺、污染、缺损等质量缺陷。手试扇叶应运转灵活、无噪声；控制开关应有效。

5.餐厨垃圾粉碎器的选购

餐厨垃圾粉碎器是实现厨房洗涤功能和整理功能的配套专用设备，基本功能是将餐厨中的废弃物进行粉碎后通过排水管道排出，是一种新型家用厨房设备。餐厨垃圾粉碎器一般安装在厨房水盆排水口的下方，厨房中的各种废弃物通过餐厨垃圾粉碎器被粉碎成细末状，用水的压力将垃圾粉末送入排水管道排出。使用餐厨垃圾粉碎器能够减轻厨房制作食品的体力支出，降低下水管道堵塞的几率，提高厨房的卫生水平。

购买餐厨垃圾粉碎器应向经销商索要产品性能检测报告、产品质量检验合格证和产品质量保修单等随产品的质量文件资料，应购买随产品质量文件资料齐全的产品。目测产品外观应加工精细、表面整洁、无毛刺、磕碰、缺损、污染等质量缺陷。试机实验工作正常、无噪音、无剧烈震动。各种配件应齐全。

安装餐厨垃圾粉碎器应按产品使用说明书进行安装。餐厨垃圾粉碎器与水盆下水口安装应牢固、无渗漏，下方排水口应顺畅、无堵塞、滞阻。

6.消毒柜的选购

消毒柜是对餐具进行消毒保洁的专用设备，基本功能是消除餐具上的细菌和病毒，保证人们进食器皿的安全、卫生，是家庭厨房中的重要设备。消毒柜有独立的，也有和灶具等组合而在一起的，家庭装修时可根据人口数量、进餐习惯等进行选购。

购买消毒柜应向经销商索要产品性能检测报告、产品质量检验合格证、产品安全认证、产品质量保修单等随产品的质量文件资料。应购买随产品质量文件资料齐全的产品。目测产品外观应表面整洁、无划痕、掉漆、磕碰、缺损、污染等质量缺陷，试机实验消毒系统应工作正常、控制系统应灵敏、有效；柜门开启应自如、轻巧；柜门与柜体无缝隙；随机的配件应完好、齐备。

7.电磁炉具的选购

电磁炉具是供人们烹饪的专用设备，基本功能是烹制食品，一般作为家庭厨房的辅助性设备，目的是提高烹饪的速度和食品的质量，减少体力支出。随着人民生活水平的提高和科技的发展，电磁炉具日益成为家庭生活中必备的家用电器。电磁炉具的种类很多，根据烹制的食材不同可以分为电饭煲、电饼铛、电火锅、电汤煲等，家庭可以根据生活需要进行选购。

购买电磁炉具时应向经销商索要产品性能检测报告、产品质量检验合格证、产品安全认证等质量文件和产品使用说明书、产品质量保修单等随产品的文件资料。应购买随产品文件资料齐全的产品。目测产品，外观应加工精细、表面整洁、无划痕、磕碰、缺损、污染等质量缺陷；随机的配件、连线等应齐全、完好，试机实验应工作正常、控制有效。

三、门窗制品的选购

（一）塑钢门窗的选购

1.塑钢门窗的特点

门窗是室内与室外交流的主要部位，也被称为建筑的脸面。我国门窗经历了木窗、钢窗、塑钢、过桥铝窗等发展阶段，现在主要是以塑钢为主导、过桥铝型材为高档辅助材料的时代，家庭装修中目前主要使用的是塑钢型材制作的门窗。塑钢是以PVC（聚氯乙烯）为主要原料，加入稳定剂、改性剂、填充剂、紫外线吸收剂，与型腔内添加钢材经挤出成型制成的型材，以此为型材制成的门窗称为塑钢门窗，在家庭装修中主要用于窗体的更新改造。塑钢窗是家庭装修中使用的主要的塑钢用品。

塑钢型材具有理化性能如刚性、弹性、耐腐蚀、抗老化性能优异，价格便宜、加工性能好、色彩丰富，是铜、铁、铝等有色金属及木质材料的替代用品。塑钢型材寿命同其他窗户材料；型材的多腔结构、独立排水腔，使水无法进入增强型钢腔，避免型钢腐蚀，门窗的使用寿命大幅度提高；塑钢型材具有导热性低、隔热效果好的特点，夏天室内平均温度较铝门窗低5～7℃、冬天则高出8～10℃；隔音效果好，对噪音的屏蔽作用明显。

由塑钢型材制成的塑钢门窗具有强度高，耐冲击的特点，耐候性好，适用气候范围可达-40～70℃；不脆化、不变色，使用年限可达50年以上；具有优良的耐腐蚀性、气密性、水密性、隔音性、阻燃性和电绝缘性；而且外观精致、安装简便、使用轻巧、保养容易，是国家建设行政主管部门多年来倡导使用的门窗。在家庭装修中主要用于封闭阳台的窗户、室内加层窗户、卫生间浴房框架等。

2.塑钢型材的质量鉴定

目前市场销售的塑钢型材品牌很多，质量差异极大，选购塑钢门窗，首先要选好塑钢型材。选购塑钢型材首先应目测外观质量，外形尺寸应均匀、内腔结构合理、色泽柔和一致、保护膜贴覆平整、无气泡、壁厚应在2毫米以上；型材侧面的防伪码呈点状的20位阿拉伯数字应清晰、易识别、无重复、不易擦掉，一根6米长的型材应有4～6个喷码组。揭开保护膜看，型材表面应平整、光滑，无凹凸不平的小点，有光泽，无色差。

3.塑钢门窗的制作与安装

塑钢门窗加工的环境应高于10℃，室内应清洁、无浮尘，加工时应带保护膜加工。为了保证加工精度，锯齿应锋利，锯片角度为45°，最大角度误差应小于0.5°；严格按照给定长度限位，长度误差不得超过0.5毫米；切割时应严格控制进给速度，进给速度过快会导致切口缺损；切割后的型材应切口朝下放置，并应在24小时内完成焊接，以避免长期存放导致切口表面污染；钻孔的进给速度和切削速度应随钻孔深度的增加而降低，孔径大于20毫米时应使用双槽钻头，孔径大于40毫米时应使用渐进变轻钻头。

组装塑钢门窗的允许尺寸偏差，门窗框、扇的外形尺寸长度在1.5米以内的，误差应小于2毫米；门窗对角线长度在1米以内的误差应小于3毫米，对角线长度在2米以内的误差应小于3.5毫米，对角线长度大于2米时误差应小于5毫米；相邻构件装配间隙应小于0.4毫米；焊接处同一平面高低差应小于0.6

米；装配合页缝隙应小于1.5毫米；门窗的框、扇搭接宽度误差应小于1毫米，窗扇玻璃等分格误差应小于2毫米。

塑钢门窗安装后方能揭去保护膜，检验安装后的质量。门窗型材应无开焊。断裂现象；五金配件应齐全、安装位置应正确、使用应灵活；门窗表面应光洁、无划伤、无污染物；门窗关闭时，门窗扇与框之间应无明显缝隙；压条封闭严密，接头处应无明显缝隙；门窗开启灵活、无阻滞、回弹和翘曲变形；安装误差垂直度误差窗高2米以内应小于2毫米，窗高大于2米时应小于3毫米；对角线长度2米以内误差应小于3毫米，对角线长度大于2米时误差应小于5毫米。

铝合金门窗、木门窗的安装验收标准，与塑钢门窗验收的项目、允许误差值等基本相同。

（二）室内门的选购

1.室内门的特点

室内门（又称为户内门）是分割空间、供人们进出的基本设施，在家庭装修中有多少需要封闭的空间就需要有多少樘门，是家庭装修中重复使用频率最高的设施。室内门不仅是一个功能性设施，也是一个反映人们审美情趣的重要部位，具有较强的文化、艺术品位，装饰效果极为突出。室内门同时具有提示作用，在不同的房间通过门的款式，造型即可知晓其功能。在家庭装修中室内门的设计与使用时重要的选择项目，对家庭装修的档次和品位具有重要的影响。

随着我国门业生产水平的不断提高和劳动力价格的持续上涨，当前家庭装修中已经不在施工现场加工制作室内门，而是到市场中购买工业化制造的成品门，安装后即可使用，质量好、价格低，还能减少施工现场的工程垃圾。我国门业市场非常繁荣，供应的门产品种类繁多、款式多样，可以满足不同风格、不同投资、不同喜好的需求。所以家庭装修中室内门主要是以市场选购的方式实现的。

2.室内门的种类

室内门按其封闭程度可分为全封门、半玻门、全玻门。全封门是封闭、私密水平要求较高的房间如卧室用门；半玻门是在门扇中有局部镶有玻璃的门，玻璃一般是磨砂玻璃，主要是需要有一定沟通、交流的房间如厨房、卫生间用门；全玻门是除框之外全部是玻璃的门，用于采光要求高的部位如阳台等用门。家庭装修中可以根据不同部位、不同功能要求进行选择。

选购室内门的重点是确定门的构造，门按构造分为实木门、实芯门和夹板门三种。

实木门是全部用实木制成的室内门，从木材加工工艺上可分为原木和指接木两种。指接木是将原木进行锯切、指接后形成的木型材制成的实木门。由于木材经过指接后其物理性能得到很大的提高，更不易变形、开裂、翘曲，稳定性要优于原木实木门。实木门的树种一般有松木、榉木、水曲柳、柚木等，不同树种的价格差异较大。实木室内门一般造型简洁、自然、流畅，给人以稳重、高雅的感觉。

实芯门是以实木做框、两扇面以装饰面板粘合、门扇内部填充保温、隔音、阻燃材料，经加工制成。内部填充的材料一般是以用秫秸、荆条等经过切割、阻燃处理后密实填充在门扇内部，也可以是其他材料。这种门没有半玻和全玻款式。实芯门的面板造型款式丰富、保温，隔音效果与实木门基本相同，但价格比实木门便宜，并具有防火阻燃的功能。实芯门给人的感觉是厚实、稳重。

夹板门是以实木做框、两面用装饰面板压在框上，经加工制成的室内门。两面的装饰面板可以是木质夹板、金属薄板、PVC装饰板等，造型非常丰富，可以仿各种树种、材质。这种门的质量轻、价格低、防潮、防腐性能好，使用起来给人以轻巧、便捷的感觉，家庭装修中用这种室内门的较多。

3.室内门的选购原则

室内门选购应遵循配套、安全、经济的原则。

配套的原则是指选择的室内门在树种、颜色、造型、风格上与门套相统一，与整个家庭装修的木制部件如窗套、窗帘盒等相协调，与家庭装修的风格要和谐。要保证室内门的配套保持装饰效果的统一、协调、和谐、完整。

安全的原则是指选择的室内门安全、可靠、坚固。室内门是功能性设备，需要有较好的隔音、防盗、耐冲击能力，才能在使用中有安全感。所以要选择材料质地密实、结构坚固、安全功能齐全、使用安全的室内门。

经济的原则是指选择的室内门应实用、便捷、造价合理。室内门的价格差异极大，其中实木门的价格最高，但实木门的重量大，越贵重的实木门重量就越大，不仅对门框套的要求高，有些还要安装地弹簧、闭门器等装置，不适宜家庭装修中使用。家庭装修选择室内门时，应在合理的支出范围内进行。

4.室内门的质量鉴定

购买室内门时应向经销商索要产品性能检测报告和产品质量检验合格证，应检验产品的平整度，室内门门体应平整、垂直度误差应小于2毫米、水平度误差应小于3毫米。

实木室内门的含水率应低于12%，材料的相关标准同其他木制品标准相同。门体的加工应精细，无明榫眼、无毛刺、戗茬。半玻、全玻门的玻璃框加工应精确，收口条线应完整、平直、牢固。有漆面的实木门应漆膜饱满，无气泡、漏刷、脱漆等质量缺陷。

实芯室内门的门扇内的填充物应饱满、密实；门边的刨修木条与内框连接牢固，装饰面板与框的粘结应牢固，无翘边、裂缝；板面应平整、洁净，无节疤、裂纹、腐斑等质量缺陷；装饰板应纹路清晰、纹理美观。

夹板室内门的贴面板与框连接应牢固，无翘边、裂缝；门扇边的刨修木条与内框连接应牢固、紧实；内框横、竖龙骨数量及排列应符合设计要求；安装合页处应有横向龙骨；板面应平整、洁净，无节疤、裂纹、腐斑等质量缺陷；装饰板应纹路清晰、纹理美观，板面厚度应不低于3毫米。

（三）防盗门的选购

1.防盗门的特点

防盗门（又称为安全门）是保障家庭财产及人身安全的专用设备，一般安装在户门之外，起到阻挡非法入侵、预防财产被盗和人身受到伤害的作用。在当前的城市治安条件下，防盗门是家庭装修中必不可少的选购物品。很多家庭将防盗门和户外门合并，在家庭住宅的入户处，只设置防盗门，起到封闭户内空间、保证户内安全的作用。

防盗门具有坚实、牢固、不易被轻易开启的特点，一般由金属制成，具有较强的抗冲击力和抗破坏力。防盗门的封闭系统比较先进，一般应在门扇的上部、底部和开启一侧三方面进行封闭，保证门扇不使用专用配套的钥匙就无法开启的目的，从而提高门的安全性能。随着科学技术的发展，防盗门的安全性能在不断提高，家庭装修时应选购安全性能好的防盗门。

2.防盗门的选购

购买防盗门时应向经销商索要产品性能检测报告和产品质量检验合格证，目测防盗门外观应无脱漆、漏喷、污损等质量缺陷；检测防盗门规格尺寸应与家庭住宅入户门洞口尺寸相匹配；手试钥匙应灵活、有效；封闭系统工作正常，各方锁舌运行到位，无阻滞。防盗门的造型、颜色符合家庭装修的整体风格要求和家庭成员的喜好。

3.防盗门的安装

防盗门安装要求入户门洞的基层坚固，洞口的外沿应平整、顺直，安装前应在洞口侧面预设膨胀螺栓，安装时应用铅垂线调整好门的垂直度，用水平尺调整门的水平度，对门的整体进行稳定，并用钥匙实验是否开启灵活。当检测无误后，将防盗门的铁框固定在洞口上，洞口内侧用水泥砂浆砌墙，并做好顶部及墙面的阳角。防盗门安装后应静态养护，待封墙水泥砂浆干硬后方可使用。

（四）门窗配件的选购

1.锁具的选购

锁具是使人不能随意打开器具的专用设备，主要用于门、箱的封闭和安全。家庭装修中主要使用的是门锁，起到封闭空间、阻挡来人、保持私密性的重要作用，是保护家庭财产、人身安全的重要设备。当前，门锁一般与门把手相融合，门锁同时具有门把手的功能，是重要的功能性设施，也是家庭装修中必不可少的选购物品。

门锁的种类很多，按材质划分有铜锁、铁锁、不锈钢锁等。按不同的使用地点可分为户门锁、防盗门锁、室内门锁、抽屉门锁、橱柜门锁等专用锁。按构造划分有双舌门锁、弹子抽芯锁、挂锁、管式锁等。按外观把手形式划分有球形门锁和把式门锁等。图3-15是球形门锁和把式门锁的示意图。

球形门锁   把式门锁

图3-15 球形门锁和把式门锁的示意图

选购门锁时应选择构造坚实、材质坚硬、功能齐全、使用便捷、与家庭装修风格相协调、与门扇的风格相配套的门锁。购买时应向经销商索要产品性能检测报告和产品质量检验合格证；目测外观应整洁，表面无划痕、毛刺、凹凸不平、缺损、污染等质量缺陷；手试执手应运转轻巧、灵活，钥匙应有效、便捷。

安装门锁应首先在门扇上画出安装线及标出锁孔的中心和碰簧舌孔的中心，锁的安装位置应在距地面高度1米左右，以手臂前伸即可握住执手为宜。用扩孔钻在门扇上开孔，钻孔时应从门扇两边进行，即一面开始钻孔，当钻尖钻到另一面时即停钻，然后再从另一面钻，以保证开孔平直。门扇边框上钻碰簧舌孔，在与打孔贯通时即停钻，钻头应与门边保持垂直，以防舌孔钻歪，影响锁具的安装与使用。

在门扇上标出弹簧盖板位置，卸下弹簧舌后，用凿子开槽，使盖板与门边平齐。在门扇边上的小孔内装上碰簧舌，并用木螺钉将碰簧舌盖板固定在门边上。用手按住碰簧舌，把外执手插入门扇上的锁孔内，通过碰簧舌孔，用木螺钉固定就位，然后插入里侧执手和盖盘，对好螺丝和螺丝孔，盖盘要与门扇平齐，用木螺钉固定。在门框套上画好锁舌板位置，按位置用凿子开槽，使锁舌板与门框套平齐，在槽内打孔，然后塞入锁舌板，用木螺钉固定。

2.门吸的选购

门吸是稳定开启门扇的专用设备，一般安装在门的底部，使开启的门扇保持稳定状态，也是家庭装修时必不可少的选购物品。门吸由固定在门扇上的吸盘与固定在墙面上的吸杆构成，吸杆的前端设有凸形的磁铁头，门开启后，凹形吸盘与凸形吸杆头咬合，达到稳定门开启状态的作用。现有一种新型门吸，吸盘安装在地面上，中间有一活动的钢条，装有磁铁的吸杆可以把钢条吸起，嵌入到吸杆的槽内，使用更方便、安全。安装这种门吸时应在地面铺装时安装吸盘，安装吸杆时要使吸盘与吸杆准确接触。

选购门吸时应目测其外观质量，表面应光滑、洁净，无毛刺、损伤、污染等质量缺陷；手试吸盘及吸杆应咬合适度，过紧则关门时将非常吃力，过松则起不到稳定效果。

安装门吸时应在门扇和墙面或地面上标好安装线，安装位置距地面距离为8毫米左右，以吸盘的底部不露出门扇的底端为宜。安装时吸盘与吸杆应能准确接触，不得有偏差。

3.遮阳窗的选购与安装

遮阳窗是遮挡强烈阳光照射的专用设备，能够起到降低室内温度、调节室内光照度的作用，是家庭节能的重要设施，在夏季使用可使室内温度下降3～5℃，节省空调的能耗。在家庭装修中主要用于午后太阳光直射的房间，是窗户的一种重要的配套用品，一般由窗帘和窗帘轨两部分构成。

遮阳窗的种类很多，从构造上看有百叶式和卷帘式；从材质上划分有优质塑料、阻燃织物、铝合金等。百叶式的又有横式和垂直式的两种。家庭装修时可以根据装修的风格和家庭成员的喜好选择不同的款式、颜色和材质。

购买遮阳窗时应向经销商索要产品性能检测报告、产品质量检验合格证及安装说明书等随产品的文件资料。目测窗帘表面应洁净、无起毛、缺损、污染等质量缺陷；手试开启的尼龙绳应有效、轻巧；各种配件应齐全、有效。

垂直百叶式遮阳窗一般应安装在窗帘盒内，其窗帘轨的安装有支架式和直接固定式两种。直接固定式就是将窗帘轨直接固定在木窗帘盒上，应用木螺钉固定，钉距应在150～200毫米，最少不能少于4个钉位。支架式是先将支架安装在墙面或木结构上，用膨胀螺栓或木螺钉固定，窗帘轨与支架再用螺栓连接固定。

窗帘轨安装后要对窗帘轨上的挂吊钩进行调整，调整的方法是拉动挂吊钩的开闭尼龙绳，使挂吊钩在窗帘轨上均匀分布，如有不均之处，应进行检查、调整，排除阻碍。拉动挂吊钩的转动绳，检查挂吊钩能否进行360°转动，如果转动不畅应检查并排除故障。检查挂吊钩转动的方向和速度是否一致，如方向和速度不一致，应用手扭动挂吊钩，使其转到一致方向。

挂百叶帘时应将百叶帘逐条吊挂在吊钩上，全部吊装后拉动轨道上的挂吊钩转动绳，检查各条帘片是否转动灵活，对不灵活的帘条可用手反复转动增加其灵活性，当各条帘片都能灵活转动并方向一致后，便可将帘片逐条连接。帘片的连接处在帘片的底部，每个帘片在底部都有一块坠重片，坠重片的两边各有一个挂耳。互相连接时用挂耳上配置的链珠式绳索在挂耳处连接，连接时链珠绳不得交错。

卷帘式遮阳窗的安装方法比较简单，由于卷帘式遮阳窗轨道与窗帘合为一体，只要将遮阳窗固定在窗帘盒内即可。安装时应平直、牢固。

4.窗帘杆的选购

窗帘杆是悬挂窗帘的专用设备，是与窗户配套使用的重要设施。在有窗帘盒时，一般采用金属直杆；在没有窗帘盒时，需要配置装饰性较强的窗帘杆。窗帘杆一般为两条杆式，分别挂吊纱帘和遮阳窗帘。也有只设一杆，纱帘和遮阳帘共用，一般是将纱帘和遮阳帘分别置于窗帘杆的两端。窗帘杆由直杆与装饰杆头组成，是家庭装修时必不可少的选购物品。

窗帘杆的种类很多，从材质上划分有木材、铜、不锈钢、铝合金、塑料等，选购窗帘杆时应与家庭装修的整体风格相协调，特别是在无窗帘盒时，窗帘杆的款式、色彩、造型要与窗户套、暖气罩等相统一。购买窗帘杆时应首先核验杆的长度，应与窗帘盒或窗户的长度相适应；目测外观质量应杆面平滑、顺直，无磕碰、损伤、污染等质量缺陷；连接件应齐全。

安装窗帘杆应根据不同材质的要求进行，安装应平直、牢固。

5.闭门器的选购

闭门器是安全使用房门的专用设备，主要用于重量较大的实木门开启，是重要的辅助性设施。闭门器由固定在门扇和墙面上的固定板与缓压杆构成，一般安装在门的上端，对门的开启和关闭进行缓解控制。图3-16是闭门器的示意图。

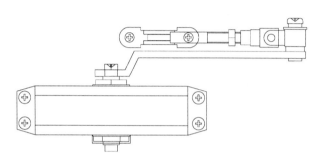

图3-16　闭门器的示意图

闭门器多由不锈钢制成，购买时应向经销商索要产品性能检测报告和产品质量检验合格证；目测产品外观应光滑、整洁，无毛刺、缺损和污染等质量缺陷；手试缓压杆应平稳、有力，定时、定位应准确、有效。

安装闭门器应按安装使用说明书的安装方法进行安装，安装应牢固。

四、配套电器的选购

（一）改善环境质量电器的选购

1.空调器的选购

空调器是调节室内温度、排除室内潮气、循环和过滤室内空气的专用设备，对改善室内温度环境具有重要的作用。空调器一般由散冷器、控制器和工作机组成，一般又称为室内机、室外机和遥控器。随着我国空调器生产能力的增加和人们消费能力的提高，空调器已经成为家庭生活中重要的家用电器。由于空调器的安装需要在家庭装修时预测安装孔并配置相应的电源插座，因此它也是家庭装修时重要的选购项目之一。

空调器的种类很多，从构造形式上划分有单体式和中央式两类，单体式是每个空调机组都有控制系统，单独运行的空调器；中央式是一个控制系统控制多个空调器。中央式适合大面积的家庭住宅使用，单体式适合普通住宅使用。单体式又分为柜式、挂箱式及窗式，由于挂箱式占用空间面积小，家庭装修选择挂箱式的较多。空调器从工作原理上可分为连体式和分体式两种，分体式的噪音污染小，占用室内空间小，所以家庭装修中主要选购分体式。

空调器是高耗能的设备，选购空调器应根据房间的面积确定空调器的规格和功率，防止大马拉小车浪费电能或小马拉大车损伤设备，一般以每10平方米匹配0.8匹左右的空调器较为适宜。要尽量选择功能全的产品，制冷、制热、除湿、新风等基本功能应该具备。还应考核空调器的安全、稳定性能，应选择使用安全、噪音小，有自我保护功能的产品。同时要选择占用空间小，造型、色彩与家庭装修整体风格相协调的产品。

购买空调器时应向经销商索要产品性能检测报告、产品质量检验合格证、产品保修单等随机文件资料，应购买随即文件资料齐全的产品。目测产品外观，色泽光润、表面平整，无脱漆、锈斑、缺损、污染等质量缺陷。开机进行通电运行测试，各项功能应有效，控制系统应灵敏。产品的配件应完整、齐全、包装应完好、无损。

安装空调器需要在墙壁上钻孔、打眼，应先确定空调散冷器在室内的位置，位置应以空调散冷器与工作机连线在室内暴露最短为原则，一般应紧贴散冷器与工作机的连接孔。散冷器的安装高度应是人体直接触及不到高度，一般应紧靠房间的顶棚。空调器安装散冷器和工作机的连接孔，应用专用的打孔机打孔，孔径以管线能通过孔为准，过大会使灰尘、蚊蝇等由孔进入室内。安装孔应有向室外倾斜的坡度，以防雨水倒流入室内。打孔后应进行封口处理、孔内应进行封堵。

安装空调散冷器应使用膨胀螺钉固定，不得以钢钉等固定，以保证牢固程度，散冷器冷凝水排水管连接应紧密、无渗漏、倒坡和堵塞现象。室外工作机应安装在通风良好的位置，要有利于夏天散发热量、冬天吸收热量。散热器冷凝水、工作机融霜水应进行有组织排放，不应随意流淌。工作机的位置应满足安装安全和最低维修空间的要求。

安装中央式空调应由专业工程企业进行设计、施工。在确定产品型号、规格后，应先进行整体空调系统的设计，设计应由专业工程技术人员进行。设计图纸经确认后，由专业施工人员进行安装，其质量标准同单体式空调安装质量验收标准。

2.吸尘器的选购

吸尘器是清除室内灰尘、保持室内清洁、卫生的专用设备，其清除灰尘速度快，可以清除人体不易触及部位的灰尘，提高室内清洁、卫生状态。吸尘器有中央式和单体式两种。中央式吸尘器是在室内空间设有吸尘口，将吸尘器插入预设的吸尘口内将灰尘直接排除到室外，室外设有工作主机，为室内吸尘口提供抽吸力。这种吸尘器的功率大，吸抽能力强，能将室内的污水、废弃物等迅速排到室外，适宜在大面积住宅内安装使用。单体式吸尘器就是吸尘和工作机合为一体，将灰尘先吸入吸尘器内，然后再将灰尘倾倒到室外，家庭一般都使用单体式的。

选购吸尘器应根据家庭住宅的面积及经济支付能力确定型号和规格。购买时应向经销商索要产品性能检测报告、产品质量检验合格证、产品安全认证和产品质量保修单等随产品质量文件资料，应购买随产品质量文件齐全的产品。购买单体式吸尘器时，应目测外观质量，表面应整洁，无划痕、磕碰、缺损、污染等质量缺陷，试机实验应工作正常、运动应灵活、开关控制应有效。

购买中央式吸尘系统，应由经销商负责安装施工。施工前应先进行吸尘系统的整体设计，确定室内吸尘口的具体位置和室外工作机的位置。然后在室内敷设吸尘管道，敷设的吸尘管道应隐蔽在装修工程完成面内部，仅在室内空间暴露吸尘口。吸尘口应设置在房间的隐蔽处，口套应与墙面颜色相协调，安装应牢固。安装中央吸尘系统一般应与家庭装修同时进行。

3.新风系统的选购

新风系统是优化室内空气质量的专用设备，其功能是向室内持续提供清洁空气，达到通风、透风的效果。在室外空气质量恶劣，无法开窗通风的状态下，是室内空气净化的主要方式。新风系统有单体式和中央式两种，单体式一般又称为空气净化器，能够快速将室内空气中的尘埃、纤毛、烟雾、病菌等有害物质吸入到机体内，同时释放经过净化的空气，使室内空气清新自然。中央式新风系统是由一台工作主机产生新风，将新风通过新风口输送到各个房间，达到空气流通的效果，一般适于大面积住宅装修中选用。

选购新风系统应根据家庭住宅的面积及经济支付能力确定形式和规格。单体式的价格便宜，有壁挂式和台式两种。台式净化器由于移动方便，可以在多个房间轮流适用，占用空间小，外观美观，操作简单，家庭一般多选用台式。购买单体式新风系统时应向经销商索要产品性能检测报告、产品质量检验合格证、安全认证及质量保修单等随产品质量文件资料，应购买随产品质量文件齐全的产品。目测产品外观表面应整洁，无划痕、磕碰、缺陷、污染等质量缺陷。试机实验应工作正常、开关控制灵活。

购买中央式新风系统应由经销商负责安装施工。施工前应进行新风系统的设计，设计应由专业工程技术人员进行。在确定了室内风口的位置后，要敷设风管。敷设风管一般应在房间的顶棚与墙交接处，敷设后应进行隐蔽处理。管道敷设穿墙处应进行密封，不得渗水。新风管道与封口连接应紧密、牢固、在同一居室，房间内风口的安装高度应一致。新风机应安装牢固、止逆阀安装应平整牢固、启闭灵活，排水口设置应坡向室外，不得出现倒坡。安装中央新风系统一般应于家庭装修同时进行，并由专业工程企业进行设计与施工。

4.空气加湿器的选购

空气加湿器是提高室内空气湿度的专用设备，其基本功能是向室内排放湿气来调节室内湿度，使室内空气滋润、舒适，特别适宜在干燥季节，小孩、老人及呼吸道疾病患者房间内使用，已经成为家庭生活中应用日益普及的家用电器。

选购空气加湿器时应选择自动调节功能全、耗能低、噪音小、造型美观、占用空间少的产品。购买时应向经销商索要产品性能检测报告、产品质量检验合格证和产品质量保修单等随产品质量文件资料，应购买随产品质量文件资料齐全的产品。目测外观质量应表面整洁，无划痕、磕碰、缺损、污染等质量缺陷。试机实验应工作正常、控制灵敏。

5.加热器的选购

加热器是给室内环境增加温度的专用设备，其基本功能是在气候骤然变化、人们洗浴等特殊的时间点上，通过提高室内的温度，满足环境温度的需要，创造更为舒适的环境。加热器的种类很多，按使用形式划分有固定式和移动式两种。固定式的一般安装在卫浴空间的顶部，又称为浴霸；移动式的是可移动的，能在多个房间使用的加热器。按照发热原理划分为发热灯式和传热介质式两种，家庭装修时可根据实际需要进行选购。

选购加热器时应选择调节功能全、耗能低、占用空间小、使用稳定性好的产品。购买时应向经销商索要产品质量检测报告、产品质量检验合格证、产品安全认证和产品质量保修单等随产品质量文件资料，应购买随产品质量文件齐全的产品。目测外观质量应加工精细、表面整洁，无划痕、毛刺、磕碰、缺损、污染等质量缺陷，试机实验应工作正常、调节灵活、控制有效。

安装加热器的卫生间顶棚应在加热器安装部位敷设专用龙骨，龙骨的规格应与加热器的规格一致，龙骨应牢固、连接应紧密。固定加热器应按照产品安装说明书进行安装，安装应牢固。安装加热器应与家庭装修同时进行。

（二）改善生活质量电器的选购

1.冷藏器的选购

冷藏器是存储食品、饮料、药品等物品的专用设备，其基本功能是制造一个低温的环境，使存储物品不易变质腐烂、保持新鲜，以提高食物的安全性。随着人民生活水平的提高，冷藏器已经成为生活中的必备设备。冷藏器的种类很多，按产品使用形式分为立式和卧式两种，立式的又称为冰箱，卧式的又称为冰柜。冰箱内部又分为冷藏和冷冻两个空间，冷藏的温度一般在0～8℃之间，冷冻的温度一般在-10℃左右。家庭可以根据生活的实际需要进行选购。

选购冷藏器时应选择规格适度、耗能低、噪音小、外形美观、颜色与室内装修风格相协调、使用便捷、稳定性好的产品。购买时应向经销商索要产品性能检测报告、产品质量检验合格证、产品安全、节能认证、产品质量保修单等随产品质量文件资料和使用说明书，应购买随产品质量文件资料齐全的产品。目测外观质量应加工精细，表面整洁，无色差、划痕、锈斑、磕碰、缺损、污染等质量缺陷；随机的配件应齐全、完好；手试门扇开启应灵活、回位准确、与机身无缝隙。试机实验应工作正常、调节灵活、控制有效，无噪音、震动、阻滞等现象。

冷藏器的安装一般由经销商完成，应注意冷藏器背部的散热系统应与墙面保持一定距离，一般应控制在5毫米以上，以便于冷藏器散热。冷藏器的周围不应有加热设备与设施，地面采暖的房间应在冷藏器底部垫设隔热板。

2.热水器的选购

热水器是人们在盥洗、卫浴、厨房操作中提供热水的专用设备，其基本功能就是及时、充足地为人们的日常生活提供温度适宜的热水，提高人们的生活品质。随着人民生活水平的提高和科技的发展，家庭热水器已经成为人们生活中的必备设备，是家庭装修时必须选择与购买的专用设备。

热水器的种类很多，按照使用的能源种类可分为燃气热水器、电热水器和太阳能热水器。燃气热水器是以煤气、液化气、沼气等为能源的热水器，由于溢出的气体能危及人的生命，安全性能要求较高，一般仅在厨房中安装使用。电热水器是以电能为能源的热水器，按制热原理上划分有电热丝和发热半导体两种，这种电热水器安全性能好，安装使用方便，家庭日常生活中主要使用电热水器。太阳能热水器是以太阳能为能源的热水器，其使用的是可再生的能源，节能效果好，是当前大力推广的热水器。

选购热水器应根据家庭人口数量、住宅的面积及位置、当地自然条件等确定热水器的种类、规格和型号。购买热水器时应向经销商索要产品性能检测报告、产品质量检验合格证、企业的生产许可证、产品的安全认证、产品质量保修单等随产品质量文件资料。应购买随产品质量文件资料齐全的产品，特别是燃气热水器，如无企业生产许可证和产品的安全认证，绝对不要购买。

购买热水器时应目测外观质量，应加工精细，造型美观，表面整洁，无脱漆、划痕、锈斑、磕碰、缺损、污染等质量缺陷；随机的配件、紧固件等应齐全、完好；电热水器试机实验应工作正常、控制灵活、有效。

安装燃气热水器必须由专业技术人员按规范进行安装，使用过程中要注意保证有良好的通风。安装电热水器一般由经销商负责安装。安装太阳能热水器应由经销商的专业工程技术人员进行设计、安装，安装应符合现行国家标准《民用建筑太阳能热水系统应用技术规范》的要求。无论何种热水器都必须安装牢固。

3.洗涤器的选购

洗涤器是为人们清洗器皿、衣服、织物等的专用设备，其基本功能就是清除污垢，保持清洁、卫生，减少人们的体力支出，提高人们的生活品质。随着人们生活水平的提高和科技的发展，家庭生活中的洗涤设备已经成为人们生活中的必备设备。由于洗涤器洗涤功能的实现要使用水，给水排水的位置、设施要在装修中施工完成，所以洗涤剂也是家庭装修时必须选择与购买的专用设备。

洗涤器按清洗的物品划分可以分为两类。一类用于厨房清洗器皿、餐具等，又称为洗碗机；一类用于清洗衣服、织物等，又称为洗衣机。家庭装修中主要是确定洗衣机的款式、规格、型号。洗衣机的种类很多，有缸式和筒式的，缸式的又分为单缸、双缸。家庭装修时可根据家庭人口数量及生活习惯进行选购。

选购洗衣机时应选择功能齐全、耗水少、洗涤效果好、占用空间少、使用稳定性高的产品。购买时，应向经销商索要产品性能检测报告、产品质量检验合格证和产品质量保修单等质量文件及使用说明书等技术资料。应购买随产品文件资料齐全的产品。目测外观质量应造型美观，加工精细，表面整洁，无毛刺、划痕、脱漆、磕碰、缺损、污染等质量缺陷；随机的配件应齐全、有效。试机实验应工作正常、控制有效、灵活。

4.饮水器的选购

饮水器是供给人们高品质饮用水的专用设备，基本功能就是提高水的品质，保证人们的饮水安全。随着工业化水平的提高和水资源被污染的加剧，人们的饮水安全受到了极大的挑战，而人们对水的饮用品质却在日益提高，因此，饮水器已经成为家庭日常生活中的必要设备，饮用纯净水、矿泉水、碱化水等已成为当今生活的主流。

饮水器的种类很多，但从使用状态上划分为独立式和配装式两大类。独立式是供桶装饮用水的专用设备，一般置于家庭中的餐厅或客厅，将桶装饮用水倒置插入饮水器上端的插口，就可在机器上接水饮用。配装式是安装在供水管道入口处的饮水处理器，又称为水处理器，一般设置于厨房供水管道入口与水盆龙头的中间，对进入户内厨房的水源进行净化、分离，使家庭成员能够饮用到洁净、安全、酸碱适度的高品质饮用水。

选购饮水器应选择功能齐全、造型美观、占用空间少、使用稳定性高的产品。购买时应向经销商索要产品性能检测报告、产品质量检验合格证、产品卫生许可证、产品质量保修单等质量文件资料，装配式饮水器还应备有安装手册等技术文件。应购买随产品质量、技术文件资料齐全的产品。目测外观质量应表面整洁，无毛刺、划痕、色差、磕碰、缺损、污染等质量缺陷。试机实验应流水通畅、开启灵活、控制有效。

独立式饮水器应放置稳固，高度以人能自如接水为宜。装配式饮水器应由专业技术工人按产品安装说明书规范安装，安装应牢固，通水管道连接应紧密，不得有漏水、渗水等现象。

5.烘手器的选购

烘手器是供人们洗手后快速烘干手部的专用设备。基本功能是以高温、高风吹干洗后的手部，保证手部的清洁、卫生，提高生活的安全品质。随着人们生活水平的提高，烘手器在家庭装修中的应用越来越普遍。烘手器一般设置在卫生间的内侧墙壁上，家庭装修时应与卫生间工程同时进行。

购买烘手器时应向经销商索要产品性能检测报告和产品质量检验合格证等质量文件资料，应购买随产品质量文件资料齐全的产品。目测外观质量应表面整洁，无划痕、磕碰、缺损、污染等质量缺陷。试机实验应开启灵敏、关闭迅速、温度、风速应正常。

6.微波炉的选购

微波炉是供人们加热、烹制食品的专用设备，基本功能是以微波对食材进行加热，具有加热速度快、时间短、能源利用效率高的特点，是家庭厨房中重要辅助性设备。随着科技的发展，微波炉的功能也不断增加，新型微波炉具备烤、蒸等功能，配置后会为家庭生活带来更大方便，已经成为家庭厨房中必不可少的设备，在家庭装修时应进行选购。

选购微波炉应根据家庭人口数量、厨房功能要求及家庭餐饮习惯确定相应的规格、型号、性能。应选择功能齐全、造型美观、色彩与家庭装修风格协调、使用稳定性高的产品。购买时应向经销商索要产品性能检测报告、产品质量检验合格证和使用说明书，其中使用说明书尤为重要。目测产品外观质量应表面整洁，加工精细，无毛刺、划痕、脱漆、磕碰、缺损、污染等质量缺陷。试机实验应门扇开启灵活、工作正常、控制有效；随机配件应齐全、完好。

微波炉应设置在门扇前方无人长期滞留的位置上，安放应稳固、设置高度应以有利于操作为宜。

五、智能化设备的选购

（一）家居智能化系统的选购

1.家居智能化系统的特点

家居智能化是将现代电子技术应用到家庭日常生活之中，实现远距离控制、无人操作，使人们的生活更为轻松、便捷、舒适，同时也可以达到节能、环保、安全的目的。家居智能化系统除安全防范功能外，还具有对户内照明、家用电器、遮阳窗帘、车库门及入户门等的远程控制，实现自动开启、关闭，自动显示环境温度、湿度等数据指标，提示人们行为等功能，是现代科学技术发展应用于人们家庭日常生活的具体成果。

家居智能化系统是一个不断发展的系统，随着电子技术、视频技术、材料技术等技术的发展，家居智能化系统的技术升级和产品更新换代速度不断加快，功能更多、控制更灵活、使用更方便、应用领域更广泛的家居智能化技术与产品层出不穷。先进技术与产品体现了当代科学技术发展的最新成果，是家庭装修中体现"以人为本"的指导思想和人性化要求的具体体现。

2.家居智能化系统的种类

家居智能化是通过遥感控制系统实现家居日常生活的自动化。从控制的方式上，家庭智能化系统可以划分为有线控制和无线控制两大类。有线控制是使用载波技术，通过电线线路对各受控设备进行控制，这种系统控制的范围较为广泛；无线控制是使用微波技术，无需电线线路，直接对各受控设备的开启装置进行控制，这种控制系统控制的范围比有线控制相对较小。

有线家居智能化系统的安装使用需要首先在室内进行综合布线的施工，经验收合格后才能安装；无线家居智能化系统不需要在室内进行综合布线的施工，只需对各受控设备的电源开关进行改造就可实现远程遥控。家庭中应用家居智能化系统选择的种类，应以家庭装修的状况决定，如果是计划装修或正在装修的家庭，宜选用有线家居智能化系统；如果家庭住宅已经装修好并正在使用中，则应选用无线家居智能化系统。

3.家居智能化系统的选购

家居智能化系统的生产厂家很多，选购前应尽可能多地搜集各厂家产品的技术、经济信息，对各种信息数据进行比对、分析，判断产品的功能水平与家庭自身要求的适应程度，确定2~3家拟选购的生产厂家。要对选定的拟选购生产厂家的产品进行实地考察，观测其性能、操作方式、工作状态等实际表现，并对各厂家产品的性能、价格、服务等进行分析、判断，最后选择企业实力强、性价比高、稳定性好、技术成熟的产品。

购买家居智能化系统时应向生产厂家或经销商索要产品性能检测报告、产品质量检验合格证、产品质量保修单等质量技术文件资料和产品安装使用说明书等技术文件资料。购买时目测家居智能化控制器应表面整洁，无毛刺、划痕、磕碰、缺损、污染等质量缺陷，系统的构成部件、配件应齐全、完好。

4.家居智能化系统的安装

有线家居智能化系统和无线家居智能化系统都应由专业工程技术人员进行安装。无线家居智能化系统一般由生产或经销厂家的技术人员对各受控设备的电源开关进行改造、更新后即可投入使用。有线家居智能化系统一般应由有智能化设计、施工资质的工程企业进行设计、施工，如果生产或经销厂家负责安装施工，也应具有相关的设计、施工资质方能进行设计、施工。

安装有线家居智能化系统应先进行室内综合布线的设计、施工。综合布线的终端除家居智能化系统外，还应包括有线电视、电话、信息网络、访客对讲、紧急求助、安全报警等电线线路。综合布线又称为弱电线路敷设，线路应单独敷设，不得与电源线路同管敷设。线路的敷设应按照国家现行技术标准、规范进行设计、施工，并达到相应的验收标准要求。

家居智能化系统的终端安装应按照国家现行技术标准、规范进行安装施工，并应达到国家相应验收标准要求。

5. 家居智能化系统的维护

家居智能化系统的日常维护比较简单，智能化控制器的面板应保持清洁，可用掸子或抹布除去表面的灰尘，用湿毛巾抹去表面的污渍。不应用坚硬的物品撞击控制器的面板，以防止损伤面板。如果出现功能缺失、运作阻碍等故障时，应及时通知生产厂家进行修理。

（二）安全防范设备的选购

1. 访客对讲机的选购

访客对讲机是供家庭成员与户外人员进行语言交流的专用设备，基本功能就是对户外人员的身份、来访目的等进行询问、核实和查证，保证来访人员没有恶意，是保护家庭人员生命和财产安全的重要设施。随着城镇化进程加快和城市治安状况的变化，访客对讲系统在居民住宅中的应用越来越普遍，已经成为住宅装修时重要的选购内容。访客对讲机同时具有电控开锁的功能，通过识别、查证后，可以电控开锁，让访客进入。

访客对讲机是由室内机和室外机两部分实现户内与户外的语言交流、室外机一般安装在单元门的旁边，室内机一般安装在室内较为方便触及的部位，大多数设在玄关或入户门的附近。随着智能化技术在民用建筑中的应用，访客对讲机的技术也在不断发展，现在已有不仅能进行语言交流、同时能够通过图像对访客进行识别的访客对讲机，使安全防范功能有了更大的提升。因此访客对讲机具有技术不断进步、价格差异较大的特点，家庭装修时应根据家庭安全防范需求和经济支付能力进行选购。

购买访客对讲机应向经销商索要产品性能检测报告、产品质量检验合格证、产品质量保修单和安装使用说明书。应购买随产品质量、技术文件资料齐全的产品。目测产品，外观应表面整洁，无磕碰、破损、污染等质量缺陷；手试各功能键应操作正常；试机实验应语音对话清晰不失真，可视对讲机图像清晰不失真。购买时应由专业技术人员进行指导、帮助。

安装访客对讲机应由专业工程企业完成。安装应按产品安装说明书规范施工，安装应牢固。

2.入侵报警器的选购

入侵报警器是供家庭住宅在遭到非法入侵时进行报警的专用设备。基本功能是在非法入侵时向报警器控制系统报警并记录入侵的时间和部位，是保护家庭人员生命和财产安全的重要设施。随着城市中偷窃等刑事案件的增加，入侵报警器在居民住宅中的应用越来越普遍，已经成为住宅装修时重要的购置项目。

入侵报警器是由安装在住宅室内的监视系统与防盗报警控制器实现对住宅内部非法入侵的报警与记录功能。随着科学技术的发展，智能化技术在民用建筑中的应用，入侵监视系统技术在不断发展，现在已有视频监视系统。报警控制系统也已经由监控室转到个人手机、电脑等设备上，反应更为灵敏，对安全防范的保障程度有了更大的提升。家庭装修时应根据家庭安全防范要求和经济支付能力进行选购。

选购入侵报警器应对其功能、质量进行检验。购买时应向经销商索要产品性能检测报告、产品质量检验合格证、企业生产许可证、产品质量保修单和产品安装使用说明书。应购买随产品质量、技术文件资料齐全的产品。目测外观应表面整洁，无磕碰、缺损、污染等质量缺陷。试机实验监视系统应灵敏、有效；防盗报警控制器应工作正常。购买时应有专业技术人员进行指导、帮助。

安装入侵报警系统应由专业工程企业完成，安装应按产品安装说明规范施工，监视器安装位置应正确、安装应牢固。

3.紧急求助系统的选购

紧急求助系统是供人们在家中遭遇紧急情况时向外界寻求援助的专用设备。基本功能是在紧急状态下向预先设立的可以提供援助的机构和个人发出已遭遇紧急情况的信息，通知和请求对方提供紧急援助，帮助自己解除危机。随着社会老龄化和家庭结构的变化，居民住宅中应用紧急求助系统的越来越普遍，特别是空巢老人居住的住宅中，紧急求助系统已经成为必备的设施。

紧急求助系统是由求助按钮与终端报警显示器构成的，求助按钮一般安装在卧室的床头附近、坐便器的侧面、入户门的附近等易于发生危机的部位。报警显示器可设置在社区服务机构、子女电话、电脑等处，报警终端可以设在多处，使用很方便。随着科学技术的发展和对老年事业关注程度的提高，紧急求助系统的技术也在不断升级。家庭装修时应选购产品性能好、使用便捷、技术稳定性高的产品。

选购紧急求助系统应对其性能、质量进行检验。购买时应向经销商索要产品性能检测报告、产品质量检验合格证等质量文件和安装使用说明书等技术文件资料。应购买随产品质量、技术文件资料齐全的产品。目测产品，外观质量应表面整洁，无划痕、磕碰、缺损、污染等质量缺陷。手试按钮应运动灵活。试机实验报警显示器应反应灵敏、工作正常。购买时应有专业技术人员进行指导、帮助。

安装紧急求助系统应由专业工程企业完成，安装应按产品安装说明书规范施工，安装应牢固。

4.可燃气体泄漏报警探测器的选购

可燃气体报警探测器是在发生可燃气体泄漏时向人们发出信号的专用设备。基本功能是在可燃气体发生泄漏时，及时探测并立即发出危险信号，通知人们关闭进气阀门，对燃气管道或用气设备进行检查、修理，排除泄漏，保证安全。煤气、液化气、天然气等日益成为城市住宅中的主要能源之一，在使用中会由于管道老化、使用不当等发生泄漏事故，如不及时排除，极易发生火灾，造成巨大的财产损失和人员伤亡。因此，可燃气体泄漏报警探测器是使用可燃气体的家庭必备的专用设施。

选购可燃气体泄漏报警探测器应对其性能、质量进行检验。购买时应向经销商索要产品性能检测报告、产品质量检验合格证等质量文件和安装使用说明书等技术文件资料。应购买随产品质量、技术文件资料齐全的产品。目测产品，外观质量应加工精细，表面整洁，无磕碰、缺损等质量缺陷。试机实验应探测准确、报警及时，音量符合要求。

安装可燃气体泄漏报警探测器一般由经销商按产品安装说明书进行安装，安装应牢固。

5. 智能猫眼的选购

室内窥视镜（俗称猫眼）是安装在入户防盗门上的重要设施，通过猫眼可以观看户外的状况、辨别来访者的身份，是保证家庭安全的重要手段。传统的室内窥视镜没有自身的防范系统，很多窃贼就是通过拆除猫眼后，打开房门入室盗窃。因此，在目前社会治安状况下，提高猫眼自身的防范功能就成为家庭安全的第一道防线。目前已经有智能室内窥视眼"（又称为"电子猫眼"）问市，是传统猫眼的升级换代产品。

电子猫眼采用高清拍照录像及无线传输原理制成，具有可直接进行对讲、可看到室外拍照录像、可远程传输接收、按门铃自动提示、手机报警、语音留言、视频留言、发送彩信等功能，可以设置"在家模式"、"外出模式"和"录音模式"三种模式。无论家中有人无人，只要有人来到门前，家庭成员就可在屏幕或手机屏上看到来人并能进行对话或报警，确保家庭安全。

电子猫眼分为室外机和室内主机两部分，使用大容量锂电池，使用时间为一年。室外机热感应侦测有效距离2米，可在漆黑环境下观看3米有效距离以内的来人，170°大广角视野。室内主机4.3寸高清视屏，具有自动显示、自动报警、防盗防撬等功能。室外机安装在传统猫眼的位置上，室内主机安装在室外机防盗门的内侧。安装很简便，不会破坏家庭装修，无需请人，家庭成员中的成年人都可安装。并且既可在家庭装修时安装，也可在家庭装修后随时安装。

第四章 | 家庭装修的施工及验收

一、家庭装修的施工组织

（一）家庭装修的项目构成
1.家庭装修工程项目的分类

家庭装修中按照施工的性质及使用的材料划分，主要有结构工程、装修工程、装饰工程和安装工程四大类。

结构工程是对家庭住宅的结构进行改造与调整，主要包括非承重墙的拆除或移位、门窗的更换、阳台的封闭和改造、给水排水系统的改造、电气线路的改造、暖气管道与设施的改造等。结构工程是从总体上对家庭住宅环境的优化和升级，是为其他装修装饰工程做好前期准备，为家庭装修的总体效果打好基础。

装修工程是指使用装修材料，对家庭住宅室内建筑表面进行的修饰，主要包括顶棚装修、墙面装修、地面装修、门窗装修等，是家庭装修的主要内容。装修工程的质量决定了家庭住宅室内空间的质量、环保水平，是家庭装修施工组织与管理的重点，也是体现施工队伍素养的主要内容。

装饰工程是指对家庭住宅整体空间环境进行的改造，主要包括配套家具的设计与制作、各种饰件、工艺品、花卉、字画等的摆设、悬挂、陈列，窗帘布艺的设计制作与安装等，是家庭装修后期工作的主要内容。装饰工程的质量决定了家庭住宅室内空间的文化、艺术品位，主要反映的是家庭成员的文化修养、艺术品位、审美情趣和价值取向。

安装工程是指对家庭住宅内部各种功能设备、设施的安装施工，主要包括卫浴洁具的安装、照明灯具的安装、厨房设备的安装、电视、电话、网络、智能化系统的安装等，是家庭装修中的重要内容。安装工程的质量决定了家庭日常生活的品质，是提高家庭生活便捷性、安全性、舒适性的物质基础。

2.家庭装修中的分项工程

家庭装修中按照施工的部位划分，主要有吊顶工程、墙面工程、地面工程、门窗工程和安装工程。

吊顶工程是对家庭住宅室内顶棚进行的设计与施工，主要包括明龙骨吊顶、暗龙骨吊顶、格栅吊顶、藻井吊顶、灯池线造型、灯盘安装等分项工程。吊顶工程是对住宅室内顶棚进行的艺术处理，是人们视觉感受的重要部位，对家庭装修的整体效果具有重要影响。

墙面工程是对家庭住宅室内墙面进行的设计与施工，主要包括饰面砖工程、裱糊工程、软包工程、涂饰工程、细部工程等分项工程。墙面工程是家庭装修中使用材料种类最多、施工难度最大、技术要求最严、文化品位要求最高的施工，对家庭装修的整体效果具有决定性影响。

地面工程是对家庭住宅室内地面进行的设计与施工，主要包括木地板工程、块材地板工程、地毯工程、地面涂料工程、楼梯踏步工程、水泥地面工程等分项工程。地面工程虽然使用的材料种类相对较少，但施工的专业性强、技术要求高，对家庭装修的整体效果具有重要影响。

门窗工程是对家庭住宅室内门窗进行的设计与施工，主要包括金属门窗工程、塑料门窗工程、木门窗工程、门套工程、窗套工程、窗帘盒制作与安装工程等分项工程。门窗是建筑的耳目，门窗工程虽然使用的材料种类相对较少，且大多数是成品、半成品，但施工的专业性强，对家庭装修的整体效果具有重要影响。

安装工程是对家庭住宅室内水、电、气、网络终端设备、设施进行的安装施工，主要包括卫生洁具安装、整体卫生间安装、卫浴配件安装、橱柜安装、厨房设备安装、厨房配件安装、家居配电箱安装、照明开关和照明灯具安装、电源插座安装、有线电视和电话安装、信息网络终端安装、安全防范系统安装、智能家居系统安装、太阳能热水系统安装、空调与新风系统安装等分项工程。

（二）家庭装修施工程序

1.家庭装修施工的整体程序

家庭装修施工的整体程序是先拆后装、先里后外、先上后下。

先拆后装是指家庭装修前应先对需要改造的部分进行拆除，包括结构调整，拆除更换的门窗、原有的旧装修材料等，清除工程垃圾、清理施工现场，做好装修前的准备工作。然后进行装修施工的测量放线，由设计人员和施工工长进行施工作业面放线，根据施工设计图纸标出水平基准线、标高线、定位线、定位点等主要坐标。标出的线、点，应坐标清晰、牢固，不易消失。

先里后外是指家庭装修中应先进行隐蔽工程施工，再进行基层处理，再做装修构造施工，最后进行饰面工程施工。家庭装修中应首先进行管道敷设、综合布线、防水等隐蔽工程。隐蔽工程经验收合格后方能进行抹灰工程、地面水泥砂浆找平工程等基层处理的施工。在基层处理工程验收合格后方能进行门窗工程、轻质隔墙工程、龙骨工程等构造施工。最后进行的是终饰工程和安装工程。

先上后下是指家庭装修中的施工顺序应是先对顶棚进行装修施工，再对墙面进行装修施工，最后对地面工程和安装工程进行施工。这样的顺序有利于各装修装饰面的接合、有利于成品保护、有利于养护措施的实施，防止相互干扰、污染已完成的装饰面。先上后下的顺序可以根据不同空间的装修材料的特点、施工工艺的要求等进行适当的调整。

2.家庭装修中各功能空间的具体程序

客厅、卧室装修应遵循先顶棚、再墙面、最后地面的原则进行施工。客厅、卧室装修以木工为主，其他工种配合，所以是以木工施工顺序为主导的施工程序。施工时只有在细木装修饰面涂刷底漆后，方能进行顶棚、墙面的涂刷、裱糊等作业。

厨房装修应遵循先里后外的原则，先进行管线的调整与改造，再进行墙面饰面砖粘贴和顶棚吊顶龙骨工程。厨房装修是以瓦工为主，其他工种配合，所以是以瓦工施工顺序为主导的施工程序。施工时只有墙面砖粘贴完工后，方能进行吊顶材料的安装、橱柜的安装和地面工程。

卫生间内的施工程序同厨房基本相同，在安装浴缸或制作淋浴房时，墙面砖及浴缸裙板瓷砖应在浴缸安装验收合格及淋浴房制作验收合格后进行。

（三）家庭装修的施工组织设计
1.家庭装修施工组织设计的原则

施工组织设计是家庭装修工程施工企业依据国家相关规范、标准和家庭装修的具体要求，结合装修中的技术难点、特点，对整个家庭装修过程进行的预想和安排，是对整个家庭装修实施过程进行管理的方案设计。施工组织设计要提供给家庭装修业主，作为对整个家庭装修进行监督的重要文件资料。编制家庭装修施工组织设计应遵循安全、经济、优质的原则。

安全的原则是指家庭装修中在使用电力和电动工具时，具有一定的危险性，施工场地相对狭小，物料存储空间有限，如果不进行周密、细致的安排，有可能发生工伤、火灾、中毒等安全事故，需要预先进行整个施工过程的安全管理制度、措施的制定和对施工人员进行安全教育，预防安全事故的发生。安全的原则是体现"以人为本"的指导思想和家庭装修管理能力的最重要的内容，对家庭装修的顺利实施具有决定性作用。

经济的原则是指家庭装修施工中要合理安排劳动力、机具、原材料的进场，防止窝工、怠工、返工及材料浪费等现象的发生，降低成本，缩短工期，提高经济效益。家庭装修中如何组织平行作业、交叉作业，如何组织装修材料的采购和进场等，都需要事前进行准确、科学的安排，制定出详细的计划。经济的原则是保证施工顺利进行的重要条件，也是家庭装修施工企业创造利润的前提，是家庭装修施工企业管理水平的重要表现。

优质的原则是指家庭装修施工中各分项、分部工程都应符合国家现行质量验收标准的要求并力求高于国家现行验收标准。相同的材料不同施工人员装修后的质量会有很大的差异，需要对施工人员的施工行为进行规范，就要制定出相应的工法和工艺纪律，并在整个家庭装修施工过程中贯彻落实，也需要相应的管理制度、措施和对施工人员进行技术培训，不断提高工程质量，增强家庭装修业主的满意度、信任度和忠诚度。

2.家庭装修施工组织设计的基本内容

家庭装修施工组织设计主要包括工长状况、施工中的控制措施、生产要素计划、应急预案及创优计划等内容。

工长状况的内容是对家庭装修时施工现场负责人的情况介绍，包括职业资格等级、技术职称、从业年限、业绩资料及本项工程的管理形式、管理的施工队伍的人数、执证上岗人数等相关资料。

施工中控制措施的内容是以国家相关技术规范、标准，本企业的工法、工艺纪律，设计图纸和预定工期、造价的要求等为依据，对工程实施中的安全生产及用电、用水，各分项工程、子项工程的质量控制方法及达到的标准，工程中各分项工程、子项工程的开工、竣工时间等进行编制、排列、计算。

生产要素计划的内容是根据施工进度安排和质量、成本控制要求，结合施工过程现场场地、运输方式、材料品种、供应周期等特点，制定出各工种施工操作人员、各类施工机具、各种装修材料的来源、募集、采购、运输、进场、仓储、使用、撤场等计划安排和保障措施。

应急方案的内容是根据国家相关规范、标准、制度及工程中可能发生的危及工程施工、生产作业人员身体健康的气象、地质、社会环境等事件、事故的处理，制定出组织机构、处置权限、主要方法和措施，如地震、暴雨、台风、流行性传染病、治安事件等特殊条件下的管理技术措施。

创优计划就是根据家庭装修业主对局部工程、细部工程提出工程质量特殊要求时，施工企业对业主特殊要求的技术措施和质量保障措施，保证实现业主质量要求的计划和部署。

二、隐蔽工程的施工及验收

（一）防水工程

1.防水工程的材料准备

家庭装修中的防水工程是使用防水材料对家庭住宅中的卫生间、厨房和阳台进行防水处理，杜绝水的渗漏，保证下层家庭住宅的安全，是家庭装修中最为重要的工程内容，也是最重要的隐蔽工程。防水工程所用的防水材料是质量的关键，必须做好选择。防水材料的种类很多，从产品形态上看可分为防水卷材和防水涂料两大类。防水卷材从构成材质上看有沥青类和非沥青类两种，沥青类防水卷材是以沥青为主要原料制成的，由于国家现行规范中规定沥青不能用于建筑室内，所以主要应用在建筑物屋顶防水；非沥青类主要由高分子自然胶制成，可以用在室内。防水涂料按其材质可划分为聚氨酯系列、聚脲系列、丙烯酸系列、水泥基系列等。

不同的防水材料其施工工艺不同，防水卷材使用的是粘贴工艺，施工程序多，工艺比较复杂；防水涂料使用的是涂刷工艺，施工比较简单，技术要求相对较低。家庭装修中防水工程的施工面积一般不大，除豪华别墅中设有家庭游泳池的住宅外，一般施工面积均在20平方米以下。为了节省材料、缩短工期、宜选择防水涂料进行防水。为了增强防水涂膜的强度，可采用铺装玻纤布的方法进行增强。

2.防水工程的施工程序

家庭装修中的防水工程施工应首先进行基层处理，要清除表面的杂物，使表面整洁后进行地面孔洞的封墙。卫生间、厨房、阳台都有穿楼（地）面的立管，不进行封堵不仅会影响到防水工程的质量，在发生火灾时也会成为蹿火的重要通道，因此，必须进行封墙。封墙地面孔洞应使用微膨胀细石混凝土，水泥、细石砂的配比和强度应满足设计和产品的要求，微膨胀细石混凝土与穿楼（地）面的立管及洞口应结合密实牢固，无裂缝。

防水工程的基层表面应平整，不得有松动、空鼓、起沙、开裂等缺陷，如基层达不到施工要求，应进行找平层施工。找平层使用水泥砂浆，厚度以能够将基层找平为准，找平层与基层结合应牢固，坡度应不低于2°，排水应畅通，没有积水，阴阳角应做成圆弧形，表面应符合防水工程的要求。找平层硬干、含水率符合防水涂料涂刷要求，要经过泼水或坡度尺检查合格后，方能进行防水涂料的涂刷。

涂刷防水涂料的环境温度应在5℃以上，涂刷一般使用刷子。涂刷应从地面向墙面延伸，高出地面距离应大于100毫米，浴室有喷淋装置的墙面，防水层高度应大于1800毫米。涂刷应一排一排涂刷，漆膜应均匀一致，不得漏刷。采用玻纤布加强时，玻纤布的接搭应顺流水方向搭接，搭接宽度应大于100毫米。两层以上玻纤布的防水施工，上、下搭接部位应错开幅宽的1/2。防水涂料一般最少应涂刷两遍，漆膜厚度应符合产品的要求。防水涂刷要经过泼水或坡度尺检验，排水应畅通，不得有积水。

防水涂料的表面应进行保护层施工，使用水泥砂浆将防水涂料全部隐蔽，不得暴露，使用水泥的强度应不小于32.5，厚度应在3毫米以上，坡度应不低于2°。

3.防水工程的质量验收

防水工程是质量要求最为严格的工程，验收时必须进行蓄水试验，蓄水试验时将下水管道封闭，向地面蓄水，蓄水高度应大于20毫米，蓄水时间应不小于24小时，不得有渗漏，排放试验水应畅通，排后无积水。如有渗漏，整个防水工程必须拆除后重新施工，直至达到质量验收标准。防水工程质量验收合格后，应编制隐蔽工程质量验收合格记录。

（二）电路工程

1.电路工程的材料准备

电路工程是进行家庭电源、信息网络、电视、电话等线路的敷设，属于保证家庭各种设备正常使用的施工，是家庭装修中最为重要的工程内容之一，也是最重要的隐蔽工程。电路工程使用的材料主要包括电线、套管、电料、控制电箱和保护器等。

家庭装修中使用的电线又称为导线，分为动力线、照明线和电话、电视线三种，其中对动力线的要求最为严格，电线的截面直径应大于4毫米；线路套管有塑料套管和金属套管两种，塑料套管要求必须是阻燃型的，应无破损和变形，金属套管要求不应有折扁和裂缝，管内应无毛刺，管口应平整；电料包括电源开关、电源插座、终端盒等，外观不应有破损，开启、插入应灵活，附件、备件应齐全。卫生间应采用防护等级IP54电源插座，空调、热水器、集成灶应采用带开关插座。

家庭配电箱是控制器和保护器的组合，是家庭装修中电路工程最重要的主要设备。配电箱回路编号应齐全，标识应正确，箱内开关动作应灵活可靠，部件应齐全，总开关及各回路开关规格应满足用电安全。带有剩余电流动作保护器的回路，剩余电流动作保护器动作电流不应大于30mA，动作时间不应大于0.1S。安装前应对剩余电流动作保护器进行模拟动作试验；照明宜做8小时全负荷试验。

2.电路工程的施工程序

电路工程首先应进行敷设管线槽的施工。按照弹出的控制线，用云石机切割墙面后剔出线槽，槽深以大于套管直径3～5毫米为宜，长度一般在15毫米左右；槽的宽度以套管能够卧入槽内为佳。槽的深度应均匀一致、顺直、通连。沿地面的套管应在墙体的根部，穿地面的套管应在地面工程施工前进行。线槽位置应避开钢筋，不得损伤钢筋。线槽距暖气、热水、煤气管之间的平行间距应不小于300毫米，交叉距离应不小于100毫米。

电线敷设必须套管，不得在住宅顶棚内、墙体及顶棚的抹灰层、保温层及饰面板内直敷。穿管时应动力、照明、通讯线分别穿管，同一回路电线应穿入同一根管内，不同回路、不同电压等级的电线不得穿入同一管内。每个管内电线根数不应超过8根，电线总截面积（包括绝缘外皮）不应超过管内截面积的40%。

管内所穿的导线不得有接头，电线应在连接箱（盒）内连接，截面积2.5平方毫米及以下多股导线连接应拧紧搪锡或采用压接帽连接。每一管内应不同颜色的电线同管穿线，电线色标单相供电时，保护线应为黄绿双色线，中性线为淡蓝色或蓝色，相线颜色根据相位确定。三相供电时，保护线应为黄绿双色线，中性线可选用淡蓝色或蓝色，相线为L1黄色、L2绿色、L3红色。当管线长度超过15米或有两个直角弯时，应增设拉线盒。电线套管敷设后，应用水泥砂浆封闭、固定。

安装开关面板时，开关通断应在相线上，板底边距地应在1400毫米左右。安装单相两孔插座，面对插座的右孔或上孔应与相线连接，左孔或下孔应与中性线连接；单相三孔插座，面对插座右孔应与相线连接，左孔应与中性线连接，上孔应与保护线连接。三相四孔插座的保护线应接在上孔，三相插座的接线相序在同一家庭中应一致。同一室内的电源、电话、电视、网络等插座面板应在同一水平标高上，高差应小于5毫米，底边距地宜为300毫米。所有开关、插座应安装牢固，不得有松动、移位等质量缺陷。

3.电路工程的质量验收

电路工程验收时应查验各种设备、产品质量检查报告、产品质量检验合格证；实测时可用尺量、电笔测试、相位检测器检查、网线测试仪检查。工程质量应符合国家相关技术规范、标准的要求。

（三）管道工程

1.管道工程的材料准备

家庭住宅中的管道主要有给水排水管道、供暖管道和燃气管道，其中燃气管道在装修中不允许擅自改动，因此家庭装修中的管道工程主要是给水排水管道和供暖管道的改造工程。由于家庭装修中给水排水管道的改造主要是为了适应橱柜的设计、卫生间洗手盆位置调整、洗衣机位置的改变等。入户燃气、排水都可使用软管，所以家庭装修中的管道工程主要是给水管道的改造，也是家庭装修中的重要工程内容之一。

管道工程使用的材料主要是给水管，主要是金属管，有纯金属管及复合材质管等具体品种，家庭装修时可根据家庭喜好及经济支付能力进行选择。管道工程使用的主要工具是管口套丝钳，属于管道安装的专业工具；辅助材料包括水暖管配件、聚四氟乙烯胶带、管道托架等。

2.管道工程的施工程序

管道工程首先应根据管道设计的要求，对管道线路经过的墙面进行打孔处理。在墙面标出穿墙孔洞的中心位置，用十字线标记在墙上，用冲击钻打孔洞，孔洞中心线应与穿墙管道中心线吻合，孔洞应打得平直，孔洞直径应与穿墙管的口径相一致。

安装供水管应首先按照设计图纸对水管进行锯切，锯切后进行预装，检查无误后再进行连接安装。管路的连接一般采用螺纹连接的方法，将管段的端部套丝扣，拧上带内螺纹的管子配件，再用同样的方法与其他管段连接。具体方法是将聚四氟乙烯胶带将管段接头处顺螺纹方向缠绕数圈，将接口处安上活节，拧进1/2活节长，再把另一端管线用同样方法处理接口，用管钳子连接牢固。

管口套丝是保证管道施工质量的关键环节，套丝时应先将管子固定在工作台上，再把套丝扳手套进管端，调整套丝扳手的活动刻度盘，使扳牙符合需要的距离，用螺丝固定，再调整套丝扳手上的三个支持脚，使其紧贴管壁，防止套丝出现斜纹。操作时双手握套丝扳手柄，平稳向里推进，按顺时针方向转动，用力要均匀。第一次套丝完成后，松开扳牙，再调整距离，使其比第一次小一点，按第一次方法再套一次。要防止乱丝，第二次丝扣快套完时，稍松开扳牙，边转边松，使管口呈锥形丝扣口。

直径25毫米以上的管子套丝应不少于三次。套丝前应检查管段端口是否平整，如果不平应先锉平。套丝扳手的扳牙应锐利有效，手工套丝两臂用力应均匀，否则将出现螺纹不正、断丝缺扣的现象。套丝时每次进刀不可太大，每次套丝轨迹必须重合，以防止出现乱丝细丝，影响套丝质量。套丝完工后，应及时清理切下的铁渣，防止积存。

管段安装前应先清理管腔，使其内部清洁无杂物，清洗方法可以用水冲，冲洗流速应大于1.5m/s。管道支托架应安装在预埋件上，安装应牢固。安装时注意接口质量，同时找准各甩头管件的位置与朝向，以保证安装后连接各用水设备的位置正确。冷热水管上下平行安装时，热水管路应在冷水管路的上方，相距应不小于100毫米。冷热水管竖向平行安装时，应左热右冷、平行间距不小于200毫米。

不建议将给水管道封闭在墙体、地面内，因为水泥对管壁有腐蚀作用。如嵌入墙体，管道应进行防腐处理。明敷管道安装后，应涂刷防腐涂料，最后涂刷银粉膏。

3.管道工程的质量验收

安装过程中质量自检管端螺纹应加工规整、表面清洁，缺丝应少于扣数的10%，管路连接应牢固，管路螺纹根部外露螺纹应不多于2扣，水横管安装应有2～5毫米的坡度，管道支托架应排列整齐、间距均匀，与管道接触严密。防腐涂料和银粉膏涂刷均匀完整。

安装后应通水试验进行检查，不得有渗漏、堵塞现象。

三、结构工程的施工与验收

（一）轻质隔墙工程

1.轻质隔墙工程的材料准备

隔断墙是调整空间布局的基本方法，也是提高家庭住宅有效面积使用效率的主要手段。在家庭装修时会因为房间面积、用途的调整需要进行结构的完善，就需要进行隔断墙的施工。由于轻质隔断墙质量轻、占用空间少、施工方便，性能优于其他形式的墙体，在家庭装修中应用非常普遍，已经成为家庭装修时结构施工的重要内容。

轻质隔墙工程一般指的就是轻钢龙骨纸面石膏板隔墙，其对材料的要求在第二章装修材料的选购中已经做了详细的说明，在此就不重复表述。轻质隔墙工程应在隐蔽工程、抹灰工程、地面水泥找平层施工完成并通过质量验收合格后进行施工。轻质隔墙材料在运输、安装时，应轻拿轻放，不得损坏表面和边角，应防止受潮变形，影响施工质量。

2.轻质隔墙的施工程序

轻质隔墙龙骨安装、纸面石膏板安装的基本方法在第二章中已经进行了讲解，在具体施工中还应注意以下要点。

墙位放线应沿地、墙、顶弹出隔墙的中心线和宽度线，宽度线应与隔墙厚度一致，弹线应清晰、位置应准确。安装龙骨时应按弹线位置固定沿地、沿顶龙骨及边框龙骨，龙骨的边线应与弹线重合。龙骨的端部应安装牢固，龙骨与基体的固定点间距应小于1米。安装竖向龙骨应垂直，龙骨间距应不大于500毫米，潮湿房间和钢板网抹灰墙，龙骨间距应不大于400毫米。

安装支撑龙骨时，应先将支撑卡安装在竖向龙骨的开口方向，卡距宜为400～600毫米，距龙骨两端的距离宜为20～25毫米。安装贯通龙骨时，低于3米的隔墙安装一道，超过3米的安装两道。

安装纸面石膏板时应竖向铺设，长边接缝应安装在竖龙骨行。龙骨两侧的石膏板接缝应错开，不得在同一根竖龙骨上接缝。双层石膏板的接缝也应错开，不得在同一竖龙骨上接缝。应用自攻螺钉固定，沿石膏板周边钉间距不得大于200毫米，板中钉间距不得大于300毫米，螺钉与板边距离应为10～15毫米。安装时应从板的中部向板的四边固定。

除轻钢龙骨石膏板隔墙外，还有木龙骨石膏板隔墙、胶合板饰面龙骨隔墙，其施工基本程序与轻钢龙骨纸面石膏板隔墙相同。在木龙骨安装施工中应注意使用的木材含水率应小于12%，截面积应不小于900平方毫米，无死节。安装时横、竖龙骨应采用开半榫、加胶、加钉连接，安装饰面板前应对龙骨进行防火处理，涂刷防火涂料不少于两遍。安装纸面石膏板时应用木螺钉固定，不得使用射钉。

胶合板饰面龙骨隔墙安装胶合板时应先对板背面进行防火处理，涂刷防火涂料不少于两遍，安装在轻钢龙骨上应采用自改螺钉固定，安装在木龙骨上采用钉枪或圆钉固定，采用圆钉固定时，钉距宜为80～150毫米，钉帽应砸扁；采用钉枪固定时，钉距宜为80～100毫米。阳角处宜做护角。用木压条固定时，固定点间距应不大于200毫米。

3.轻质隔墙的质量验收

验收轻质隔墙应先检验使用龙骨、配件、墙面板、填充材料和嵌缝材料的产品质量检测报告、产品质量检验合格证、进场验收记录。手板龙骨必须与机体结构连接牢固，墙面板安装应牢固；手摸墙表面应平整光滑、色泽一致、洁净、无裂缝；墙上的孔洞、槽、盒应位置正确、套割吻合、边缘整齐；尺量隔墙立面垂直度偏差纸面石膏板应小于3毫米；接缝高低差应小于1毫米。

（二）门窗工程

1.门窗工程的材料准备

家庭装修中的门窗工程主要指的是门窗安装工程。由于门窗是家庭住宅中与室外联系的主要渠道，对节能的要求很高，气密性、水密性标准要求高，因此一般由专业生产制造企业加工生产。在家庭装修中，由于木质门窗生产加工技术复杂，性能比塑钢、铝合金差，所以主要用于装饰性室内门，用于窗体已经越来越少。在家庭装修中，门窗工程主要是塑钢窗、铝合金窗、防盗门、室内门的安装工程。

塑钢窗、铝合金窗、防盗门、室内门的生产加工过程及质量要求等在第三章中已经进行了讲解。门窗工程应在隐蔽工程、抹灰工程、地面水泥找平层完工并通过质量验收合格后进行施工。门窗运输时应竖立排放并固定牢靠，樘与樘之间应用软质材料隔开，防止相互磨损、压坏玻璃和五金件。塑钢门窗贮存的环境温度应低于50℃；与热源的距离应不小于1米；当环境温度在0℃以下贮存时，安装前应在室温下放置24小时。

安装门窗应采用预留洞口的施工方法，不得采用边安装边砌口或先安装后砌口的施工方法，在预留洞口应设置预埋件和锚固件，对隐蔽部件应进行防腐、填嵌处理。门窗的零附件及固定件，除不锈钢外均应作防腐蚀处理。

2.门窗安装的施工程序

门窗安装前应对门窗洞口尺寸进行检查，洞口尺寸应满足门窗安装要求。检查门窗的开启方向、平整度、装配质量、力学性能等应符合国家现行有关标准规定，附件应齐全。推拉门窗扇必须有防脱落措施，扇与框的搭接量应不小于5毫米。塑钢窗与铝合金窗组合及门联窗的拼樘料尺寸应与内腔紧密吻合的增强型钢内衬少10～15毫米，截面积、壁厚应能使门窗体承受本地区最大的瞬间风压值为佳。

安装塑钢门窗装入洞口应横平竖直，框、副框和扇的安装必须牢固，使用的固定片或膨胀螺栓的数量与位置应正确，固定点应距窗角、中横框、中竖框150～200毫米，固定点间距应小于或等于600毫米。安装组合窗时应将两窗框与拼樘料卡接，卡接后应用紧固件双向拧紧，其间距应小于或等于600毫米，紧固件端头及拼樘料与窗框间的缝隙应用嵌缝膏进行密封处理。拼樘料型钢两端必须与洞口固定牢固，门窗框与墙体间缝隙不得用水泥砂浆填塞，应采用弹性材料填嵌饱满，表面应用密封胶密封。安装五金配件应钻孔后用自攻螺钉拧入。

安装铝合金门窗，装入洞口应横平竖直，门窗框与墙体间缝隙不得用水泥砂浆填塞，应采用弹性材料填嵌饱满，表面应用密封胶密封。密封条安装时应留有比门窗的装配边长20～30毫米的余量，转角处应斜面断开，并用胶粘剂粘贴牢固，避免收缩产生缝隙。

安装木门前应先校正门框方正，必要时加钉拉条避免变形。安装时角边固定点不得少于两处，其间距不得大于1.2米，镶贴门脸时框应凸出墙面，凸出的厚度应等于抹灰层或装饰面层的厚度。合页安装宜在门扇立框高度的1/10，并应避开上、下冒头。应用木螺钉固定，硬木应钻2/3深度的孔，孔径应略小于木螺钉直径，以螺钉直径的85%～90%为宜。拉手距地面宜为0.9～1.06米。

3.门窗工程的质量验收

验收门窗安装工程应先检验门窗、配件的性能检测报告、产品质量检验合格证、进场验收记录和隐蔽工程记录等质量、技术文件。目测门窗表面应平整洁净，密封条顺直，无倒翘、脱槽、缺损、裂纹等质量缺陷。手扳塑料窗平开窗平铰链的开关力应小于80N；滑撑铰链的开关力应小于80N、大于30N。推拉窗和铝合金窗的开关力应小于100N。

尺量塑钢窗安装的偏差槽口宽度、高度1.5米之内偏差应小于2毫米，1.5米以上应小于3毫米；对角线长度2米以内应小于3毫米，2米以上应小于5毫米；窗框的正、侧面垂直度、水平度偏差应小于3毫米；横框标高、竖向偏离中心偏差应小于5毫米；双层窗外框间距偏差应小于4毫米；同樘平开窗相邻扇高度差应小于2毫米；平开窗铰链部位配合间隙应小于2毫米，大于-1毫米；推拉窗与竖框平行度偏差应小于2毫米。

尺量铝合金窗安装的偏差槽口宽度、高度1.5米之内偏差应小于2.5毫米，1.5米以上应小于3.5毫米；对角线长度2米以上应小于5毫米，2米以上应小于6毫米；窗框的正、侧面垂直度、水平度偏差应小于3毫米；横框的标高偏差应小于5毫米；竖向偏离中心偏差应小于4毫米；双层窗外框间距偏差应小于5毫米；框、扇配合间隙留缝应大于2毫米。

尺量木门安装的偏差槽口对角线长度差应小于2毫米；门框的正、侧面垂直度、与扇的接缝高低差应小于1毫米；对口缝应在1.5~2毫米，门扇与上框间留缝、与侧框间留缝应在1~1.5毫米；门扇与下框间留缝应在3~4毫米；无下框时门扇与地面留缝外门应在5~6毫米、内门应在6~7毫米、卫生间房门应在8~10毫米。

（三）阳台工程

1.阳台工程的材料准备

阳台是家庭住宅与外部环境进行交流的重要场所，主要起到晾晒、储物、锻炼、养植物、休息的功能。为了提高阳台的安全性、卫生水平和使用功能，在家庭装修中一般会将阳台进行封闭，使其成为一个相对独立的室内空间，增强其使用效率。现在城市住宅中，阳台一般分别设在阳面及阴面两侧，在家庭装修中一般都需要进行封堵，以减少对家庭住宅安全、卫生的压力，提高家庭住宅的有效面积。

封闭阳台主要使用窗户和墙体材料。窗户不仅具有封闭空间的功能，同时具有保温、采光、调节空气流通的功能，在家庭装修封闭阳台中，阳台扶手以上的部分一般都使用窗户进行封闭，封闭阳台的窗户应与阳台的规格、尺寸一致。在我国北方地区一般使用塑钢窗，在南方一般选用铝合金窗。封闭阳台的窗户应由专业生产加工企业制造完成。墙体材料主要用于封堵阳台扶手，一般选用水泥板型材，也可使用砖砌块进行封堵。

2.阳台工程的施工程序

阳台工程应先对阳台基层进行处理，在窗户紧靠墙体的基层材料进行清除，在墙上的固定点打孔，预设膨胀螺栓或塑料胀销。准确测量封闭面的尺寸，交窗户生产加工企业进行加工。安装窗户前先封堵阳台扶手，应以室内一侧墙面为主进行封闭，水泥板的安装必须牢固。封闭阳台窗户的安装方法与窗户的安装方法相同。

3.阳台工程的质量验收

阳台窗户的质量验收方法及标准同门窗工程中相应材质窗户的质量验收方法及标准。扶手封堵的墙面应平整、洁净，无凹凸不平、裂缝、断裂等质量缺陷。内部填充的保温材料应阻燃、性能合格。

（四）地面水泥砂浆找平工程

1.地面水泥砂浆找平工程的材料准备

结构施工和设备安装工程完工后，地面会出现较大的凹凸不平和穿楼地面的孔洞，达不到进行装修的基础要求，应先对结构的地面进行修补、完善，使其在平整度、坡度、密封度方面达到装修的要求，这就需要进行地面水泥砂浆找平的施工。

地面水泥砂浆找平层施工应在水、电线路敷设等隐蔽工程完工并验收合格后进行施工。施工中使用的微膨胀细石混凝土应强度等级不小于32.5，一般使用325#硅酸盐水泥，砂子应过细筛，水泥与砂子比为1∶1。水泥砂浆应使用325#硅酸盐，砂子应过筛，水泥与砂子比为1∶3。

2.地面水泥砂浆找平工程的施工程序

地面水泥砂浆找平施工的基本程序包括楼地面孔洞封堵、水泥砂浆找平两个子项工程。

封堵楼地面空洞使用微膨胀细石混凝土，对穿楼地面立管洞口进行填充，以封堵立管与洞口的缝隙。填充微膨胀细石混凝土应饱满、密实、牢固，立管根部无裂缝。

水泥砂浆找平施工前应先清理基层，清除基层表面的浮灰、杂物，洒水浸润地面，渗水深度应不小于3毫米。水泥砂浆应略稀一些，提高水泥砂浆的流平性，施工时将水泥砂浆放在基层后，用长木直尺推赶水泥砂浆向四周扩散，并用长木直尺找平。找平时注意有坡度要求的地面，要按要求找出坡面。

3.地面水泥砂浆找平工程的质量验收

验收地面水泥砂浆找平工程应首先检验水泥的性能检测报告、产品质量检验合格证及进场验收记录等文件资料。目测表面应平整，无裂纹、起砂等质量缺陷；立管根部、阴阳角处应饱满、平整。用小锤敲击应无空鼓。尺量检查坡度应符合设计要求，表面平整度偏差应小于5毫米。

四、装修工程的施工与验收

（一）抹灰工程

1.抹灰工程的材料准备

抹灰工程是对家庭装修的顶棚、墙面基层进行找平的施工，是对装修装饰效果具有直接影响作用的施工内容。

抹灰工程在家庭装修中一般使用水泥砂浆，水泥应使用硅酸盐水泥，其凝结时间和安定性应合格，其强度等级不应小于32.5，一般使用325#水泥，水泥沙子比为1∶3，使用时应拌匀后闷水。不同品种、不同标号的水泥不得混合使用。沙子应选用中沙，沙子使用前应过筛，不得含有杂物。

2.抹灰工程的施工程序

抹灰工程作业面温度应不低于5℃。抹灰前应对基层进行处理，砖砌体应清除表面杂物、尘土，洒水湿润；混凝土表面应凿毛或在表面洒水湿润后涂刷加入胶粘剂的水泥砂浆，水泥与沙子比为1∶1；加气混凝土应在湿润后涂刷界面剂，同时抹强度不大于M5的水泥混合砂浆。应提前填充孔洞和深凹处，并向墙面浇水，渗水深度达到10毫米以上方可施工。

抹灰前必须制作好标准灰饼，根据墙面抹灰的厚度要求，先在墙角上方各做一个标准灰饼，并拉线到窗口、垛角处加做灰饼，然后用线锤吊线做墙下角灰饼。大面积抹灰前应设置冲筋，即做出抹灰高度的标准线。冲筋是在上下两个灰饼之间做砂浆带，高度与灰饼相同，两边为斜面。

抹灰应分层进行，每遍厚度宜为5~7毫米，应待前一抹灰层凝结后方可再抹下一遍，底层的抹灰层强度不得低于面层的抹灰层强度；水泥砂浆拌好后，应在初凝前用完，结硬的砂浆不得使用。当抹灰层厚度大于或等于35毫米时，应采取加强措施。不同材质积体交接处，表面抹灰应采用加强网，加强网与各积体的搭接宽度应不小于100毫米。

室内墙面、柱面、门窗洞口的阳角应采用1：2水泥砂浆做暗护角，其高度不应低于2米，每侧宽度应不小于50毫米。水泥砂浆抹灰层应在抹灰24小时内进行养护。有防水、防潮要求的应使用防水砂浆。

3.抹灰工程的质量验收

验收抹灰工程应先检验水泥的性能检测报告、产品质量检验合格证、进场验收记录、施工记录等文字资料。目测抹灰表面应光滑、洁净、颜色均匀，无爆灰、裂纹、抹纹，灰线应清晰。用小锤轻击检查，抹灰层与基层之间、各抹灰层之间粘结必须牢固，应无脱层、空鼓。尺量抹灰层表面偏差立面垂直度、表面平整度、阴阳角方正、分格条缝直线度、墙裙、勒脚上口直线度，终饰面为瓷砖、石材铺装的不得大于4毫米；终饰面为乳胶漆、壁布、墙纸的不得大于3毫米。

（二）吊顶工程

1.吊顶工程的材料准备

由于家庭住宅室内净高一般都在3米以内，所以不宜使用大面积吊顶。但为了隐蔽室内管道、线路，增加顶棚的美感，在局部空间进行吊顶很有必要。其中厨房、卫生间是顶部管道集中的空间，一般会利用整体吊顶对管道进行封闭。客厅、卧室等如需要封闭管线一般采用局部藻井吊顶。厨房、卫生间吊顶使用的铝扣板、PVC扣板在第三章已经进行了详细的说明，这里重点讲藻井吊顶。

藻井吊顶材料分为龙骨和饰面板，龙骨一般使用木龙骨，规格为截面长40~50毫米、宽30~40毫米，木材应顺直、咬钉力强，无劈裂、腐蚀、死节、虫蛀等质量缺陷，含水率应低于10%，使用前应进行防火阻燃处理。饰面板主要使用纸面石膏板或木材板，木材板一般宜选用大芯板，饰面板要求板面平整、边角整齐，无凹凸、断裂、腐蚀等质量缺陷，使用前应在背面进行防火处理。吊顶工程应在隐蔽工程、抹灰工程完工并通过质量验收合格后进行施工。

2.吊顶工程的施工程序

首先应弹出标高线、造型位置线、吊挂点布局线和灯具安装位置线。具体方法是以基准线为准，在墙面弹出标高线，再以标高线为基准点弹出吊顶造型位置线，确定吊挂点的位置。如果是梯层分级吊顶，在不同标高位置的边缘应布置吊点。灯具位置应符合设计要求，分布均匀、排列规正。

安装龙骨前应先在墙面、顶棚按固定点位置打孔，预设塑料胀销，龙骨固定点间距不应大于500毫米，墙面木龙骨固定使用木螺钉直接固定，顶部吊杆安装一般使用扁铁或角线作为连接件，连接吊点和吊杆，连接一般使用木螺栓。小龙骨的外侧应开半槽，用圆钉将小龙骨与吊杆连接牢固，最后安装卡档龙骨。木龙骨底面应刨光刮平，截面厚度一致，并保证安装后底面为一平面。

采用藻井吊顶高差不宜大于300毫米，超过300毫米应采用梯层分级处理，龙骨吊杆应分为两排，外侧吊杆应小于内侧吊杆。木龙骨安装后应进行检验，安装应牢固。

饰面板安装时应在安装前按图纸裁切好，裁切应使用锋利的壁纸刀，尺寸应符合设计要求，裁切面应顺直。安装一般使用射钉或木螺钉，射钉固定主要用于木材饰面板安装，木螺钉主要用于纸面石膏板安装。饰面板应与墙面完全吻合，有装饰角线的可留有缝隙。由于藻井吊顶四周吊顶宽度较小，饰面板之间接缝应紧密，相邻板边应刨出45°倒角，倒角宽度同板材厚度一致。竖向饰面板安装前也应刨出45°角，同平面板连接接缝处不能暴露板材侧面。安装饰面板应留有检修口，检修口位置应设在管道阀门处。

藻井吊顶可利用高差作为灯槽，增加室内灯光的均匀度和照明度。灯具可采用内卧式和反光式两种。吊顶时应在安装饰面板前进行电路敷设，敷设应穿套管，不得在龙骨内直敷电线，安装饰面板时应预留出灯具安装位置。

藻井吊顶饰面板安装后还需要进行终饰施工，常用材料为乳胶漆和壁纸，其施工方法同墙面施工。

3.吊顶工程的质量验收

验收吊顶工程应先检查吊顶材料的性能检测报告、产品质量检验合格证、进场验收记录、龙骨安装验收报告等文件资料。目测吊顶标高、尺寸、造型应符合设计要求，板缝处无裂缝、颜色应一致、无色差、无污染，检修口位置应正确，安装应美观、规矩。手试安装应牢固。尺量表面偏差平整度、接缝直线度应小于3毫米，接缝高低差应小于1毫米。

（三）墙饰面铺装工程

1.墙饰面铺装工程的材料准备

墙饰面铺装工程主要指的是陶瓷砖、石材、微晶玻璃砖等块材粘贴，是家庭装修中的重要施工内容，对整个家庭装修的质量评价具有重要的影响。

墙饰面铺装工程使用的主要材料及使用方法在第三章已经作了详细的讲解。铺装陶瓷墙砖、石材、微晶玻璃等板块材料的宜采用1∶2水泥砂浆，以保证粘结强度。天然石材应进行防碱处理，沙子应过筛。湿作业施工现场环境温度应在5℃以上。墙饰面铺装工程应在隐蔽工程、抹灰工程完工并通过质量验收合格后进行。

2.墙饰面铺装工程的施工程序

陶瓷墙砖、天然石材、微晶玻璃墙砖在铺装前都应进行浸水处理，浸泡应用清水。浸泡的目的一是要清洁材料的表面，使其洁净无灰尘；二是要提高与水泥砂浆的结合度。陶瓷墙砖浸水应不少于2小时，砖体不冒气泡后方能使用。铺装前砖体应阴干，不得带水铺装。墙体表面应进行清理后提前一天浇水湿润，渗水深度应不少于5毫米，新抹灰工程应在水泥砂浆干硬达到70%时方可进行铺装。

铺装前应粘贴标准点，以控制粘贴表面的平整度。铺装用块材应先进行选料预排，并在墙面弹出铺装控制线，确定水平及竖向标志。铺装时应从下向上铺装，铺最底下一层时应按照弹线垫好底尺。铺装时要求水泥砂浆饱满，粘结厚度应控制在6～10毫米之间，不得过厚或过薄。粘贴后用木锤轻轻敲击，使块材与基础粘结密实。

每铺装完一排后应立即用靠尺检查平整度，不平、不直的要取下重新粘贴。校验合格后应对表面及时进行清理，清除表面的残留砂浆。不允许从砖缝、口处塞水泥砂浆补垫。整面墙铺装宜一次完成，如一次不能完成时，应将接茬口留在施工缝或阴角处。

铺装时非整砖应排放在次要部位或阴角处，每面墙不宜有两列非整砖，非整砖宽度不宜小于整砖的1/3。阴角砖应压向正确，不得露出块材边；阳角应做成45°对接。遇到管线、开关、卫生间设备支撑件等突出物处，应用整砖套割吻合，不得用非整砖拼凑铺贴。

铺装石材时，强度较低或较薄的石材应在背面粘贴玻璃纤维网布，防止在铺装中破损。铺装较薄石材宜采用粘贴法，铺装较厚石材宜采用湿作业法。

采用湿作业法铺装前应在墙面设置预埋件，固定石材的钢筋网应与预埋件连接牢固，石材与钢筋网用金属丝连接固定，每块石材与钢筋网拉接点不得少于4个，拉接金属丝应具有防锈、防腐蚀功能。灌浆应分层进行，使用1∶2.5水泥砂浆。灌注砂浆前应用填缝材料临时封闭石材板缝以防漏浆。每次灌注高度宜为150～200毫米，且不超过板高的1/3，灌注后应进行插捣，让砂浆密实。待底层砂浆初凝后方可灌注上层。

采用粘贴法铺装石材的基层应平整，但不应光滑，可先进行凿毛、划刻处理。使用的胶粘剂应为结构胶，粘结强度应符合国家相关标准，配比应符合产品使用说明书要求。胶液应均匀、饱满地涂抹在基层和石材背面，并立即按照铺装线准确粘贴，就位应准确无误并应立即挤紧、找平、找正，进行定顶、卡固定。溢出的胶液应随时清除，以免损伤石材表面。

3.墙饰面铺装工程的质量验收

验收墙饰面铺砖工程应首先检验陶瓷地砖、石材、水泥、胶粘剂等材料的性能检测报告、产品质量检验合格证、进场验收记录、预埋件等隐蔽工程施工记录等文件资料。目测饰面砖的品种、规格、图案、颜色应符合设计要求，表面应平整、洁净、色泽一致、墙面突出物周围与砖面边缘整齐。用小锤轻轻敲击表面，应粘结牢固、无空鼓。尺量立面垂直度偏差应小于2毫米，表面平整度、阴阳角方正偏差应小于3毫米，接缝直线度偏差应小于2毫米，接缝高低偏差应小于0.5毫米，接缝宽度偏差应小于1毫米。

（四）地面饰面砖工程

1.地面饰面砖工程的材料准备

地面饰面砖工程主要是指石材、地面陶瓷砖的铺装，是家庭装修中客厅、餐厅、厨房、卫生间、阳台等地面的主要装修手段。石材、陶瓷地砖已经在第三章中进行了详细的介绍。应按照设计选购规格、色彩、质地、性能符合要求的产品。地面饰面砖铺装面积大，对人的视觉影响力强，使用频率最高，对家庭装修整体质量评价影响大。

地面饰面砖工程应在地面管道、电路等隐蔽工程、吊顶工程、墙面抹灰工程完成并验收合格后进行，天然石材应进行防碱处理，沙子应过筛。使用的水泥标号、性能应满足施工要求，湿作业施工现场温度应在5℃以上。

2.地面饰面砖的施工程序

地面饰面砖施工的基本程序为清扫整理基层地面→水泥砂浆找平→定标高、弹线→安装标准快→选料→预排→浸润→铺装→灌缝→清洁→养护。

铺装饰面砖的地面面层应有足够的强度，且应平整、洁净。铺装前应清除所有的施工垃圾，高低不平处要先凿平和修补，地面应洒水湿润，但不得有积水。清理后整个地面涂刷体积比为1：1的水泥砂浆，以增强基层的粘接力度。石材、陶瓷地砖的浸泡方法及要求同墙面铺装方法及要求。

大面积铺装前根据设计地面高度的要求来确定结合层砂浆厚度，拉十字线控制其厚度和石材、地面砖的平整度。在十字线交点处应安放标准块，标准块应对角安装。结合层砂浆应采用体积比1：3的干硬性水泥砂浆，干湿度以砂浆落地能散开为准，厚度以高出实铺厚度2～3毫米为宜。铺装前应在水泥砂浆上刷一道水灰比为1：2的素水泥浆或干铺水泥1～2毫米后洒水湿润，不得用水泥不经湿润直接铺贴。

铺装时应从中间向四侧退步铺装，每行铺装时应依次拉线，每块石材、地砖安放时必须四角同时水平就位，用橡皮锤轻击使其与砂浆粘结紧密，同时调整其表面平整度及缝宽，调整的幅度不应大于2毫米。天然石材、有纹理的陶瓷地砖，在铺装前应进行预排，以保证纹理顺畅、连续、美观。每行铺装后，都应用直靠尺检验平整度，并及时进行调整。有过门石及地裙边的地面，应尽量收于整块板，非整板不宜小于整板的1/3。

铺装后应及时清理表面并封闭施工现场。24小时内应进行洒水养护，并用1：1水泥浆灌缝，灌缝应饱满，以低于板面1～2毫米为宜。安装后两天之内禁止上人，如需上人应敷设实木板，待砂浆干硬后使用与地面颜色一致的颜料与白水泥搅拌均匀后嵌缝，嵌缝不得高出地表面。石材表面如有局部偏差，可用云石机打磨平整，再进行抛光处理。

3.地面饰面砖工程的质量验收

验收地面饰面砖工程应首先检验陶瓷地砖、石材、水泥等材料的性能检测报告、产品质量检验合格证、进场验收记录等文件资料。粘贴必须牢固，用小锤轻击应无空鼓。目测检查饰面板的材质、规格、颜色应符合设计要求；铺装位置、整体布局、排布形式、拼花图案应符合设计要求；表面平整、洁净；边角应整齐，接缝应平直，纵横交接处无明显错台、错位。泼水检查排水坡度合理，无倒水、积水；与地漏结合处应严密、无渗漏。

（五）木地板工程

1.木地板工程的材料准备

家庭装修中使用的木地板种类很多，施工的难易程度相差很大，本节所讲的木地板工程主要指的是实木地板的铺装施工。关于实木地板的质量鉴定和施工的基本方法，在第二章已经进行了详细说明，应严格遵守空铺与实铺的有关要求，保证施工质量。铺装木地板应在地面隐蔽工程、吊顶工程、墙饰面工程、门窗工程均已完成并验收合格后进行。

铺装实木地板应保持室内温度、湿度的稳定性，应尽量避免在大雨、阴雨等气候条件下施工。所有木地板运到施工现场后，应拆包在室内存放一个星期以上,使木地板与施工现场温度、湿度相适应后方能铺装。空铺木地板的龙骨应使用松木、杉木等不易变形的树种,厚度在10~12毫米为宜。固定地板的地板钉长度宜为板厚的2.5倍,使用时钉帽应砸扁。铺装实木地板使用的所有木材,含水率均应低于10%。

2.木地板工程的施工程序

空铺素面实木地板的基本程序为基层清理→弹线→钻孔安装预埋件→地面防潮、防水处理→安装木龙骨、找平→垫保温层→弹线、钉装基层板→找平、刨平→钉木地板、找平、刨平→装踢脚板→刨光、打磨→油漆→打蜡。实铺的基本程序除安装木龙骨、垫保温层没有外,与空铺程序基本相同。

铺装木地板的基层平整度误差大于5毫米应先用1:3水泥砂浆找平,基层表面应干燥。按照预设铺装高度弹线,在控制线内钻孔,预埋铺装踢脚板的木楔,木楔应进行防腐、防潮处理,间距、位置应准确。地面按弹线预埋安装木龙骨的木楔,木楔应进行防腐、防潮处理,间距不得大于600毫米。基层防潮宜涂刷防水涂料或铺设塑料薄膜。

安装木龙骨应与基层连接牢固,安装后应用水平尺对龙骨表面找平,如不平应垫垫木调平。龙骨上应做通风小槽,深度3~4毫米,间距300~400毫米。龙骨应进行防腐、防蛀、防潮处理。保温层一般使用泡沫塑料,不仅能起到保温效果,同时也可以起到隔音的作用。保温层不得高出龙骨表面,并应留有一定的缝隙。安装基层板(又称为毛地板)应牢固,应成30°或45°角钉钉,板缝应为2~3毫米,相邻板的接缝应错开。基层板与墙之间应留有8~10毫米的缝隙。

铺装前应进行挑选,剔除有明显质量缺陷的不合格品,有轻微质量缺欠但不影响使用的,应排放在床、柜等家具的底部。将纹理、颜色接近的地板集中使用在一个房间或部位。铺装地板时有损耗,应根据面积大小,按实际铺装面积增加3%~5%准备材料。

铺装木地板时应从凹榫边30°角倾斜钉入,硬木地板应先钻孔,孔径应为地板钉直径的85%~90%。每块板上的固定点不应少于3处,装完后要用脚踩检验无响声后再装下一块。板与板的接头要与相邻排错开。板边距墙应留8

～10毫米的缝隙，以防止板材遇湿、热膨胀造成板面起拱变形。一个房间的木地板宜一次装完，并做好成品保护。

实木地板磨光应先刨后磨，刨磨应顺木纹方向，不得戗茬，刨磨总量应控制在0.3～0.8毫米之内，用细砂纸打磨后清理表面，涂刷地板涂料。涂刷地板涂料方法与涂刷木器清油相同，漆膜应完整，打蜡应均匀、饱满。

3.实木地板工程的质量验收

验收实木地板工程应首先检验木地板、基层板、胶粘剂等材料的环保性能检测报告、产品质量检验合格证、进场验收记录等文件资料。目测检查木地板的材质、规格、铺装方向应正确，表面无刨痕、戗茬、毛刺，漆膜应完整。踢脚板应表面光滑，高度与凸墙厚度一致，与地板交接紧密，缝隙顺直。行走检查应无明显响声。尺量检查地面平整度偏差应小于1毫米，缝隙宽度应小于0.3毫米，踢脚板上口平直度偏差应小于3毫米，拼缝平直度偏差小于2毫米。

（六）涂饰工程

1.涂饰工程的材料准备

涂饰工程是家庭装修中应用最多的分项工程，具有造价低、施工周期短、可调整性强、维护修补简便等诸多优点，广泛应用于客厅、餐厅、卧室、书房等空间的装修。涂饰工程主要包括水性涂料、溶剂型涂料和天然涂料三种材料的涂饰施工。涂饰工程应在抹灰、吊顶、细部、地面及电气工程等已完成并验收合格后进行。施工中要对已完成的装饰面进行成品保护，防止污损已完成装饰面。

涂饰工程使用的乳胶漆、溶剂型油漆、木蜡油、硅藻泥等在第二章已经进行了详细讲解，应按照设计要求选购合格的产品。涂饰工程施工现场环境温度宜在5℃～35℃，并应注意通风换气和防尘。涂料在使用前应搅拌均匀，并应在产品说明书规定的时间内用完。涂饰工程对基层含水率要求较高，涂刷溶剂型涂料时抹灰基层含水率不得不大于8%；涂刷水性涂料时基层含水率不得大于10%；木质基层含水率不得大于12%。

2.水性涂料涂饰工程的施工程序

水性涂料涂饰工程是家庭装修中应用最多的分项工程，主要用于对顶棚、墙面的装修。水性涂料主要是指乳胶漆，其施工的基本程序为清理基层→填补腻子、局部刮腻子→第一遍满刮腻子、磨平→第二遍满刮腻子、磨平→涂刷封固底漆→涂刷第一遍面漆→涂刷第二遍面漆。

涂刷乳胶漆的表面必须干燥，因为水泥砂浆在未硬干前呈强碱性，干硬后碱性值会大幅下降，此时涂刷不易返碱。干透时间因气候条件而异，一般应在抹灰完工后10天以上。基层必须平整，应先对局部较凹部分刮腻子，然后再满刮腻子。腻子的质量应合格，粘附能力要强，所刮的腻子应稀稠适度。每刮完一次要等腻子干透，用细砂纸打磨平滑，方能进行下一道施工。满刮腻子最少应两遍，以使表面平整光滑，如达不到标准应增加遍数，直至达到标准。

涂刷封固底漆是为了提高漆膜的抗碱能力，应视基层情况决定，在新的抹灰墙面上，宜涂刷两遍。涂刷封固底漆和面漆的方法相同，有手刷、滚涂和喷涂三种施工方法。如需要配色时，应选择耐碱、耐晒的色浆掺入胶液，禁止用干色粉调配乳胶漆。配完色浆的乳胶漆应至少搅拌5分钟，使颜色搅匀之后方可使用。

手刷乳胶漆使用排笔，排笔应先用清水泡湿，清理脱落的笔毛后再使用。第一遍乳胶漆应加水稀释后涂刷，涂刷是先上后下，一排笔一排笔顺刷，后一排笔应紧接前一排笔，不得漏刷，涂刷时排笔蘸的涂料不能太多，一般应涂刷两排笔蘸一次。第二遍涂刷时加水应比第一遍少，以增加涂料的稠度，提高漆膜的遮盖力，具体加水量应根据乳胶漆的含固量和稠度确定。

漆膜未干时不要用手清理墙面上的排笔掉毛，应等到漆膜硬干后用细砂纸打磨掉，打磨应用力均匀，不得磨透露地。无论涂刷几遍，最后一遍都应上下顺刷，从墙的一端开始向另一端涂刷推进，接头部分应接茬涂刷，相互衔接，排笔要理顺，刷纹不能过大。涂刷时应连续、快速操作，一面墙或顶应一次刷完，中间不得间歇。宜按先左后右、先上后下、先难后易、先边后面的顺序进行。

滚涂时使用涂料辊进行涂饰，施工时先将涂料在桶中搅拌均匀，粘稠度合适后倒入一平的漆盘中，漆液不得溢出，将辊筒放入盘中蘸漆，滚动辊筒使涂料均匀适量地附于辊筒上。涂饰时先按W方式运动，将涂料大致涂抹在墙上，然后按住辊筒紧贴基层上下、左右来回滚动，使涂料均匀展开，最后用辊筒按一个方向满滚一遍。涂至接茬部位时，应使用不沾涂料的辊筒滚压一遍，以免接茬部位不匀而露出明显痕迹。

家庭装修中，手刷质量较有保证，材料的损耗也较少，但工期较长，所以一般是手刷、滚涂相结合，边角等部位手刷、大面积使用滚涂。质量较好的乳胶漆一般面漆要涂刷两遍，以漆膜0.03～0.05毫米均匀覆盖为准。

喷涂时利用压力或压缩空气通过喷枪将涂料喷到墙上，施工前应调整好空气压缩机的喷涂压力，一般应控制在0.4～0.8兆帕范围，具体施工时应按涂料产品使用说明书要求进行调整。喷涂作业时手握喷枪要稳，涂料出口应与墙面垂直，距离应控制在500毫米左右，喷枪运动速度适当并保持一致，一般每分钟应在600～800毫米间匀速运动。一般直线喷涂700～800毫米后，拐弯180°反向喷涂下一行，两行重叠宽度宜控制在喷涂宽度的1/3左右。

3.溶剂型混油涂饰工程的施工程序

溶剂型混油涂饰工程使用的是调和漆或磁漆，目的是遮盖较差树种的色彩和纹理，其施工的基本程序为清理基层→打底刮腻子→涂干性油→第一遍满刮腻子、磨平→补高强度腻子、磨平→涂刷第一遍面漆→涂刷第二遍面漆→涂刷第三遍面漆→抛光。

混油涂饰工程由于基层的品质较差，表面处理要求比较严格，除清理基层表面的杂物外，还应进行局部的腻子嵌补，修补基层的平整度，对木材表面的洞眼、节疤等缺陷部位，应用腻子找平，对有较大色差和木脂的节疤处应用漆片（虫胶漆）进行封底，以免以后渗色。为提高粘接能力，应在基层涂刷一遍干性油或清油，俗称刷底子油，涂刷干性油层要所有涂饰部分均匀刷遍，不能漏刷，涂刷干性油对保证混油涂饰工程质量非常重要。

底子油干透后，满刮第一遍腻子，腻子调成糊状，配比为重量比调和漆：松节油：滑石粉=6：4：适量。披刮应用力，并应刮平。腻子干硬后用手工细砂纸打磨，打磨应顺着木纹打磨，以免磨爆腻子层。打磨后应补高强度腻子，配比为重量比光油：石膏粉：水＝3：6：1，腻子以挑丝不断为准。满刮腻子的遍数根据基层材质状况，一般最多刮两遍。满刮第二遍腻子必须等上一遍腻子完全干透，否则会造成面层的起泡、开裂。每遍腻子的厚度不得超过2毫米。

涂刷面层油漆前应先用细砂纸打磨基层腻子，使表面光滑平整后涂刷。涂刷使用的油漆要稀稠适度，不能过稠，以防出现刷纹、堆集等。涂刷时应一刷涂完涂饰面的一条，中间不宜断开。涂刷应一排一排由上向下进行，对滚坠、刷纹要及时刷平，每遍油漆刷的要薄。涂刷第二遍面漆时，一定要等到第一遍面漆干硬后进行。涂刷前应用水砂纸对上一遍漆膜进行研磨，使表面光滑平整后涂刷。面漆涂刷遍数应根据质量要求和油漆质量确定，应达到质量要求。

面层油漆达到质量标准后，应对表面进行抛光处理。抛光前应先用水砂纸对漆膜表面进行研磨，使表面光滑后抛光。抛光应使用洁净的软布蘸砂蜡擦拭表面，提高表面的折光率。

4.溶剂型清油涂饰工程的施工程序

溶剂型清油涂饰工程是家庭装修中应用最广泛的分项工程，主要用于门窗框套、细木制作的装饰表面。溶剂型清油涂饰工程施工的基本程序为清理木器表面→磨砂纸打光→上润油粉、砂纸磨光→满刮第一遍腻子、砂纸磨光→满刮第二遍腻子、砂纸磨光→刷第一遍清漆→拼找颜色、复补腻子、细砂纸磨光→刷第二遍清漆、细砂纸磨光→效果满意后退光、打蜡、擦亮。

打磨基层是涂刷清油的重要工序，应首选将木器表面上的灰尘、油污等杂质清除干净，将钉眼、钉帽等用小锤敲击陷入木器内1毫米以上，钉帽应砸扁后陷入。打磨砂纸时应将砂纸包在表面平整的小木方中，按住小木方垫着磨，线角、大面要求磨平、磨光，并用棉丝或潮湿软布将表面的磨屑清除干净。

上润油粉也是清油涂刷的重要工序，润油粉是由质量比大白粉：汽油：光油＝12：8：1，加入颜色料配制而成，混合搅拌调制成稀糊状。施工时用棉丝蘸润油粉涂抹在木器的表面，用手来回揉擦，将润油粉擦入到木材的鬃眼内。要求木器表面需要涂饰的部位都要擦到，不能有漏擦，否则涂刷清油后会出现花脸。润油粉稍干后用麻布或木刨屑将油粉擦净，线角处用刮板刮净，不得有块状油粉块残留。待润油粉干后，用1号砂纸顺木纹轻轻打磨，先磨线角，后磨平面，磨至表面光滑。磨光时不能将棱角处润油粉全部磨掉，如果磨出白茬，应补上油粉，干后重磨。

满刮腻子前应用棉丝或湿布清理木器表面，油腻子由体积比石膏粉：光油=20：7加入适量水和颜色料调制而成，颜料加入的数量应以比润油粉颜色略浅为宜，用开刀或刮板将油腻子刮入钉孔、接缝等处，刮抹要横抹竖收，用力稳重、均匀，要求刮光、收净。腻子干透后用砂纸顺着木纹轻轻磨光，用棉丝或潮布擦净。

涂刷清油一般使用油刷，油刷的质量要合格，规格要合适，一般使用80毫米左右的油刷，刷毛应柔软，毛边应整齐。涂刷时手握油刷要轻松自然，以利于灵活方便地移动，一般用三个手指握住刷子柄，手指轻轻用力，以移动时不松动、不掉刷为准。涂刷时要按照蘸油的次数要多，每次少蘸油的原则涂刷，操作时要按照勤蘸、顺刷的要求，依照先上后下、先难后易、先里后外的顺序和横刷竖刷相结合的方法进行施工。

刷第一遍清油时，应在漆液中加入适量的稀料稀释漆液，以便于漆膜快干。操作时顺木纹涂刷，垂直盘匀，再沿木纹方向顺直，横刷与竖刷的遍数以漆膜均匀、不漏刷、不流不坠为准。待漆膜干透硬化后，用细砂纸打磨，打磨时要求将漆膜上的光亮全部打磨掉，以增加与下一遍漆的粘结强度，打磨后用棉丝或潮布擦净。涂刷时应注意施工现场的通风，尽量避免在高温、日光曝晒和阴雨、严寒、潮湿、大风环境下施工，现场严禁烟尘。

第一遍清漆刷完后，应对饰面进行整理和修补，对漆面有明显的不平处，可用颜色与漆面相同的油性腻子修补找平。若木材表面上的节疤、黑斑与漆面颜色不一致时，应配制所需颜色的油色，对其表面进行覆盖修色，以保证饰面无大的色差。

刷第二遍清漆时不要加任何稀释剂，涂刷时要刷的饱满、均匀，漆膜可略厚一些。操作时要横竖方向多刷几遍，使其光亮均匀，如有流坠现象，应趁漆膜未干时立即用刷子按原刷纹方向顺平。第二遍清漆干硬后，用细砂纸打磨掉漆膜上的光亮，擦净后涂刷下一遍清漆，直至达到标准的要求。如果油漆的质量合格，一般最多只涂刷三遍。

最后一遍清漆漆膜干硬后，应对饰面进行抛光打蜡。抛光时先使用320号水砂纸蘸肥皂水进行研磨，再用600号水砂纸蘸肥皂水进行精细研磨，研磨时用力要均匀，并保证整个漆膜都要研磨到。研磨后擦净饰面，用砂蜡（抛光膏）蘸在软布上，在漆膜表面反复揉擦，软布上砂蜡液不宜过多，揉擦时动作要快速、均匀。当漆膜表面光滑、平整后上光蜡，用棉花球蘸光蜡在漆膜表面薄薄地擦上一层即可。

5.天然涂料涂饰工程的施工程序

硅藻泥的施工程序与方法如同涂饰工程中的披刮腻子，基本程序为基层处理→披刮硅藻泥一遍→披刮硅藻泥第二遍。施工工具为木托盘和刮板，技术要求同披刮腻子。

木蜡油的施工程序与方法如同溶剂型清油涂饰工程。基本程序为基层处理→打磨木器表面→涂刷木蜡油第一遍→涂刷木蜡油第二遍。施工中注意木蜡油开罐后要充分搅拌均匀，用棉布、油刷、辊筒等工具将蜡油均匀地沿木材纹理方向涂刷，不得漏刷。注意保持施工现场良好通风，表干4～6小时，硬干20～24小时。一般应涂刷两遍，间隔应大于24小时。木蜡油不得与其他油漆或涂料混合使用。

6.涂饰工程的质量验收

验收涂饰工程应首先检验涂料、腻子、蜡油、硅藻泥的性能检测报告、产品质量检验合格证、进场验收记录等文件资料。目测检查，使用涂料、蜡油、硅藻泥的品种、颜色、图案应符合设计要求；颜色均匀一致，不得有漏涂、透底、刷纹、起皮、反锈等质量缺陷；表面应光滑，不得有裹棱、流坠、皱皮等质量缺陷。手摸检查应粘结牢固，不得有掉粉、脱落等质量缺陷。尺量检查装饰线、分色线直线度偏差应小于1毫米。

（七）护栏与扶手工程

1.护栏与扶手工程的材料准备

随着居民住宅中跃层、错层户型的增多和落地窗采光形式的增加，护栏和扶手已经成为家庭装修时的一项新的、重要的分项工程。作为家庭日常生活中的一道重要的安全保障屏障，国家对护栏及扶手的高度、栏杆间距、安装位置与安装质量制定了强制性标准，扶手高度应不小于900毫米；护栏高度应不小于1050毫米；栏杆间距应不大于110毫米，安装必须牢固。

护栏与扶手应采用坚固、耐久材料制成，一般使用金属材料，主要是使用不锈钢制作成骨架，并以木材、玻璃等材料作为人体接触部位的装饰材料。作为护栏、护手表面材料的木材应为质地坚硬的树种，木扶手与弯头的接头要在下部连接牢固，宽度或厚度超过70毫米时，接头应粘结加强，加工成型应刨光。护栏玻璃应使用厚度不小于12毫米的钢化玻璃或钢化夹层玻璃。当护栏一侧距楼地面高度为5米及以上时，应使用钢化夹层玻璃。

2.护栏与扶手工程的施工程序

护栏与栏杆应安装在地面、墙面在结构施工时预设的预埋件上，安装前应检查预埋件的数量、规格、位置和连接节点连接方式。如果结构施工中未预设预埋件，应按照国家规范的要求安放预埋件，预埋件的数量、规格、位置及节点连接方式应符合规范要求。

金属扶手、垂直栏杆与预埋件连接应牢固、垂直，如果是焊接，焊缝应饱满，表面应打磨抛光，不得有结疤、焊瘤和毛刺。安装木扶手应从底部用木螺钉固定，木螺钉应将扶手安装牢固，钉帽不得外露。护栏玻璃的规格及安装方法应符合规范要求，安装应牢固，不得松动，边缘应磨边、倒棱、倒角，不得有锋利的边角。木扶手、护栏玻璃都应由专业的加工制作企业完成，应准确测量后进行加工制作。

3.护栏与扶手工程的质量验收

验收护栏与扶手工程应首先检查所使用的金属材料、玻璃、木扶手等的性能检测报告、产品质量检验合格证、进场验收记录等文件资料。目测检查，护栏垂直，排列均匀、整齐，楼梯护栏与楼梯坡度一致；扶手表面光滑平直，色泽一致，无刨痕、锤印、裂缝和缺损。手试检查扶手与垂直栏杆、护栏玻璃安装应牢固、无松动。尺量检查护栏垂直度、栏杆间距、扶手高度偏差应小于3毫米，扶手直线度偏差应小于4毫米。

（八）马赛克铺贴工程

1.马赛克铺贴工程的材料准备

马赛克铺贴工程在家庭装修中一般用于局部点缀性装修装饰。马赛克铺贴工程具有个性化强、铺贴相对复杂、对辅助材料要求高的特点。粘贴马赛克应使用马赛克专用胶粘粉加乳液搅拌，如果基层是金属板等钢性材质的，粘贴时应选用高柔性粘接剂或聚酯胶；如果铺贴较厚的马赛克，应选用抗垂直滑移性能好的高性能高柔性粘接剂；如果在经常潮湿的部位，应选用高性能双组分抗滑移的水泥基粘接剂。

马赛克粘接剂搅拌应选择低速的电动搅拌器和干净的搅拌桶，搅拌应充分。刮抹粘接剂应使用专用的锯齿镘刀，以保证马赛克铺贴平整，减少粘接剂从马赛克缝中挤出造成的浪费。马赛克找平和填缝应使用软性灰板，不得用硬物按压、拍打或摩擦刚粘贴的马赛克。马赛克铺贴工程是终饰工程，应在基层施工完成并验收合格后进行施工。

2.马赛克铺贴工程的施工程序

马赛克施工程序为基层处理→弹线→马赛克模制作→粘贴→清理。

马赛克铺贴的基层必须坚实、平整、干燥。如果基层是木板、石膏板等易吸潮材质的，应先用防水涂料或有防水功能的界面剂涂刷基层表面，以提高基层的防水性能。

铺贴马赛克的弹线及马赛克模制作、粘贴的基本方法已经在第二章中进行描述，在工程实际铺贴时还应注意以下技术细节。

（1）铺贴时要严格控制每联与每联对接时的缝距，应制定统一的标准缝距，并严格按标准缝距铺贴。不得随意变更缝距，以保证整体效果美观、整齐。

（2）遇到拐角、转角时，应将拐角、转角基层处理成弧面再铺贴马赛克，以避免马赛克直角对接刮伤人，同时可使整体效果更美观大方。

（3）遇到弧形、不规则弧面时，宜局部采取错缝连接的方法铺贴，也可将马赛克接缝处理成梯形缝，或用专用的马赛克裁剪工具对马赛克颗粒进行裁切，以使连接面美观地过渡。

（4）马赛克填缝应使用颜色统一的填缝剂，填充度应为马赛克厚度的2/3左右，使填缝剂凹陷于马赛克表面。

（5）铺贴过程中如发现个别马赛克颗粒有严重错缝、移位时，应在粘结干固前，用尖利的器具将单块挖出，校正后重新粘贴，挖出时应谨慎、小心操作，不得损坏周边马赛克。

（6）地面马赛克铺装后，7天内不得上人行走，以保证粘结强度。如需上人，应在表面敷设硬木板保护。

（7）游泳池等大面积铺贴马赛克时，应按照先池壁、后池底的顺序进行铺贴。

3.马赛克铺贴工程的质量验收

验收马赛克铺贴工程，应首先检验工程实际效果与设计图、样本的吻合程度，铺贴效果应与设计图、样本吻合、一致。目测马赛克铺贴表面，应平整、铺贴应牢固、接缝应整齐。

五、装饰工程

（一）裱糊工程

1.裱糊工程的材料准备

裱糊工程是指使用壁纸、墙布、金属箔材等薄型材料，使用粘贴的技术装饰于顶棚、墙面的基层上，提高家庭住宅室内环境的观感质量，是高档装修中重要的分项工程。裱糊工程使用的壁纸、墙布、金属箔材、胶粘剂、刮板和毡辊等材料、工具，质量应合格，颜色、图案、材质应符合家庭装修设计的要求。壁纸的质量鉴定与使用方法在第二章中已经详细进行了讲解，墙布、金属箔材应参照墙纸的方法进行选购。

裱糊工程应在墙面隐蔽工程、吊顶工程、抹灰工程、防水工程完成并验收合格后进行，施工对环境质量的要求较高，施工现场温度应在5℃以上，空气相对湿度不得大于85%，应避免在大风、沙尘、阴雨等气候条件下进行裱糊施工。壁纸、墙布、金属箔材的施工方法基本相同，所以一般以壁纸的施工程序和技术要求对裱糊工程的施工工艺进行描述。

2.裱糊工程的施工程序

裱糊工程施工的基本程序为基层处理→粘贴接缝带→满刮腻子、磨平→涂刷防潮剂→涂刷底胶→壁纸浸水→裱糊（壁纸粘贴）→清理饰面。

裱糊工程对基层的要求很高，必须平整光滑、坚实，基层处理时应对空裂的部位剔凿后重新抹灰，将气孔、麻点、凹凸不平处补腻子找平，新安装的石膏板应在接缝处粘贴接缝带，刮腻子用砂纸磨平，不同材质的接缝处也应粘贴接缝带。阴阳角、窗台下、明露管道两侧、踢脚板上缘等处，必须清理干净、平整、光滑。对裸露的铁件应先涂刷防锈漆，然后用白漆覆盖。

裱糊工程使用的腻子有三种，制作方法已经在第二章中进行了详细的讲解。建议使用工厂生产的裱糊工程专用腻子粉，尽量避免在施工现场配制。腻子应披刮两遍，以保证基层质量。腻子干透、磨平后应在基层涂刷防潮剂，以防止墙纸受潮脱落。防潮剂一般使用防潮涂料，以酚醛清漆与汽油按体积比清漆∶清油=1∶3的比例配制，防潮涂料应涂刷均匀，不宜太厚，但不得漏刷。防潮涂料干后，应涂刷底胶，涂刷底胶一般使用107胶，以提高基层与壁纸的粘接能力。底胶一般只涂刷一遍，但不得有漏刷。

不同的壁纸、墙布的浸水方法不同，纸基壁纸必须浸水，浸水方法已经在第二章中进行了讲解。聚氯乙烯塑料壁纸裱糊前应在清水中浸泡3分钟，之后取出并抖掉浮水静置半小时后使用。复合壁纸和纺织纤维壁纸不得浸水，裱糊前用湿布在纸背面擦一遍后即可涂刷胶粘剂。金属壁纸裱糊前应浸水1~2分钟，阴干5~8分钟后使用。玻璃纤维基材壁纸、无纺墙布无需浸润，应选择粘结强度高的专用胶粘剂。如不了解材料是否需要浸水，可裁切一小条材料，浸水后观察遇水膨胀情况，遇水膨胀的都需要浸水。

裱糊壁纸前必须弹线，以保证壁纸粘贴横平竖直、图案正确。弹线的基本要求在第二章中已进行了讲解。弹线时注意弹垂线，有门窗的墙体以立边分划为好；无门窗的墙面，可挑一个近窗台的角落，在距壁纸幅宽距50毫米处弹垂线。如果拼花并要求花纹对称，应在窗户中间点弹出中心线，再向两侧分线。如果窗户不在墙体中间，为保证窗间窗阳角对称，应在墙面弹中心线，由中心线向两侧分线。

裱糊前裁割壁纸的基本方法已在第二章中进行了讲解。施工过程中要注意裁割壁纸必须由专人负责，精细测量、统筹规划、小心裁割，并应在裁割下的壁纸背面编上号码，施工时按编号顺序进行裱糊。裁好的壁纸应卷起来平放，禁止竖立摆放，编码应显露在外。

裱糊壁纸的粘结胶必须使用专用胶，不同材质的壁纸粘贴的方法不同，浸水的壁纸，背面刷胶后就可以立即进行粘贴；不浸水的壁纸，背面刷胶后要放置3～5分钟后方能进行粘贴。浸水的壁纸基层可不刷胶；不浸水的壁纸，基层也应刷胶。基层刷胶要薄而匀，可用手刷或滚刷，但不得漏刷。除阴角处刷两遍外，其余部位刷一遍即可。壁纸背面刷胶要均匀，不裹边、不起堆。壁纸刷完胶后，纸背对叠存放。玻璃纤维基材壁纸、无纺墙布粘贴时，仅在基层刷胶，壁纸背面不刷胶。

裱糊时应按照先垂直面后水平面、先细部后大面、先上后下的原则进行粘贴。贴水平面时应先高后低，从所弹垂线开始至阴角处收口。有拼花要求的，应把握先垂直、后拼花的原则。拼缝一般采用重叠拼缝法，将两侧壁纸对花重叠20毫米，在重叠处用壁纸刀自上而下切开，清除割下的壁纸后刮平，拼缝时壁纸刀应锋利，用力要均匀，一刀割透两层壁纸，既不能留毛茬，又不能切破基层。其操作方法如图4-1所示。

壁纸粘贴的基本方法已在第二章中进行了讲解。施工中注意发泡壁纸、复合壁纸不能用刮板赶压，可用毛巾或板刷赶压。阴阳角处不可拼缝，壁纸绕过墙角的宽度应大于12毫米。裱糊时应尽可能卸下基层的物件，如开关、插座等盒盖，不易卸下的，可采用中心十字切割

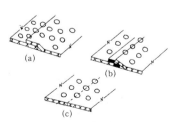

图4-1　壁纸拼花接缝操作示意图

法切割裱糊。施工中操作者应人手一条干净毛巾，随时擦去多余胶液，手和工具都应保持清洁。

3.裱糊工程的质量验收

验收裱糊工程应首先检验壁纸、墙布、胶粘剂的性能检测报告、产品质量检验合格证、进场验收报告、隐蔽工程施工记录等文件资料。目测壁纸、墙布的种类、规格、图案、颜色等应符合设计要求；在距裱糊面1.5米处正视，各幅拼接应横平竖直，拼接处花纹、图案应吻合，不离缝、不搭接、不显拼缝；近距离检测壁纸、墙布，表面应平整、色泽应一致，不得有波纹起伏、气泡、裂缝皱折、卷边、翘起及污斑；斜视时应无胶痕。

（二）软包工程

1.软包工程的材料准备

软包工程是利用海绵、泡沫等为内衬材料，用面料进行包覆，安装在基层上并用框架固定的一种装修施工方法。在家庭装修中主要用于墙面局部、室内门等部位，以提高局部的安全性、美观性、功能性。软包不仅能提高家庭装修的档次，也可提高隔音、减噪的性能，是高档装修时的重要分项工程。

软包工程应在墙面隐蔽工程、吊顶工程、抹灰工程完成并验收合格后进行。内衬材料主要有海绵、泡沫；面料一般为皮革、丝绸、棉麻等；衬板一般为三夹板或大芯板、密度板等木型材；边框一般使用实木板条或不锈钢、黄铜等金属条。软包工程使用的内衬材料、面料、衬板、边框料均应符合设计要求，并进行防腐、防火处理。软包工程施工现场温度应在5℃以上，空气相对湿度不得大于85%。

2.软包工程的施工程序

软包工程施工的基本程序为基层处理→防潮→安装木龙骨→安放内衬材料→固定面料。

软包工程对基层的要求相对较低，只要平整坚固就可以安装，但必须进行防潮处理。防潮处理一般是均匀涂刷一层清油或满铺油纸，不得用沥青油毡做防潮层。防潮层的面积与规格应与软包的面积与规格完全吻合。木龙骨是固定内衬材料的设施,宜采用凹槽榫方法预制,以保证木龙骨表面平整。安装应用木螺钉固定在墙上预埋的木楔上,安装时可整体安装,也可分片安装,应与基层墙体连接紧密、牢固。木龙骨的厚度宜在9毫米之内。

木龙骨上安装木基层板,木基层板一般选用三夹板,与木龙骨连接应牢固。内衬材料应按设计尺寸预制,规格应符合设计要求,棱角应方正,与木基层板采用胶粘的连接方式,粘接应紧密。软包表层的织物面料裁剪时应经纬顺直,一般应是整张使用,如需拼接,接缝应严密,花纹应吻合。安装时应紧贴内衬材料及墙面,无波纹起伏、翘边和褶皱。安装织物面料应保持清洁,操作人员应戴洁净的手套进行施工,以防污染面料。

固定面料的压线条及边框应顺直、美观,与基层连接应牢固。软包面料与踢脚板、电器盒等交接处应严密、顺直、无毛边。电器盒等开洞处,套割尺寸应准确。使用不同的压线条及边框牢固,其固定方式应正确,木边框应按照溶剂型清油涂饰工程的要求进行表面装饰。

3.软包工程的质量验收

验收软包工程应首先检验内衬材料、织物面料、防潮涂料、木龙骨及木基层板的性能检测报告、产品质量检验合格证、进场验收记录、防火处理施工记录等文件资料。目测检验织物面料的材质、颜色、图案应符合设计要求;软包面料无接缝,四周绷压严密,无翘边、毛刺等质量缺陷;表面平整、洁净,无凹凸不平及皱折,整体美观协调;边框的颜色、纹理协调一致。手板检查龙骨、基层板、边框应安装牢固。尺量检查垂直度、对角线长度偏差应小于3毫米;裁口、线条接缝高低差应小于1毫米;边框宽度、高度偏差应小于2毫米。

(三)地毯铺装工程

1.地毯铺装工程的材料准备

铺地毯是人类最传统的地面装修方式,至今已有数千年的历史。随着人类生产力的发展和生活方式的转变,地面装修的材料与技术不断发展,地毯的使用越来越专业化、局域化。在家庭装修中主要卧室或有特殊要求的地面,地毯铺装工程成为高档家庭装修时的重要分项工程。

地毯铺装工程应在吊顶工程、墙面工程、安装工程完成并验收合格后进行。地毯的种类很多，其品质鉴定及使用方法在第二章中已经进行了讲解，家庭装修时可根据自身状况进行选择。地毯铺装使用的工具主要有地毯张紧器、凿抹子、毡辊等，辅助性材料主要有倒刺板、地毯粘接胶等。地毯铺装宜在5℃以上、相对湿度小于85%的环境下施工，现场应保持洁净、干燥。

2. 倒刺板铺装地毯的施工程序

倒刺板铺装地毯的基本施工程序为基层处理→钉倒刺板→地毯裁割、接缝、张平→铺垫层→固定地毯→收边→修理地毯面→清扫。

地毯铺装对地面基层的要求较高，必须平整、洁净、坚实，含水率不得大于8%。墙面已安装好踢脚板，踢脚板下沿至地面间隙应比地毯厚度大2~3毫米。基层潮湿会使地毯吸水后变色，造成毯面色泽不一致。

钉倒刺板前应检查倒刺板的倒刺是否齐全、有效，安装时应方向正确，与地面基层连接必须牢固，与踢脚板的距离宜在8~10毫米，以地毯的厚度实际控制。倒刺板应沿房间四周敷设，敷设应顺直。

地毯裁割应按实际尺寸进行。对花拼接应按毯面绒毛和织纹走向的同一方向拼接，拼接前应在地毯背面注明经线方向，以避免接缝处绒毛倒绒。纯毛地毯一般用针缝接，缝时将地毯背面对齐，用线缝结实后刷地毯胶，粘贴接缝纸。麻布衬底的化纤地毯，一般用地毯胶直接粘贴接缝纸。如果地毯打开时有鼓起现象，应将地毯反过来卷一下，铺展平整。接缝处要进行修理，先将不齐的绒毛修齐，并反复揉搓接缝处绒毛，直至表面看不出接缝痕迹为止。

铺垫层的铺装方法在第二章中已经进行了讲解，地毯应铺装在铺垫层上。固定地毯使用张紧器（俗称撑子）。其构造示意图如4-2所示。

固定地毯时，将地毯短边的一端用扁铲塞进踢脚板下的缝隙，装在倒刺板上，用扁铲敲打固定，

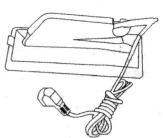

图4-2 地毯张紧器构造示意图

然后用张紧器把短边撑平后，把整个短边固定在倒刺板上，塞进踢脚板下的缝隙，用扁铲敲打，以保证所有倒刺都钩住地毯。将张紧器承脚顶住固定端墙面，用扒凿抓住地毯另一端，通过张紧器的杠杆伸缩力量，将地毯张拉平整。使用张紧器应注意张拉力量适度，力量过大易撕破地毯，太小又达不到张平的目的。用力方向应呈V字形，大面积铺装应由地毯中心开始。地毯的铺装方向，应是毯面绒毛走向的背光方向。

将张拉平整的地毯，全部固定在倒刺板上，用扁铲塞进踢脚板下的缝隙，并用扁铲敲击，以保证倒刺全部钩住地毯，避免因钩挂不实引起地毯松动。门口处无倒刺板，应用卡压条对地毯进行固定。地毯固定后应进行收边，裁割下多余毛边后再塞进踢脚板下的缝隙内。铺装好地毯后，应对表面进行清理，清理应按地毯绒毛的背光方向顺序进行。地毯铺装应一个房间连续作业，一次完成。

3.粘结式铺装地毯的施工程序

固定粘结式铺装地毯的基本施工程序为基层处理→实量放线→裁割地毯→刮胶晾置→铺装辊压→清扫。

采用粘结式铺装地毯的房间往往不安装踢脚板，如果安装也是在地毯铺装后安装，所以地毯与墙的根部直接交界，地毯裁割必须十分准确。在铺装前必须进行实地测量，同时测量墙角的方直，准确记录各角角度。裁割地毯时应沿着地毯经纱线裁割，只割断纬纱线，不割经纱线。有背衬的地毯，应从正面分开绒毛，找出经、纬纱线后裁割。

地毯刮胶应使用专用的V型凿抹子，以保证涂胶均匀。刮胶次序为先由接缝位置开始，然后刮边缘。刮胶后应晾置5～10分钟，具体时间依胶的品种、地面密实状况和施工环境条件而定，以用手触摸表面平而粘时铺装最好。铺装应从拼缝处开始，再向两边展开，不须拼缝时应从中间开始向周边铺装。铺装时用张紧器把地毯中部向墙边拉直，铺平后立即用毡辊压实。凿抹子与毡辊如图4-3所示。

图4-3 凿抹子与毡辊

4.地毯铺装工程的质量验收

验收地毯铺装工程应首先检验地毯、胶粘剂的性能检测报告、产品质量检验合格证、进场验收记录等文件资料。目测检查地毯的材质、颜色、图案应符合设计要求；表面应平整，无起鼓、褶皱、松弛等质量缺陷；接缝处应牢固，无离缝、明显接茬、倒绒；颜色一致，无错花、错格等质量缺陷；门口及其他收口处应顺直、严密，踢脚板下塞边严密、封口平整。

（四）散热器罩制作与安装工程

1.散热器罩制作与安装工程的材料准备

我国北方因冬季寒冷，住宅统一集中供暖，家庭中每个房间都要安装散热器片（俗称暖气片）。由于散热器片是统一安装的工业品，造型、色彩很难达到家庭的要求，所以在装修时要为其制作一个罩，将暖气片包装隐蔽在罩内，使整个室内环境更为协调、美观。散热器罩制作与安装工程是我国北方地区家庭装修时一项重要的分项工程。

散热器罩制作与安装工程应在吊顶工程、墙面抹灰工程及地面铺装工程完成并验收合格后进行，使用的材料主要有木龙骨、木型材板、油漆涂料，材质、规格应符合设计要求。散热器罩一般是在施工现场由木工和油工制作、安装、涂饰完成，主要使用的是手工工具。散热器罩不仅要求美观，同时要具有保证散热良好、罩体遇热不变形、便于对散热器片进行检查和维护的功能，所以散热器罩一般由罩体和罩面构成，罩面是可以拆下的门面。散热器罩的基本构造如图4-4所示。

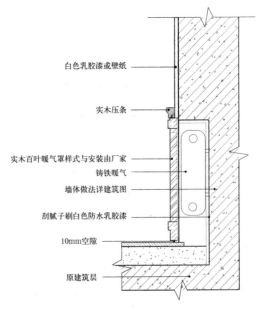

白色乳胶漆或壁纸

实木压条

实木百叶暖气罩样式与安装由厂家

铸铁暖气

墙体做法详建筑图

刮腻子刷白色防水乳胶漆

10mm空隙

原建筑层

图4-4 散热器罩的基本构造

2.散热器罩制作与安装工程的施工程序

散热器罩制作与安装工程施工的基本程序为基层处理→测量放线→木龙骨架安装→罩体框架制作安装→罩面门制作安装→表面涂饰。

安装散热器罩的基层墙面、地面应平整、坚实。首先应按设计要求在墙面、地面弹线，确定散热器罩的位置。无设计要求时，散热器罩的长度应比散热器两端各长100毫米；高度应在窗台以下或与窗台接平，不临窗的散热器罩应比散热器高50毫米以上，或控制在850毫米左右；厚度应比散热器长10毫米以上。散热器罩的罩面宜占整个罩体正面的80%。按安装控制线在墙面、地面打孔下木楔，木楔应进行防腐处理。

散热器罩的木龙骨架应按照控制尺寸预制完成，木龙骨架所用木龙骨应刨光、平整，尽量选用遇热不易变形的红、白松木。木龙骨架必须开榫连接，榫眼加胶液粘接对榫，榫接要严密，连接要牢固。将龙骨架整体固定在墙面和地面上，与预置的木楔相连接，圆钉应钉在木楔上，龙骨架与墙面应连接牢固、紧密，无缝隙。

散热器罩的饰面板一般使用五合夹板，顶面应加大芯板底衬，以增加顶部表面的强度，饰面板可使用三夹板。施工中应先封顶部大芯板，再封顶部三夹板，然后封两侧的侧板，最后封罩面板，各部位饰面板接缝处应45°对接，不得显露夹板内部结构。固定方法为射钉，连接龙骨架应紧密、牢固。罩面门与框架的连接处应设置贴脸，隐蔽与框架的接缝。在散热器罩的底部应设置通气装置，使空气在罩内形成回路，保证热气流通，加快散热器散热。

3.散热器罩制作与安装工程的质量验收

验收散热器罩制作与安装工程首先要检验木材含水率检测报告、进场验收记录等文件资料，木材的含水率应小于12%。目测检查所用木材的树种、材质应符合设计要求；造型、规格、颜色应符合设计要求。手试检查散热器罩与基层连接应牢固；散热罩面门应拆装自如、装后稳定、无松动。尺量检查散热器罩两端高低偏差应小于2毫米；表面平整度偏差小于1毫米；垂直度偏差、两端出墙厚度偏差应小于3毫米。

（五）窗帘盒制作与安装工程

1.窗帘盒制作与安装工程的材料准备

窗帘是家庭生活中每个窗户都要设置的必备设施，安装在窗帘杆或轨道上，以便于拉开、拉闭的操作。窗帘杆作为突出墙体的物件，会与家庭的整体环境造成不协调感，所以在家庭装修时，很多家庭会通过制作与安装窗帘盒，将窗帘的轨道、挂杆、幔头等隐蔽起来，以提高家庭住宅室内环境的整体感。窗帘盒制作与安装工程是高档家庭装修时一项重要的分项工程。

窗帘盒制作与安装工程应在吊顶工程、墙面抹灰工程和披刮腻子完工并验收合格后进行。窗帘盒一般采用木制，使用的材料主要有木龙骨、木型材板、油漆涂料和窗帘轨道、窗帘杆，所用材料的材质、规格应符合设计要求。窗帘盒一般是在施工现场由木工及油工制作、安装、涂饰完成，主要使用手工工具进行施工。窗帘盒制作与安装工程应与吊顶工程、窗套工程进行整体设计，可与窗套工程平行施工。窗帘盒的基本构造如图4-5所示。

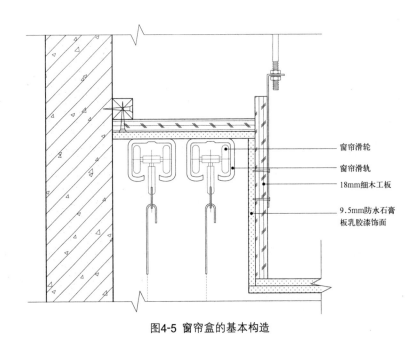

图4-5 窗帘盒的基本构造

2.窗帘盒制作与安装工程的施工程序

窗帘盒制作与安装工程的基本程序为基层处理→测量放线→窗帘盒制作安装→窗帘杆及轨道安装→表面涂饰。

窗帘盒安装的基层墙面应平整、坚实、干燥。制作、安装前应按设计要求在墙面弹线，确定窗帘盒的位置。设计无要求时，窗帘盒宜深处窗口两侧200～300毫米，窗帘盒中线应对准窗口中线，并使两端伸出窗口长度相等；高度宜在100毫米左右，窗帘盒下沿与窗口上沿应平齐或略低；宽度依照窗帘轨道或杆数量确定，单轨宜在120毫米左右，双轨宜在150毫米左右。房间宽度较小时，可设置贯通式窗帘盒。按安装控制线在墙面打孔下木楔，木楔应进行防腐处理。顶棚吊顶窗帘盒不应突入吊顶，上口应与吊顶平齐。

制作窗帘盒有两种工艺，一种是使用大芯板，开燕尾榫粘胶对接，榫接应牢固，表面贴饰面板，胶粘加射钉固定；另一种是木龙骨双色夹板工艺，先制成木龙骨架，两侧包三夹板，胶粘加射钉固定。无论使用何种工艺，遮挡板外立面都不得有明榫，底边可视面应做封边处理。贯通式窗帘盒可直接固定在两侧墙面及顶棚上，非贯通的独立式应安装预埋的木楔上，也可用膨胀螺栓固定。

窗帘轨道安装应平直，窗帘轨固定点必须在底板的龙骨上，连接必须用木螺钉，严禁用圆钉固定。采用电动窗帘轨时，应按产品说明书进行安装调试。窗帘盒安装后要进行终饰处理，遮挡板与顶棚交接处应用角线收口；饰面应按涂饰工程要求进行涂饰施工。

3.窗帘盒制作与安装工程的质量验收

验收窗帘盒制作与安装工程应首先检验木材的含水率检测报告，木材的含水率应小于10%，窗帘轨道的产品质量检验合格证、进场验收记录等文件资料。目测检查所用木材的树种、材质应符合设计要求；造型、规格、颜色应符合设计要求。手试检查窗帘盒安装牢固，与墙面紧贴无缝隙；手拉窗帘应开闭自如。尺量检查窗帘盒高端高低偏差小于2毫米；表面平整度偏差小于1毫米；垂直度偏差、两端出墙厚度偏差小于3毫米。

（六）装饰线安装工程

1.装饰线安装工程的材料准备

装饰线安装是为了丰富基层表面层次感，美化和优化不同界面的衔接等所进行的装饰性工程，对提高家庭装修的档次具有较明显的作用。装饰线安装工程具有成品化水平高、造价低、施工简捷、装饰效果明显的特点，是家庭装修时一项重要的分项工程。

装饰线安装工程应在隐蔽工程、抹灰工程完工并验收合格后进行。装饰线一般不在施工现场制作，而是到市场中选购后到现场安装，包括装饰角线、灯池线等，其材质、质量鉴定及安装方法在第二章已经进行了讲解，家庭装修时可根据设计风格、装饰部位和支付能力进行选购。装饰线安装工程宜在较为干燥的环境条件下施工。

2.装饰线安装工程的施工程序

装饰线安装工程的基本施工程序为基层处理→测量弹线→装饰线安装→表面涂饰。

装饰线安装的基层必须平整、坚实、干燥，应该在抹灰工程干硬后披刮完腻子以后进行安装。木质角线、石膏质角线及灯池线的安装方法已在第二章中进行了详细讲解，施工中注意石膏装饰线使用螺钉固定时，应用电钻打孔，螺钉钉头应沉入孔内，螺钉应做防锈处理。金属类装饰线、件安装前应进行防腐处理，铆接、焊接或紧固件连接时，紧固件位置应整齐，焊接点应在隐蔽处，焊接表面应无毛刺。

3.装饰线安装工程的质量验收

验收装饰线安装工程应首先检验装饰线、胶粘剂的性能检测报告和进场验收记录等文件资料。目测检查装饰线的材质、规格、造型、图案应符合设计要求；安装顺直、色泽一致，无损缺、污染。手试装饰线应安装牢固，无松动、缝隙。尺量检查水平度每米偏差应小于1毫米；垂直度偏差小于3毫米；单独花饰中心位置偏差应小于10毫米。

（七）木饰面安装工程

1.木饰面安装工程的材料准备

由于受中国传统木建筑文化的影响，在中国家庭装修中对墙面进行木饰面装饰的比例较高，如木墙裙、木装饰墙等。木饰面由于纹理自然、流畅，颜色稳重、典雅，又具备一定的安全、健康、环保功能，其安装工程已经成为家庭装修时的重要分项工程。该安装工程主要用于客厅、卧室墙面的局部装饰，以提高家庭装修的档次和满足个性化需求。

木饰面安装工程应在隐蔽工程、抹灰工程完工并验收合格后进行。饰面板一般不在施工现场制作，而是在市场中选购后到现场安装。木饰面安装工程使用的材料主要有木龙骨、木饰面板等，现场由木工进行安装施工，主要使用手工工具。木饰面安装工程使用材料的材质、树种、规格应符合设计要求，木墙裙的高度一般在900毫米；木饰面墙应按设计要求安装。木墙裙有腰带式和无腰带式两种，无腰带式应设计拼缝处理方式，有平缝、八字缝、线条压缝三种工艺，家庭装修一般采用线条压缝工艺。

2.木饰面安装工程的施工程序

木饰面安装工程施工的基本程序为基层处理→测量弹线→安装木龙骨→木饰面板安装→木饰面整理。

木饰面安装工程的基层应平整、坚实、干燥，施工前应对基层表面进行清理，并对表面进行整理，使其满足木饰面安装施工要求。木饰面安装前应先测量放线，按设计图样及尺寸在墙上弹出水平标高线、板面分板线等控制线。在控制线内打孔，打入经过防腐处理的木楔，打孔应在标高控制线下侧10毫米及分板线上。预埋木楔后应对墙面进行防潮处理，一般是在基层涂刷一般溶剂型清油。

安装木龙骨时横龙骨间距应为400毫米；竖龙骨间距应为600毫米，或根据木饰面规格设定。木龙骨宜选用不易变形的红、白松木烘干料，并应进行防腐、阻燃处理。安装时将木龙骨用圆钉固定在预设的木楔上，横龙骨上应设置通气孔，每档至少一个。距地面5毫米处应在竖龙骨底部设置垫木，垫木厚度应比龙骨高出木饰面板的厚度尺寸，以备安装踢脚板时使用。木龙骨的表面应平整、光滑，与木楔的连接应牢固。

安装木饰面板有固定安装和卡件干挂两种方法。采用固定安装法时，木饰面板应由左向右、由下向上依次安装，安装时在木龙骨外侧刷胶，将木饰面固定在木龙骨上，并用射钉斜射加固，钉眼距板上沿应不小于12毫米、距两头板端不小于20毫米。木饰面的接缝处必须在竖龙骨上，采用线条压缝时应用压条压缝。在木饰面底部安装踢脚板，踢脚板应固定在木龙骨下方的垫木及木饰面上，踢脚板上沿口可用木线条压缝固定在木饰面上。

卡件干挂法适宜用于较厚木饰面板的安装，饰面板厚度应大于16毫米。卡件由铝合金制成，一般由饰面板生产厂家提供。木饰面板背后开直口槽，槽口宽度应大于或等于3毫米，槽口深度为10毫米，正、负误差不得大于1毫米。安装时在板槽内填满专用耐候胶，将卡件插入槽口内埋入槽内的耐候胶中，待卡件牢固后，将卡件直接钉挂在木龙骨架上，龙骨与卡件间应添加防腐垫片。固定卡件时螺钉应紧贴卡件，将其紧固在龙骨上。卡件干挂法应预先精确计算各块木饰面板的规格并进行预排后方能进行安装，起始板的位置不限，但一般按由下向上的顺序安装。

木饰面安装完成后，应立即对木饰面表面进行清理。如果是素板，应按照清油涂饰工程要求进行木饰面涂饰；如果是成品板，应在板的接缝处打胶密封，胶痕应低于板面，呈凹状，打胶应连续。

3.木饰面安装工程的质量验收

验收木饰面安装工程应首先检验使用的木饰面板、木龙骨的含水率检测报告，木饰面板的含水率应小于12%，木龙骨应小于10%，进场验收记录等文件资料。目测木饰面板的树种、材质、规格应符合设计要求；安装外形尺寸正确，分格规矩，色泽一致，无死节、髓心、腐斑等质量缺陷。手试检查木饰面板应安装牢固，手摸漆膜应光亮、平滑。尺量检查木饰面上口、腰带及踢脚板上口平直度偏差小于2毫米；出墙厚度及分格偏差应小于1毫米。

（八）板材干挂工程

1.板材干挂工程的材料准备

大规格的石材、陶瓷板材在墙面的铺装，如果采用水泥砂浆铺装，板材的厚度要求高、整体工程的荷载大、施工质量控制难度大，因此，大多采用干挂的形式进行铺装，是建筑幕墙技术向室内装修的延伸。由于干挂技术是依靠成品化的工业构件对板材进行安装、固定，主要施工内容是在施工现场外的工厂对铺装的板材进行加工、组装，现场只进行安装、调试，现场施工速度快、效率高，场地干爽、整洁，正在逐步成为室内大面积墙面石材、陶瓷板材应用的主要技术方式。

板材干挂的技术特点是要对板材进行深加工，将挂构件固定在板材上，再安装在基层表面上，共需要使用挂构件、干挂件、连接角码、固定件等专用的部件构成一个完整的组合体系。挂构件是固定板材的专用构件，主要用于在板材的背面固定板材，一般有背栓式和背槽式两种基本形式；干挂件、扣件、栓件是连接挂构件与基层的连接件；角码、挑件是调整板材位置的调节件；固定件是在基层上固定点的构件。板材干挂一般在板材的四周固定4点，所以每块板材需要配备4套专用构件。

板材干挂有龙骨和无龙骨两种形式，面积较大时应使用龙骨体系，面积较小时可将固定件直接置入基层墙面，板材直接挂接在固定件上。基层应平整、坚固、干燥。干挂工程使用的专用构件，应以铝合金、不锈钢为主要材质，施工时应进行防护处理。板材干挂工程应在抹灰工程、吊顶工程完工并验收合格后进行，场地应清洁。

2.板材干挂工程的施工程序

板材干挂工程施工的基本程序为基层处理→测量弹线→板材加工→固定件安装→板材干挂→饰面整理。

板材干挂工程的基层应平整、坚实、干燥。施工前应对基层表面进行清理，使其满足板材干挂施工要求。板材干挂工程的测量放线非常关键，必须提前做好准备，力求测量精细，要按照设计图纸和板材的尺寸在墙上弹出水平标高线、板面分板线、固定点位线等控制线，并按照设计要求弹出龙骨安装控制线等。

板材加工主要有背栓及背槽两种加工形式。背栓式使用专用加工设备，在板材的背面按设计尺寸加工成一个里大外小、表面不透的锥形圆孔，将锚栓植入锥孔中，拧动螺母，使锚栓底部彻底张开，与锥形孔相吻合，形成一个无应力的凸形组合。背槽是使用专用加工设备，在板材的背面按设计尺寸加工成一个里大外小的燕尾槽，然后将专用的锚固件采用机械和胶粘的方式与板材连接固定，形成一个挂构件组合。板材加工的深度应不大于板材厚度的80%，加工应精准，使用的胶粘剂应为硅酮结构胶，加工锥孔或燕尾槽、挂构件打胶带等应在施工现场外的专业加工场地进行加工。

有龙骨的板材干挂工程，龙骨应使用轻钢龙骨，龙骨应固定在基层的预埋件上，龙骨内应设镀锌角码，外部的连接角码应固定在龙骨上。无龙骨的应使用膨胀螺栓将不锈钢角码固定在挂接点上。龙骨安装和挂接点固定应牢固、准确、齐整。

由于挂件、扣件、栓件的形式不同，挂构件与固定件的连接形式也就不同，图4-6是板材干挂工程几种不同连接形式的节点图。

安装时通过调整连接挂件与角码的不锈钢螺栓的位置，使板材的安装面平整、方正，板距统一、规范。安装后应对板材表面进行清理，板缝应按设计要求进行打胶或嵌入密封胶条。

3.板材干挂工程的质量验收

验收板材干挂工程应首先检验挂构件、干挂件、连接角码、固定件的性能检测报告及工厂板材加工的生产记录、产品质量检验合格证、进场验收记录、施工记录等文件资料。目测检验板材安装表面，应平整，纹理、花色应符合设计要求；板缝应统一，处理应符合设计要求、板材背面加工应整齐，栓孔、背槽边缘无破损；挂构件、干挂件、连接角码、固定件的选用符合设计要求，安装应牢固。

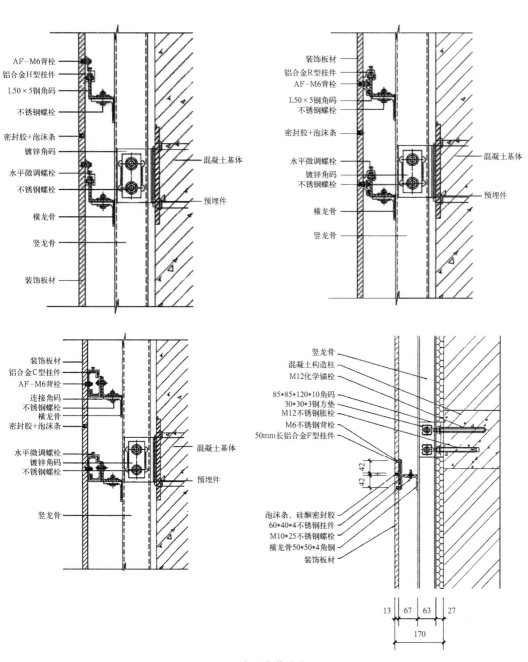

AF－M6背栓
铝合金H型挂件
L50×5钢角码
不锈钢螺栓
密封胶+泡沫条
镀锌角码
水平微调螺栓
不锈钢螺栓
横龙骨
竖龙骨
装饰板材
混凝土基体
预埋件

装饰板材
铝合金R型挂件
AF－M6背栓
L50×5钢角码
不锈钢螺栓
密封胶+泡沫条
水平微调螺栓
镀锌角码
不锈钢螺栓
横龙骨
竖龙骨
混凝土基体
预埋件

装饰板材
铝合金C型挂件
AF－M6背栓
连接角码
不锈钢螺栓
横龙骨
密封胶+泡沫条
水平微调螺栓
镀锌角码
不锈钢螺栓
竖龙骨
混凝土基体
预埋件

竖龙骨
混凝土构造柱
M12化学锚栓
85*85*120*10角码
30*30*3钢方垫
M12不锈钢胀栓
M6不锈钢背栓
50mm长铝合金F型挂件
42 42
泡沫条、硅酮密封胶
60*40*4不锈钢挂件
M10*25不锈钢螺栓
横龙骨50*50*4角钢
装饰板材
13 67 63 27
170

图4-6a 有龙骨背栓式

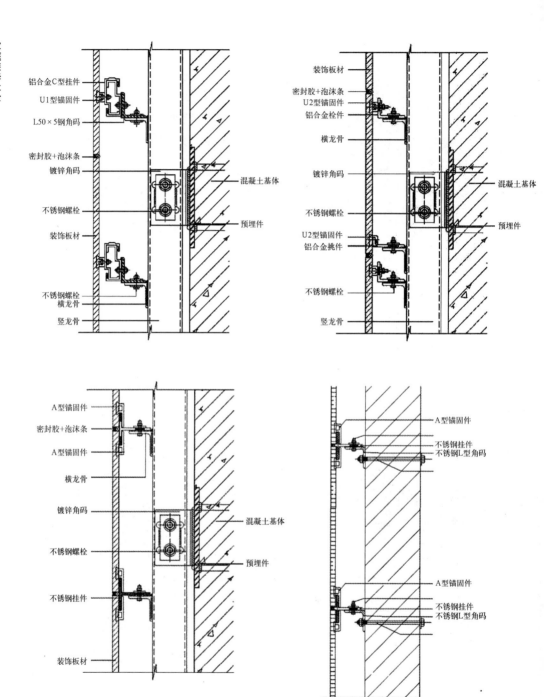

铝合金C型挂件
U1型锚固件
L50×5钢角码
密封胶＋泡沫条
镀锌角码
不锈钢螺栓
装饰板材
不锈钢螺栓
横龙骨
竖龙骨

装饰板材
密封胶＋泡沫条
U2型锚固件
铝合金栓件
横龙骨
镀锌角码
不锈钢螺栓
U2型锚固件
铝合金挑件
不锈钢螺栓
竖龙骨

混凝土基体
预埋件

A型锚固件
密封胶＋泡沫条
A型锚固件
横龙骨
镀锌角码
不锈钢螺栓
不锈钢挂件
装饰板材

混凝土基体
预埋件

A型锚固件
不锈钢挂件
不锈钢L型角码
A型锚固件
不锈钢挂件
不锈钢L型角码

图4-6b 有龙骨背槽式

图4-6c 无龙骨背槽点挂式

六、安装工程

（一）卫浴设备安装工程

1.卫浴设备安装工程的材料准备

卫浴设备安装工程主要指的是坐便器的安装。家庭装修时主要选用的是陶瓷坐便器，其种类、质量鉴定等已在第三章中进行了讲解。家庭装修时可根据装修风格、给排水口尺寸、家庭支付能力等选购，选购时应优先选择节水型产品。除卫浴设备外，安装时还需要大号螺栓、接水管线、弯头等管件等辅助材料。辅助材料的质量对安装工程质量同等重要，应选购质量有保证的辅助材料。

卫浴设备安装工程应在卫生间隐蔽工程、吊顶工程、墙面工程和地面工程完工并验收合格后进行。安装应由有资格的专业技术工人完成操作。坐便器在安装前应做满水或灌水试验，排水应畅通，无渗漏，材质、规格、尺寸应符合设计要求。

2.卫浴设备安装工程的施工程序

卫浴设备安装施工的基本程序为测量放线→安置预埋件→安装坐便器→安装配件。

卫浴设备测量放线一般采用实物测量的方法，将坐便器出水管口对准下水管口，放平找正，在坐便器螺栓孔眼处画好印记，移开坐便器。对准坐便器后尾中心，画垂直线，在距地面800毫米处画水平线，根据水箱背面两个边孔的位置，在水平线上画印记。当墙体为多孔砖墙时，应凿孔填实水泥砂浆；当墙体为轻质隔墙时，应在墙体内设后置埋件，后置埋件应与墙体连接牢固。连体式坐便器在下层排水时无需在墙上设置预埋件。

安装卫浴设备的预埋件应牢固，在地面墙面坐便器安放螺栓处，以印记为中心，打直径20毫米，深60毫米的孔洞，把直径10毫米螺栓插入洞内，用水泥捻牢，螺栓与地面应垂直。在墙面背水箱边孔印记处，以印记为中心，打直径20毫米，深70毫米的孔洞，把直径10毫米的插入洞内，用水泥捻牢，螺栓与墙面应垂直。同层排水应在地面设坐便器的支撑体系。

　　安装卫浴设备时应进行预装，将坐便器对准预埋螺栓放好，检查无误后，将坐便器移开，在坐便器出水口及下水管口周围抹上油灰窝嵌，再把坐便器的四个螺栓孔对准螺栓放下，方正找平后，螺栓上套好胶皮垫，拧上螺母，拧至松紧适度。安装背水箱应将背水箱挂在螺栓上，放平找正，特别是要与坐便器中心对准，螺栓上垫好胶皮垫，拧上螺母，拧至松紧适度。各种陶瓷类坐便器不得使用水泥砂浆窝嵌。

　　安装背水箱下水弯头时，先将背水箱下水口和坐便器进水口的螺母卸下，背靠背地套在下水弯头上，胶皮垫也分别套在下水管上。把下水弯头的上端插进背水箱的下水口内，下端插进坐便器进水口内，然后将胶垫推到水口处，拧上螺母，把水弯头找平找直，用钳子拧至松紧适度。

　　用八字门连接上水时，应先量好水箱漂子门距上水管口的尺寸，配好短节，装好八字门，装入上水管口内。将铜管或塑料管按尺寸断好，需煨弯时应把弯煨好，然后将漂子门和八字门螺母背对背套在铜管或塑料管上，管两头缠油石棉绳或铅油麻线，分别插入漂子门和八字门进水口内，拧紧螺母。卫浴设备安装如图4-7所示。

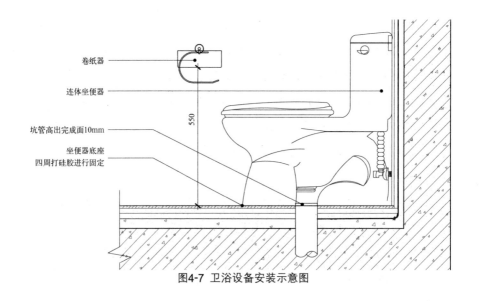

卷纸器

连体坐便器

坑管高出完成面10mm

坐便器底座
四周打硅胶进行固定

550

图4-7 卫浴设备安装示意图

3.卫浴设备安装工程的质量验收

验收卫浴设备安装工程应首先检验坐便器的质量检验合格证、进场验收记录和满水试验报告等文件资料。目测坐便器的安装位置、固定方法，应符合设计要求；同层排水应在坐便器下部设置与地面的支撑点；出水口应与下水管口吻合、密封严实。手试坐便器给水畅通，冲水有力、畅通；坐便器安装牢固、表面光洁、安装平整，无损伤、渗水等质量缺陷。

（二）盥洗设备安装工程

1.盥洗设备安装工程的材料准备

盥洗设备安装工程主要是指洗手盆、浴缸、净身器、淋浴房、桑拿房的安装。洗手盆、浴缸、净身器、淋浴房、桑拿房的种类、质量鉴定方法等已在第三章进行了讲解，家庭装修时可根据装饰风格、卫生间面积、家庭生活习惯等进行选购，选购时应优先选择节水型产品。盥洗设备安装时，还需要螺栓、水管、件等辅助材料，辅助材料质量对安装工程质量与盥洗设备同等重要，应选购质量有保证的辅助材料。

盥洗设备安装工程应在卫生间隐蔽工程、吊顶工程、墙面工程和地面工程完工并验收合格后进行。安装应由有资格的专业技术工人完成。盥洗设备安装可与卫浴设备安装同时进行，所有设备在安装前都应进行通水试验，给水、排水应畅通，材质、规格、尺寸应符合设计要求。

2.洗手盆安装的施工程序

洗手盆安装工程施工的基本程序为测量放线→安置预埋件→安装洗手盆→安装配件。

洗手盆安装分为台面式安装和独立式安装两种，无论何种安装方式都应首先测量放线，确定洗手盆的安装位置及固定方式。按照下水管口中心画出竖线，由地面向墙面延伸，量出安装的高度，在墙面画出水平线，根据洗手盆的宽度在墙上画好印记。打直径20毫米、深70毫米的孔洞，将直径10毫米的螺栓插入洞内，用水泥捻牢。将洗手盆管架挂在螺栓上，螺栓上套胶垫、眼圈，带上螺母，拧至松紧适度，管架端头应超过洗手盆固定孔。把洗手盆放在管架上找平，将直径4毫米的螺栓一端焊上一横铁棍，插入洗手盆固定孔内，一端插入管架孔内，带上螺母，拧至松紧适度。

安装独立架式洗手盆，应按照下水管口中心线画出竖线，由地面向墙面延伸，量出安装高度，画水平线同竖线或十字线，按洗手盆宽度居中在水平线上画出印记，再按洗手盆固定孔两侧对称画出一竖线，把洗手盆架摆好，画出螺孔位置。打直径15毫米、深70毫米孔洞，铅皮卷成卷塞入洞内，用木螺钉将盆架固定在墙上。把洗手盆放在架上，将活动螺栓松开，将活动架的架钩钩在洗手盆的洗手盆固定孔内，拧紧活动架螺丝，找平找正。

洗手盆与直存水弯下水连接时，应先在洗手盆下水口的丝扣上抹铅油，缠少许麻线，将下水管上节拧在下水口上，松紧应适度。再将存水弯下节的末端缠油石棉绳插入下水口内，把胶垫放在存水弯的连接处，螺母用手拧紧，再用平口板子将螺母拧至松紧适度，调直找正后用油灰将下水管口塞严抹平。洗手盆与八字存水弯下水连接，应先在洗手盆下水口丝扣下端抹铅油，缠少许麻线，将下水管立节拧在下水口上，再将存水弯横节按需要长度配好，把螺母和护口背靠背套在横节上，在端头缠好油石棉绳试安装，检测高度是否合适，如不合适可用立节调整。调整合适后把胶垫放在螺口内，拧紧螺母，用平口板子拧至松紧适度，调直找平，清理作业面。

洗手盆上水连接用八字门连接水嘴时，先量出八字门上水管口的尺寸，配好短节，装上八字门，再将丝扣抹铅油缠麻。如果上水管暗装，可将护口盘套在管上，上完管后在护口内填满油灰，将护口盘套向墙面按实、按平、找平整。如果上水管明装，则将丝扣拧在上水管口内，用平口板子拧至松紧适度，将铜管或塑料管按尺寸断好，需煨弯的应把煨好。将水嘴和八字门的螺母卸下，背靠背套在铜管或塑料管上，分别缠好油石棉绳或铅油麻线，上端插入水嘴内，下端插入八字门内，上好螺母，用平口板子拧至松紧适度。将洗手盆找平找直，把丝扣和螺母处油麻清理干净。图4-8是洗手盆安装示意图。

3.浴缸安装的施工程序

浴缸安装工程施工的基本程序为基层处理→浴缸安放→上、下水接通。

浴缸安装前应将浴缸内擦洗干净，带腿的浴缸先将腿上的螺丝卸下，将

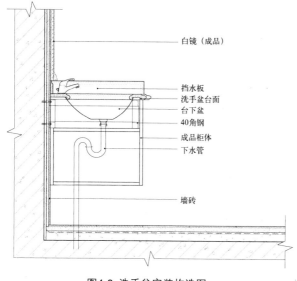

图4-8 洗手盆安装构造图

白镜（成品）

挡水板
洗手盆台面
台下盆
40角钢
成品柜体
下水管

墙砖

拨销母插入浴缸底卧槽内，把腿扣在浴缸上，带好螺母，拧紧找平。浴缸如需砌砖腿时，应将砖腿预先砌好，抹好水泥砂浆，将浴缸安放在砖台上，找平正。砖腿（台）应于浴缸底部吻合，使浴缸安装后牢固、平稳，如不吻合，应用水泥砂浆填实找平，并待水泥砂浆干硬后安装。

安装浴缸下水时，将浴缸下水三通螺母套在下水横管上，缠好油石棉绳，插入三通中口，拧紧螺母。三通下口装好铜管插入下水管口内，铜管下端翻边，将浴缸下口圆盘下加胶垫、抹油灰，插入浴缸下水孔眼，外侧再套上胶垫和眼圈，丝扣处抹铅油、缠麻、抹油灰。用卡拨子卡住下水口十字筋，装入弯头内。将溢水立管套上螺母，缠上油石棉绳，插入三通的上口，对准浴缸溢水孔，拧紧螺母。溢水管弯头处须加1毫米厚的胶垫，抹油灰，将螺栓穿过花盖装入弯头内"一"字丝扣上面，无松动即可。浴缸下水三通出口和下水管接口处，缠油石棉绳，捻实，再用油灰封闭严密。

浴缸安装长脖水嘴时，如在墙上安装冷热水嘴，先将上水管口用短管找正，量出短节尺寸，锯管后两端套丝，将一端抹油缠麻线，拧入管口内，拧紧找正，除净麻头，出水龙头安装在短节的另一端。如安装带淋浴混合水门时应先试装，将冷、热水管口丝堵卸下，用一头带丝扣的短管装入管口内，试平找正；把混合水门进水口抹铅油拧上护口，用钥匙插入进口，装入冷、热水管口内，校对好尺寸，护口应紧贴墙面，然后将混合嘴对正进口，拧紧螺母，试平找正。试装合适后做印记，将混合水门卸下，重新抹油缠麻后安装。

227

浴缸安装构造如图4-9所示。

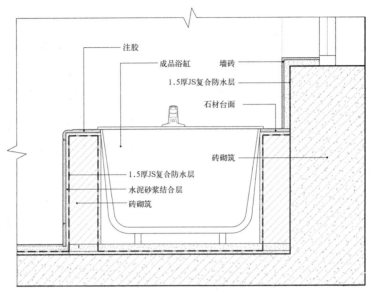

图4-9 a浴缸安装构造图

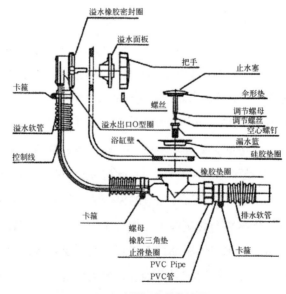

图4-9 b浴缸安装构造图

冷热水管安装应左热右冷，平行间距应不小于200毫米。

4.淋浴房安装的施工程序

淋浴房安装主要指的是热水器的安装及淋浴喷头的安装，基本施工程序为安装热水器→安装淋浴喷头。

安装热水器主要有固定热水器和接通供水管路两个工序，一般由热水器生产厂家负责施工。固定热水器应在墙面按热水器安装部位测量放线，做好印记，打直径20毫米、深60毫米的孔洞，插入直径10毫米的螺栓，用水泥捻牢。热水器安装孔插入螺栓上，加胶垫、眼圈用螺母拧紧。热水器供水管道应使用不锈钢蛇皮管，一端与给水出口连接，一端与热水器进水口连接，连接时应缠油石棉绳。

淋浴喷头现多为组合而成的成品，安装时主要有固定控制把柄和放置喷淋头装置、接通供水管道两个工序。如果控制把柄在热水器下方，则直接连同冷、热水进水管即可，连接应用硬管，连接方法同浴缸水龙头。如控制把柄在淋浴房的其他位置，冷、热水管又是暗敷，则应按出水口直径锯管，两头套丝扣，将出水口与控制把柄连接，连接应紧密，无渗漏。安装放置喷淋头的配件，应在墙内设木楔，木楔应进行防潮、防腐处理，配件安装应牢固。控制把柄与喷淋头连接应用不锈钢软管，长度应以在淋浴房内各处都能使用为准，建议不要超过2米。不锈钢软管与喷淋头、控制把柄连接应紧密、无渗漏。淋浴喷头安装后，应进行通水试验。

5.净身器安装的施工程序

净身器安装的基本程序为净身器组装→测试→安装。

净身器组装应按照产品说明书的组装方法规范组装。一般方法是将混合开关、冷热水门的门盖和螺母卸下，下螺母上下调试平正，以适合三个水门；使水门装好后，上螺母与门颈丝扣基本平直，将喷嘴转芯门装在混合开关四通的下口。将冷热水门出口螺母套在混合开关的四通横管上，加胶垫拧紧螺母。将三个水门的门颈加胶垫，同时由瓷盆下沿向上穿过瓷盆孔眼，水门上加胶垫和眼圈，拧上螺母。混合开关上面加角型胶垫和少量油灰，扣上长方盖盘，拧上螺母，将空心螺栓穿过盖盘及瓷盆，下面加胶垫和眼圈，拧紧螺母。

将混合开关上螺母拧紧，螺母须与转芯门的门颈空档丝扣执平，将门盖放入门桩旋转，能使转芯门空档转、停30°即可。如空档失调，可将混合开关下螺母向上调整，合适后将上螺母拧紧，然后再将两个水门上螺母对称后拧紧，装好三个水门门盖，将瓷盆安装好。

安装喷嘴时将喷嘴靠瓷盆处加1毫米胶垫，抹油灰，将定型铜管一端与喷嘴连接，另一端与混合开关四通下转芯连接，拧紧螺母，转芯门的门桩须朝一侧，与四通横管并行。

安装下水口时将下水口里外加胶垫，穿过瓷盆下水孔眼，装入下水三通的上口。检查下水口与瓷盆连接是否严密，如有松动现象，可将下水口锯掉一节，合适后将下水口圆盘下加1毫米胶垫，抹油灰，外面加胶垫和眼圈，用叉板子卡在下水口里突出的筋上，装入下水三通的中口，使其溢水口对准瓷盆的溢水眼。

安装手提拉杆时，将挑杆弹簧圆珠装入下水三通的中口，拧紧螺母，将手提拉杆插入空心螺栓，用卡具和横挑杆连接好，并调正定位。

安装好的净身器瓷盆应接通临时上水进行测试，测试无渗漏后安装在地面下水管口处，安装方法如坐便器。图4-10为净身器安装示意图。

6.盥洗设备安装工程的质量验收

验收盥洗设备安装工程应首先检验盥洗设备的性能检测报告、产品质量验收合格证、进场验收记录和蓄水、通水试验报告等文件资料。目测盥洗设备的材质、规格、型号应符合设计要求；位置应正确，表面应洁净，无缺

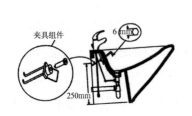

夹具组件　6mm　250mm

图4-10 净身器安装示意图

损、污染等质量缺陷。手试检查应安装牢固，给水、排水应通畅、无堵塞，控制龙头、把柄应灵活有效。

（三）厨房设备安装工程

1.厨房设备安装工程的材料准备

厨房设备安装是实现厨房功能的基本手段，也是家庭装修时最重要的基本分项工程。关于厨房设备的设计、质量鉴定等已在第三章进行了讲解，除橱柜、配件外，抽油烟机、灶台等也应相互协调、配套，才能保证功能得以实现。厨房设备安装时使用的连接件、紧固件的规格、质量，也直接影响到安装质量，特别是给水管、水龙头的安装和环保质量，直接决定了家庭生活的安全水平，应选购质量可靠的产品。

厨房设备安装工程应在隐蔽工程、吊顶工程、墙面工程和地面工程完工并验收合格后进行。安装应由专业技术工人进行操作，安装现场应洁净。

2.厨房设备安装工程的施工程序

厨房设备安装工程施工的基本程序为产品检验→基层处理→安装吊柜→安装底柜→接通调试给、排水→安装灶具→通气试验→安装配套电器→测试调整→清理。

厨房设备安装前应对橱柜的规格、尺寸、加工质量进行检验，对水龙头、灶台、抽油烟机的性能、规格、款式、质量等进行检验，检验合格后方能进行安装。

橱柜的安装应视墙面的材质进行基层处理。基层为水泥或陶瓷墙砖时，应用膨胀螺栓连接；如基层为砖墙时，应预埋木砖，木砖应进行防腐、阻燃处理。

吊柜的安装应根据不同的墙体采用不同的固定方法。后衬挂板长度应为吊柜长度减去100毫米。后衬挂板长度在500毫米以内的，加固钉应不少于2个；在800毫米以内的应不少于3个，加固钉长度不得小于50毫米。安装时应先调整柜体水平，然后调整合页，保证门扇横平竖直。吊柜高度应为吊柜底板距地面1500毫米以上。两组吊柜相连，应取下螺钉封扣，用专用木螺钉相连，两吊柜柜体应横平竖直、门扇缝隙均匀。

底柜安装应先调整水平旋钮，保证各柜体台面、前脸均在一个水平面上。后背板遇管线、表、阀门等应在背板划线打洞，以避让有关设备。洞口侧面应光滑，不得出现锯齿状侧面。两柜相连接方法同吊柜安装。底柜与墙缝隙应小于2毫米，固定底柜后，挡水板与墙面的缝隙应打密封胶密封，打胶应均匀、饱满、连续。

安装水槽时应按水槽的型号尺寸在台面上划线开槽，水槽与台面板的连接应用配好的吊挂螺丝夹紧调平。水槽安装前应进行满水试验，水槽与台面的缝隙应打胶密封，打胶应均匀、饱满、连续。水槽出水口与下水管口用软塑料管连接，直径应与水槽下水口吻合，连接时应加胶圈。柜体底板下水口处应打洞，加塑料圆垫封口，下水塑料软管应穿透底板插入下水管口内。

水龙头可直接安装在水槽上，也可以安装在台面的其他部位。出水口和水龙头连接应使用不锈钢蛇皮管，水龙头安装应牢固，给水管道应畅通，不得有渗水现象。水龙头安装后应进行通水测试。

安装灶台与户内燃气管道应采用软管连接，长度不应大于2米，中间不得有接口，不得有弯折、拉伸、龟裂、老化现象。安装时要锁紧气管的喉箍，以保证连接严密、牢固、不渗漏。安装后应通气用肥皂水进行检验。连接软管应穿透台面，放置在灶台的下方，灶台离墙间距应不小于200毫米。

抽油烟机的安装应根据选用抽油烟机生产企业的产品安装说明书进行。注意吊柜与抽油烟机机罩的尺寸配合，应协调统一。电源插座规格应满足抽油烟机最大用电功率要求，插座位置应靠近抽油烟机安装位置。

3.厨房设备安装工程的质量验收

验收厨房设备安装工程质量首先要检验厨房设备的性能检测报告、产品质量检验合格证、强制性认证标识、随机资料、进场验收记录等文件资料。鼻闻橱柜内部应无异味。目测检查设备的材质、型号、规格、颜色应符合设计要求；安装位置正确；表面应整洁、裁割部位应进行封边处理，颜色均匀一致。手试检查门扇与柜体安装应牢固，无松动，开启灵活；抽屉滑动自如，归位正确，无明显噪音；合页、碰珠等启闭灵活，无阻滞。尺量检查玻璃门玻璃厚度应不小于5毫米；柜体外形尺寸偏差不应大于1毫米；对角线长度偏差应小于3毫米；门与柜体、门与门缝隙应均匀，宽度偏差应小于2毫米。

（四）太阳能热水系统安装工程

1.太阳能热水系统安装工程的材料准备

太阳能是最重要的可再生能源，对太阳能的利用水平，是反映一个国家可持续发展能力的重要指标。日常家庭生活中需要使用大量的热水，如果以电、燃气等能源对水进行加热，会消耗大量的不可再生能源，因此，在家庭装修时安装太阳能热水系统，既可以为家庭生活提供热水，又减少不可再生能源消耗，是家庭装修中既符合国家发展要求又利于家庭生活品质提高的重要分项工程。

太阳能热水系统主要由集热器、贮水箱和配套管路构成，家庭装修时应向专业生产厂家购买，由专业技术人员进行安装。太阳能热水系统安装应该在结构工程、屋面工程等完工并验收合格后进行，安装时应对基层结构及屋面进行保护，不得损坏屋面防水。太阳能热水系统，其规格、质量应经建筑结构复核或检测机构同意方能安装。安装前应对安装的太阳能热水系统进行检测。

2.太阳能热水系统安装工程的施工程序

太阳能热水系统安装施工的基本程序是基座施工→支架安装→集热器安装→贮水箱安装→管路安装→控制系统安装→系统调试→清理交工。

基座施工是保证太阳能热水系统安全性的重要环节。基座与建筑主体结构连接必须牢固，预埋件与基座之间的空隙，应采用细石混凝土填捣密实。支架基座应摆放平稳、整齐，应进行防腐、防锈处理。

集热器安装的定位和倾角应符合要求，安装倾角误差应小于±3°。与建筑主体结构或支架固定牢靠。集热器与集热器之间的连接方式应符合设计要求，密封可靠，无泄露、扭曲变形，并应便于拆卸和更换。集热器连接完毕后应进行检漏试验，合格后进行保温处理。

贮水箱安装应与底座固定牢靠，水箱内外壁均应进行防腐处理，防腐材料应卫生、无毒，且能承受所贮热水的最高温度。贮水箱的内箱应作接地处理，安装后应进行检漏试验，试验合格后进行保温处理。

管路安装主要包括水泵、电磁阀、阀门的连接与安装。水泵安装应按生产厂家规定的方式安装，周围应留有检修空间，并有接地保护，安装在室外的水泵应有防雨保护措施，寒冷地区必须采取防冻措施。电磁阀应水平安装，阀前装细网过滤器，阀后装调压作用明显的截止阀。水泵、电磁阀、阀门的安装方向应正确，并应便于更换。承压管路应做水压试验；非承压管路应做灌水试验，试验合格后进行保温处理。

控制系统安装主要包括电缆线路敷设、电气控制设备安装。电缆线路敷设应套管保护。传感器、控制器、监控显示器等应按生产厂家规定的方式安装，接线应牢固，接触应良好，所有电气设备及相连接的金属部件都应接地处理，并有防水措施。

系统调试就是对系统进行使用状态下的检测、调试，主要是对水泵、电磁阀、仪表、电气控制系统、剩余电流保护装置等进行单机调试和整个系统的联动调试，以保证太阳能热水系统工作的安全性、稳定性。待调试达到设计要求后，清理施工现场，交付用户使用。

3.太阳能热水系统安装工程的质量验收

验收太阳能热水系统安装工程首先应检验太阳能热水系统的性能检测报告、产品质量检验合格证、进场验收记录、施工记录和试验报告等文件资料。目测检查太阳能热水系统的规格、型号、色彩等符合设计要求；水泵、电磁阀、阀门、传感器、控制器、显示器等位置正确、安装平稳、表面无损伤。手试检查各阀门应动作准确、灵敏，各保护装置齐全并正常工作。开机试验水泵应工作正常、无渗漏、无异常震动和声响，电机电流和功率不超额定值、温度正常；设备及主要部件的联动协调、动作正确、无异常现象。

（五）住宅新风系统安装工程
1.住宅新风系统安装工程的材料准备

家庭住宅在使用中会产生大量的有毒有害物质，造成室内空气中含氧量不足，需要通过通风将室内的混浊空气排出，吸收进新鲜空气，一般是以开窗的方式实现的。但当前城市中空气污染日益严重，雾霾、沙尘等使室外空气变得越来越不新鲜了，住宅室内新鲜空气的吸收依靠自然界的循环已经无法满足人们的要求，所以在家庭装修时安装住宅新风系统越来越成为重要的分项工程。

住宅新风系统主要由通风管道、风机、排风口、进风口等构成，采用的是负压新风原理，通过风机向室外排风，使室内产生负压，带动室外空气经过有空气过滤设施的进风口流入室内，不需要机械送风。空气过滤装置是三维高效滤芯，利用带静电的纤维全程吸附空气中的悬浮颗粒物，保证进入住宅的空气洁净、清新。滤芯可使用一年时间，更换非常方便。

住宅新风系统的风机、管道、排风口、进风口等都是工业化的成品，无需进行加工，直接到现场组装。住宅新风系统安装工程可在家庭装修中与厨房、卫生间设备安装工程同步进行，也可在家庭装修完工后人们在使用中进行安装施工。安装应由专业技术人员进行。

2.住宅新风系统安装工程的施工程序

住宅新风系统安装工程施工的基本程序为排风管道风机安装→排风口安装→进风口安装。

排风管道风机应安装在排风口的内侧，与排风口紧密连接。存在多个排风口时，排风管道风机应安装在各排风口连接管道的尽端位置上。

排风口一般应安装在卫生间、洗衣间、储物间等可能形成通风死角的空间内，与排风管道相连，连接应紧密。连接可使用圆形柔性风管。每户住宅排风口应不少于2个，通过调节排风口的开启程度，保证离风机距离不同的空间都能达到合理的排风量。排风口的外侧要安装在室外，末端安装自垂式风机外百叶，内侧安装可调式排风口。排风口安装应牢固。

进风口一般应安装在卧室内，安装时应在墙体或窗框上穿洞孔，置入装有滤纤的滤芯进风管道，进风口外侧安装外挡板，内侧安装进风口。进风口安装应牢固。

3.住宅新风系统安装工程的质量验收

验收住宅新风系统安装工程首先应检验新风系统的性能检测报告、产品质量检验合格证、进场验收记录、施工记录等文件资料。目测检查新风系统的规格、型号、色彩等应符合设计要求，进风口、排风口安装平整，表面无污染、损伤等质量缺陷。开机试验风机应工作正常、无噪音；排风口、进风口应开启灵活、工作正常。

（六）智能化家居系统安装工程

1. 智能化家居系统安装工程的材料准备

智能化家居系统安装工程主要包括智能化家居设备安装和安全防范两部分内容，是提高人民生活品质的重要分项工程。智能化家居系统主要设备的种类、质量鉴定在第三章中已经进行了讲解，在家庭装修时可根据需要进行选择。

智能化家居系统安装工程应在家庭装修隐蔽工程施工时进行线路敷设施工，在家庭装修其他工程完工并验收合格后进行终端设备的安装施工。智能化家居系统安装工程应由有设计、施工资质企业的专业技术人员进行设计、施工。

2. 智能化家居系统安装工程的施工程序

智能化家居系统安装工程施工的基本程序为综合布线→终端安装。施工方法已在第三章进行了讲解，应按照产品生产厂家的产品使用说明和国家现行的标准、规范进行安装。

3. 智能化家居系统安装工程的质量验收

验收智能化家居系统安装工程首先应检验智能家居、访客对讲机、紧急求助、入侵报警等设备的性能检测报告、产品质量检验合格证、进场验收记录等文件资料。目测智能化家居系统的规格、型号、颜色等应符合设计要求；表面洁净、平整，无污染、缺损等质量缺陷。手试设备安装应牢固，电笔测试通讯、网络、电视等插座应接通。开机试验应控制灵敏有效、语音清洗、显示准确、工作正常。

（七）照明灯具安装工程

1. 照明灯具安装工程的材料准备

照明灯具是室内照明的主要设施，也是家庭住宅投入使用的必备条件。

照明灯具包括吊灯、吸顶灯、筒灯、牛眼灯、壁灯等。照明灯具安装应在吊顶工程、墙面工程完工并验收合格后进行，安装应由有安装资格的专业电工实施，为了保证安装灯具的洁净，安装时应戴手套。安装前应对安装的灯具进行实测检验，检查灯口、灯泡、灯管是否配套，检验合格后方能进行安装。照明灯具产品的规格、型号、质量鉴定方法等已在第二章进行了讲解，使用时可按照家庭装修风格要求进行选购。

2. 照明灯具的安装施工

吸顶灯、管灯、筒灯、牛眼灯、射灯等质量轻的灯具可直接安装在顶棚的基层上或藻井吊顶中预留的灯孔中，卫生间的镜前灯可直接安装在梳妆镜上方的墙壁上。安装时先安装吸顶灯的灯盘或其他灯具的灯口；射灯的灯座应根据照射部位进行安装，灯盘、灯口、灯座的安装必须牢固、稳定，与预留的接口线连接应紧密，并应进行绝缘处理。固定灯盘、灯座应在顶棚打孔下木楔，用木螺钉固定或用膨胀螺栓固定；筒灯、牛眼灯灯口可直接用木螺钉固定在藻井吊顶的预留口上。

吊灯的安装应视吊灯的重量确定，如果吊灯重量在3公斤以上，吊的吊杆及珠帘式的灯盘不能直接固定在顶棚上，需要进行加筋提高强度。加筋应在顶棚楼板内加钢筋条，钢筋条的长度应不小于洞孔直径的3倍，两边搭接楼板的长度应相等。用锌铁丝将钢筋条与灯杆或灯盘连接。按吊杆封盘和灯盘的固定位置，在顶棚打孔，下木楔用木螺钉或用膨胀螺栓固定吊杆封盘或灯盘。

灯口、灯盘、灯座安装固定后，按装饰灯具的要求安装灯泡、灯管和装饰配件。应按生产厂家的产品说明书装配装饰面板和装饰珠帘，安装应牢固、美观，位置应正确。

3. 照明灯具安装工程的质量验收

验收照明灯具安装工程首先应检验灯具的性能检测报告、产品质量检验合格证、进场验收记录等文件资料。目测安装灯具的品种、规格应符合设计要求；灯具表面整洁，无破损、污染、磕碰等质量缺陷。手试开关应开启灵活、控制有效。

第五章 | 家庭装修运作

一、家庭装修市场概述

（一）家庭装修市场的形成

我国家庭装修市场的形成是改革开放的产物，也是人民生活水平提高的具体表现。我国家庭装修市场的形成，有一个由萌芽到成熟的过程。推动这个过程的因素很多，但总结起来主要是由制度的变化、经济的发展、文明的诉求、从众意识和刚性需求五个方面构成。

1. 制度的变化

改革开放使市场在配置资源方面的作用不断增强，必然影响到住宅建设和家庭生活，其中起到决定性作用的制度变化是由福利性分配住宅转变为以货币购房，实行住宅分配的商品化和住宅建设由成品房交工转变为半成品房交工。这两项重大的制度变化，推动和加速了家庭装修市场的快速形成和发展，使其已经成为一个规模巨大的消费市场。

从1994年开始的大范围住房商品化制度改革，改变了家庭住宅的性质。家庭住宅由公共财产转变成为家庭的私有财产，而且是与家庭生活密切程度最高、价值最大的一笔财产。住宅的私有化提高了家庭住宅的稳定性、可操作性，必然会使家庭产生保护财产、提高财产使用价值的强烈意愿，为家庭装修市场的形成与发展提供最重要的社会思想基础和法理条件。

1996年以前，我国住宅开发建设都是经过粗装修后的成品房，经质量验收后交工。在住宅私有化后的购房者很多都要将原有的粗装修拆除，再重新进行装修，造成大量资源浪费，也不利于旧材料的淘汰。1996年国家建设行政主管部门修改了住宅建设的质量验收制度，对未进行装修的半成品房（又称毛坯房）可以进行验收交工，得到房地产开发商、购房者的广泛欢迎，很快就成为我国住宅开发建设的主导模式。

房地产市场中供应的半成品住宅，是无法居住和使用的简单建筑空间，必须经过装修后，其使用功能得到建立和完善后才能满足人们的日常生活需要。这就使家庭装修成为每位购房者都必须进行的一项重要工作内容，买房后先装修成为城市居民生活中的一件带有强制性的活动。1996年之后，新建住宅在相当长一段时间内装修率达到100%，为家庭装修市场提供了持续发展的工程资源，推动了家庭装修市场的超常规发展。

2.经济的发展

改革开放使我国生产力水平不断提高，市场繁荣，人民福祉不断增加，为家庭装修提供了强大的物质基础。

改革开放之后，我国持续30多年保持经济的高速发展，现已成为全球第二大经济体，国民经济增长速度长期处于全球领先水平，在500种主要工业产品中有300多种位居全球第一。特别是在人民日常生活用品，包括家庭装修中应用的材料、部品、设备、设施等，不仅产量高，而且技术升级和产品更新速度快，价格合理稳定，为家庭装修提供了雄厚的物质条件。近20年我国住宅开发建设持续增长，现每年新建住宅10亿平方米以上，存量住宅已接近200亿平方米，也是家庭装修的巨大物质基础。

伴随着物质产品的快速增长，我国各类市场不断发展并持续繁荣。特别是与家庭装修相关的各种市场，供应充足、商业业态不断升级，让人们更容易对家庭装修中使用的材料、部品、设备、设施产生感性认识和选购欲望，促进商品的流通量增长。市场的持续繁荣，给家庭装修中的选材、采购、应用提供了极大的便利。我国仍处于工业化、城镇化的快速发展期，对市场的要求还会不断提高，加上巨大的人口基数，市场的发展前景非常广阔，对家庭装修的物质支撑力度还会持续增强。

改革开放以来，我国人民收入持续增长，支付能力持续增强，消费欲望和等级得到了普遍的提高，社会发展已经由温饱型向全面小康型快速转化。在解决吃、穿问题后，居住环境的优质化已经成为社会的普遍需求，人们在支付能力允许的条件下，日益趋向于追求生活的安全、便捷、舒适、美观，努力提高家庭生活的幸福指数，家庭装修装饰也就成为人们有能力实现的目标。随着人民福祉的增加，家庭装修的改造周期普遍缩短，家庭装修市场资源还会持续扩大。

3.文明的诉求

随着我国房地产业的高速、持续发展，人们的居住条件得到了极大的改善，生活理念发生了很大的变化，生活习惯更为科学，行为举止更为文明，这些都需要通过家庭装修为其提供物质保障。家庭装修通过对空间、流程、功能的设计和施工，为人们日常生活的卫生、安全、科学、便利和对人的行为进行约束和规范，改变旧的不文明生活习惯提供了重要的物质条件，这是很多家庭进行装修的重要目标。家庭装修已经成为表达和实现家庭文明生活的主要方式。

随着物质生活的满足程度不断提高，人们的精神生活需求不断增长，特别是文化修养、艺术鉴赏能力、审美情趣的提高和改变，都会提出对居住环境进行改造与完善的诉求，这也是家庭进行装修的重要目的之一。特别是家庭中有正在求学的子女时，提高家庭住宅的文化、艺术品位，营造良好的学习环境，提高子女学习效率，也是很多家庭进行装修的重要目的。

4.从众意识

家庭进行装修的目的除改善居住环境外，还有满足人们自尊、荣誉等心理需求的重要目的。家庭装修是由改革开放之后第一批先富起来的群体开始的，在社会上产生了极大的引领、示范和宣传作用。随着半成品住宅在市场中的比例不断提高，不仅每个购房家庭都需要装修，而且每个家庭的装修要与邻里的水平大致相当，才感觉到比较体面，能够比较有尊严地面对邻里、亲朋。

随着家庭装修的普及，现在家庭装修的档次、文化含量、艺术水平已经成为判断一个家庭经济状况、文化修养水平、艺术鉴赏能力的重要标志，以至有"小康不小康，关键看装修"的社会普遍意识。中国是一个极为重视家庭、高度关注尊严的国度，这种传统思想对家庭装修具有极为重要影响，并会随着市场经济的发展和家庭结构的变化越来越大。

5.刚性需求的拉动

人们对住宅的需求是一个不断变化的过程，而且居住面积要求会越来越大、品质越来越高。在实际生活中，人们在一个既定的住宅中居住一段时间后，就会产生缺少一间房的感觉，这就是日常生活中对家庭住宅存在的"缺一间定律"。即使是住房面积已经很大的家庭，也会由于家庭成员的变化、生活需求的增加、生活品质要求的提高等，产生出"再增加一间房更好"的需求。说明住房面积增加与幸福感紧密相关、直接挂钩，人们对住宅的需求，永远处于需求仅是阶段性满足的状态，将会提出不断改善的新需求，这就是人们说的改善性需求。

改善性需求是客观存在的，也是合理的，属于刚性需求的范畴。社会普遍存在的改善性需求，不仅是房地产业可持续增长的思想、物质基础，也是房地产市场交易多元化的重要基础，更是家庭装修行业资源永续、业态长青的资源保障。我国城市人均住房面积已经由1978年的3平方米左右，增长到2011年的33平方米，增长了11倍，但仍有极大的发展空间。美国2005年人均居住面积已经达到98平方米，还要搞次级贷款，让更多的人住大房子、好房子，结果爆发次贷危机，引发了全球金融危机。我国城市人均住房面积还将持续增长，人们在不断由小户型转为更大户型的过程中，会提出一系列家庭装修的更高要求，为家庭装修设计、选材、施工提供了可持续增长的工程资源。

（二）家庭装修市场的发展

家庭装修市场经历了初始阶段、高速发展阶段和平稳较快发展三个阶段。

1.初始阶段的特点

初始阶段是指自改革开放到1994年住房制度改革前的15年期间，这一时期家庭装修逐步在我国生根、发芽，由分配住房就居住逐步添加了前期刷油漆墙裙、铺地板革，换灯泡等简单的装修活动。随着经济特区建设、星级宾馆饭店建设和人们商务活动增加等诸多因素的影响，一部分先富起来的家庭也以宾馆饭店等为参照物，开始对家庭进行全面的改造性装修，如吊顶、贴壁纸、加设酒吧台等使用新型材料、设施的工程活动。

这一阶段的主要特点是，家庭装修还是个别家庭的特殊行为，绝大多数家庭仅是进行入住前的简单装修。这一阶段还没有专业从事家庭装修的工程企业，主要是由家庭自己动手或找路边的装修工人完成。这一时期人们对家庭装修的兴趣和知识不断增长，为以后的高速发展奠定了坚实的社会思想基础。这一时期也是一个逐渐发展的过程，是一个由零星逐渐发展到普及、由简单逐渐发展到复杂、由无知逐渐发展到有准备的过程。

2.高速发展阶段的特点

高速发展阶段是指1994年住房制度改革后到20世纪末国家七部委联合发布《关于加强住宅建设质量的通知》之前。我国住房制度改革对家庭装修市场就好像是干柴遇上了火种，立刻就燃起了熊熊大火，我国家庭装修市场出现如同井喷式的超常规发展。1996年的半成品房可以验收交工，如同在烈火中浇油，使我国家庭装修市场井喷式发展持续数年之久，年工程产值由12亿元左右，一路攀升到超过2000亿元水平，五年增长了近200倍，成为国内增长速度最快的专业市场，创造了国内消费市场史无前例的发展奇迹。

这一阶段的主要特点是家庭装修市场规模持续扩大、专业企业如雨后春笋迅速增长、社会的关注度迅速提升、社会纠纷频繁等，这也是专业市场高速发展中必然表现出的基本特点。

由于家庭装修是由消费的刚性需求拉动的，所以不仅具有持续高速增长的特点，而且有卖方市场的特征。在市场供给严重不足，井喷式的家庭装修市场需求只能用劣质的生产要素去填补市场供给的不足，才会大量存在"昨日在农村垒鸡窝，今日进城贴瓷砖"的奇特现象。此时我国建筑装饰材料正处在技术升级和产品更新换代的阶段，一批即将淘汰的技术和产品得以在市场上苟延，市场环境非常恶劣。

正是由于家庭装修市场的极速增长，促进了企业数量的极增。此时又正值我国城市结构调整的关键时期，"退二进三"形成了一批需要再就业的城市人口，国家建设行政主管机构又将建筑工程企业注册登记制度由先办资质后办营业执照调整为先办营业执照再办资质，从而催生了一大批建筑装饰工程企业，其中绝大多数都是主要从事家庭装修业务的专业企业。据不完全统计，1996年全国共有家庭装修企业约30万家。

正是由于家庭装修的高速增长和市场环境的恶劣，社会对家庭装修的关注度不断提高，政府相关部门也开始对家庭装修市场的治理和整顿。1997年5月，在北京市建设委员会的大力支持下，北京在全国率先成立了有形的家庭装修专业市场，市场内有近30家专业家庭装修企业，工商行政主管部门进驻市场监督，成为对家庭装修市场进行整顿和规范的主要形式。此经验由国家建设部进行了总结，并在全国大城市中进行了推广。

由于投入的生产要素质量过于低劣，组织形式过于原始，又缺乏标准、规范等约束性法规的调整和指导，随着市场规模的快速增长，社会矛盾和纠纷大幅度上升。这一时期家庭装修的投诉量一直高居消费者协会统计的行业投诉量的首位，不仅有大量的投诉，因家庭装修导致的经济、刑事案件的数量也在不断增加。由于家庭对装修活动的态度是又想又怕，所以市场的资源远没有得到深度开发，市场的潜能仍然十分巨大。

3.平稳较快发展阶段的特点

进入21世纪后，我国房地产业持续高速增长，新建住宅的面积每年增长保持在30%以上，直到近两年才降到30%以下。虽然存在着大量的投机性购房，但自住用房仍占有相当大的比重，而且住宅开发建设的模式也发生了重大变化。我国家庭装修市场结束了超常规发展阶段，进入了平稳较快发展阶段，并一直持续到现在。这一阶段由于发展速度有了较大幅度的降低，市场压力得到缓冲，所以出现了企业结构优化、业态升级、法制逐步完善、市场多元化等特点。

由于家庭装修市场的经济、技术门槛很低，所以进入市场极为简便。但家庭装修市场是直接面向消费者的服务性市场，对服务品质的要求极高，消费者极为挑剔，在激烈的市场竞争中，很多企业由于经营实力弱、服务质量差而被市场淘汰，家庭装修市场中的企业结构不断优化。现在全国专业进行家庭装修的企业大约只有8万家左右，比巅峰时的30万家减少了22万家。在北京、上海、广州、深圳等特大城市，已经形成了一批年工程产值超过10亿元的家庭装修专业企业，企业结构还将进一步优化。

家庭装修市场的业态也已经由当初组织家庭装修工程企业成立有形市场，升级到家庭装修工程企业自己建立市场的新形式。将家庭装修设计、施工与建筑装修材料紧密结合是家庭装修市场业态升级的总思路。首先是家庭装修工程企业在各个大建筑装修材料市场开设营业店承接工程，方便消费者的选材、购材，提高消费者的直观感受，使家庭装修工程企业和市场双方都能提升了发展空间。但随着企业经营实力的变化和利益分配结构调整等因素，家庭装修工程企业逐步建立了自己的材料展示、体验、选购店面，形成了新的商业模式。家庭装修市场业态还将持续优化升级。

随着市场的稳健发展，市场的法制建设得到了建立和健全，家庭装修工程规范合同文本、国家标准《住宅装饰装修工程施工规范》、《建筑内部环境污染控制规范》、行业标准《住宅室内装饰装修工程质量验收规范》等国家级法律法规和技术规范逐步颁布实施，对规范市场起到了重要的作用。各地根据区域内家庭装修市场状况，也制定了一批地方性法规和技术规范，对推动地区内家庭装修市场的健康发展也发挥了重要作用。家庭装修市场的法制建设还将持续完善，还会出台新的法规、标准。

随着我国房地产市场的发展和结构的完善，我国逐步形成了商品房、保障房两种住宅开发建设模式，建立了新建房交易、二手房交易和租赁房交易等专业市场。不同的开发建设模式和交易市场，对家庭住宅装修的资金投入、技术要求、服务内容等存在着较大的差异，要求更为专业化，推动了家庭装修市场的专业化、多元化，以满足社会对家庭装修的多元化需求。

（三）家庭装修的主要形式

1.半成品房装修

半成品房装修是指房地产开发商建设的是没有装修的住宅，这种称为毛坯房的住宅，购房者如果是自用或作为投资都必须进行装修，如作为投机就无需装修，静等房价提高而增值。作为自用房，进行装修时投资要大一些，个性化要求高；作为投资，为了便于租赁，进行装修时要求基础化、一般化、以给租赁者更大的调整空间。半成品房开发建设的比例虽然在逐年萎缩，但仍然是我国现阶段住宅开发建设的主导模式，占到我国住宅开发建设的70%左右。特别是在二、三线城市，占比能够达到85%以上。

由于半成品房装修时，住宅的产权已经属于家庭所有，所以半成品房是家庭直接同家庭装修工程企业进行交易，对家庭装修的设计、施工订立合同，明确双方的权利和义务。这种合同需要对家庭装修的设计、施工工期、质量、环保标准、材料的选用与采购程序、不可抗力的责任等全面进行商谈，达成一致意见，并订立书面合同，由第三方进行监督。双方按合同的约定履行各自的义务和责任，实现各自的权利。

由于半成品房装修时，要将一个简单的建筑空间装修成一个可以供家庭实现高品质生活的住宅，所以装修涉及的工程内容多、技术复杂程度高、个性化要求高、涉及的材料和部品等的选用与采购任务量大，需要有较高专业能力的企业完成设计与施工。家庭在进行半成品房装修时，一定是要到多家装修工程企业进行考察、咨询、问价后经过反复的比对和分析，最终确定一家认为是性价比最高的企业，与其进行深度的交流、沟通与洽商后方能订立合同。

2.成品房装修

成品房装修是指对房地产开发商建设进行完基层面装修、具备基本使用功能的住宅进行的装修活动。购买成品房的家庭不用进行装修，只要进行家居的布置和配饰后就可使用。这种住宅使购买者省去了装修的烦恼，有利于保护结构安全、减少污染与浪费、统一质量验收的程序和标准、提高住宅开发建设整体质量水平，是国家倡导的住宅装修模式。国家在1999年底出台了七部委的通知和配套导则之后，成品房装修的比重在缓慢增长，近几年有加快的趋势。除国家建设的廉租房、公租房等全部要求成品房外，房地产开发商的响应程度加强是主要原因。

为推广成品房，国家制定了一系列的指导政策，而且政策的奖励力度不断加强，直接触动到房地产开发商的经济利益，使得开发商乐于建设成品房。同时，购房的刚性需求主要由青年人结婚和老年人养老为主、房价的快速增长使装修费用的占比大幅度下降、房地产市场竞争日益激烈、城市对装修过程管理不断强化等因素的作用也日趋增强，使成品房住宅开发建设逐渐成为大城市核心区、高档楼盘开发建设的主导模式，在特大城市住宅开发建设中的占比超过30%；在大城市中的占比超过20%。

由于成品房装修是城市住宅开发建设中的一个环节，装修时住宅还没有进行销售，产权属于房地产开发商，所以成品房装修由房地产开发商组织。由于成品房装修是整幢住宅楼的整体装修，工程量大、工程造价高，必须进行招投标后确定装修施工企业，所以承接成品房装修工程的主要是由高资质等级的大企业进行设计、施工，专业从事家庭装修的企业一般不会参与。

成品房装修由于是统一进行的大面积装修，工程设计的个性化要求较低，大众化、标准化的程度较高；施工中使用材料、部品的种类和规格数量相对比较少，但单种材料的采购量很大；重复性施工面积大，技术复杂程度相对较低，但质量验收的标准和程序统一、规范；第三方参与程度高，监理的力度大，对相关规范、标准的执行与检查力度大。随着住宅产业化的发展，成品房装修的市场资源还会进一步扩展。

3. 改造性装修

改造性装修是指对居住使用中的住宅进行翻新、调整与改造。我国现有城市住宅已超过200亿平方米，每年还要以10亿平方米以上的数量不断增加，按照最保守的估计，每20年进行一次改造性装修，每年将有超过10亿平方米的存量住宅需要进行改造性装修。特别是二手房市场不断发展，交易量逐年提高，二手房市场形成的改造性装修资源也在持续增长。在中国的传统思想中，购买别人使用过的住宅，不进行改造性装修是绝对不能入住的。

改造性装修是在成熟社区内进行的工程活动，物料的进出、存储难度很大，邻里关系比较复杂，对安全、质量、工程期的要求也比较严格，是一种技术要求复杂、社会矛盾多、施工难度大的装修工程。由于进行改造性家庭装修的业主一般都是多次置业，对家庭装修的认识深刻，风格、质量、环保等要求都比较苛刻，而且造价压的都很低，企业获取的利润空间小，而且风险比较大，所以专业从事家庭装修的正规企业进入这一领域的不多，主要是由常驻社区、无证无照的装修个体户完成施工。

从可持续发展的角度分析，改造性装修将是未来家庭装修市场的主体。随着我国人口增长速度的长期下降，人口总量将进入逐年递减的阶段，城市大规模开发建设新居民住宅楼的模式也会逐年缩退。而随着二手房市场的不断完善和人民对居住环境需求的升级，改造性家庭装修会越来越多，在家庭装修市场中的占比也会越来越高。为了适应未来市场的发展要求，工程企业在装修材料成品化、表面翻新复原、标准化置换等技术领域应提前做好储备。

（四）家庭装修工程企业的运作

1.家庭装修工程企业的等级划分

家庭装修工程企业是指以家庭装修设计、施工为主要经营业务的经济组织，包括正规企业和个体经营者。经过20年的市场洗礼，家庭装修市场中企业板块的结构日益稳定，层次日趋分明，已经形成了多极化的企业等级。根据企业经营实力可以分为大型企业、中型企业、小型企业和微型企业。

大型企业是指取得建设行政主管部门审核后颁发高资质等级证书，具有品牌影响力、在全国进行布局的经营实力雄厚的家庭装修工程企业，由专业进行成品房装修的建筑装饰企业和专业从事家庭个体散户装修的优秀企业构成。中型企业一般是指取得资质证书后仅在某一城市开展家庭装修业务的企业。小型企业一般是指有营业执照但未取得资质证书，仅在特定区域内进行某一专业领域家庭装修的企业。微型企业一般是指没有营业执照和资质证书，仅在某一区域内进行特定项目家庭装修的群体。

我国大、中型家庭装修工程企业一般都是在住房制度改革初期，家庭装修市场高速发展的起步阶段成立的，已经有20年左右的成长经历。这批企业的领导人是家庭装修市场初期进入行业的有识之士，其中大型企业的领导就更是志存高远，有强烈的事业心和责任感、善于学习、勤于管理、敢于创新，重视品牌建设、制度建设和联动的业主网络建设，才能带领企业在激烈的市场竞争中发展成为地区乃至全国的标杆式骨干企业，占据市场的较大份额。

2.家庭装修工程企业的营销模式

营销模式是企业向社会宣传自己是谁、能干什么、能向社会提供产品与服务的品类、能力的方式、方法。家庭装修市场形成的初期，家庭装修工程企业主要是以在报纸上登广告的形式进行营销，由于报刊是直接面向广大消费者，所以效果比较明显。家庭装修工程企业的广告随着市场的发展、竞争的加剧，逐步向其他媒体扩散，包括信息网络乃至街头固定广告，广告成为家庭装修工程企业在初期进行营销的基本模式。

随着家庭装修工程企业经营实力的增强和市场中企业结构的变化，报纸、刊物上的广告逐渐减少，家庭装修工程企业把更多的资金和精力投入到集成与整合材料、部品，以集成商的身份向社会进行宣传、推广，形式也由单纯的广告向企业宣传资料的制作、投放及开通装修热线等形式转化，有实力的家庭装修工程企业更是以样板间、体验区等实体形式向社会进行自荐、宣传，成为家庭装修市场中越来越普遍的营销模式。

在企业营销模式转换升级中，家庭装修工程企业逐渐加大了对社会公益活动的参与力度，在赈灾救助、扶贫助教、冠名各类体育赛事、参与文化事业等方面进行了投资，得到社会高度的正面反响，提升了企业的社会知名度，也达到了一定的营销目的。随着家庭装修工程企业经营实力的增长，有社会责任感的企业，回馈社会的力度还会持续增大。

由于家庭装修工程企业掌握着终端客户，其集成与整合材料、部品的力度大、有深度、效益高。其中部分有实力的家庭装修工程企业创办了家具厂、厨具厂、涂料厂等企业，加大了对其他材料、部品的整合力度。目前大型家庭装修工程企业都是以企业专营店的形式进行营销，专营店里不仅有家庭装修时所用的材料、部品、家具、灯具等产品的选择和购买，同时有企业介绍、工艺展示、样板体验和企业设计人员的设计室等，能够为社会提供一站式的专业化服务，已经成为家庭装修市场流行的营销模式。

3.家庭装修工程企业的业务模式

业务模式是企业承接工程进行设计、施工的方式、方法，又可称为工程运作模式。家庭装修工程企业的业务模式相对比较稳定，其基本程序是设计师承接业务、分包劳务队伍施工，这在整个家庭装修市场发展中没有根本性变化。全国大城市中，仅有少数几家家庭装修工程企业是以自己的施工队伍进行家庭装修施工；中、小城市中的小、微型企业则多以企业自己的施工队伍完成施工。

家庭装修工程企业的设计师承揽业务是决定性环节，家庭装修设计不仅包括图纸的设计，还要包括工程造价的报价、议价、定价，是一个技术与经济相融合的业务环节。家庭装修设计师要对将要装修的住宅进行实地勘察、测量，与家庭装修业主进行深入、细致地交流与沟通，了解和掌握业主的经济状况和投资装修的费用、装修风格诉求，进行平面图和局部效果图的设计，根据设计进行分部、分项工程报价和汇总报价，并以此为依据同业主进行商务谈判。

由于设计环节的业务量大，内容繁琐、复杂，现在家庭装修工程企业针对高、中档装修项目一般都是以一个小团队的形式进行家庭装修的设计。这个团队由一个主设计师和数名助理设计师构成，主设计师不仅负责同业主的沟通和装修的方案设计，同时对小团队的经营活动负有领导责任；助理设计师负责实地勘察、测量、绘制图纸、编制报价清单等业务活动，一般助理设计师在3人左右。

从家庭装修工程企业的业务链条上看，家庭装修主设计师的作用是最重要的、具有决定性的。设计师的方案设计和工程报价要接受装修业主严格、苛刻的风格鉴定、性价比对等筛选，会在同行的竞争中最后决定胜负，也就决定了企业的业务能力。家庭装修工程企业的经营状态很大程度上是由企业能够胜任主设计师的数量与业务能力决定的，特别是在高、中端家庭装修客户群体中尤为突出，是企业名副其实的业务骨干力量，也是企业考核与奖励的重点。

不同的家庭装修客户群对设计的要求不同，家庭装修业务的承揽方式也有很大的差异。高档装修客户对设计的要求最高，参与程度最深，一般要求设计师的专业水平较高，设计的个性化表现突出，才能得到业主的认同。中档装修客户对设计的要求较高，但个性化要求不高，更注重成功经验的借鉴和体验。低档装修客户对设计的要求不高，但对材料、部品的设计、选择和组合非常重视，也是其选择家庭装修工程企业的关键。

高端客户靠个性化设计、中端客户靠样板房体验、底端客户靠材料整合的经验总结，已经成为当前家庭装修市场中工程企业进行业务模式调整与升级的重要理念，也是推动营销模式发展与变革的重要动力。家庭装修工程企业根据确定的经营方针、目标市场、服务范围进行业务模式的设计，确定企业人力资源结构和业务能力建设的策略与措施。

家庭装修工程企业承接到的工程项目，一般是由专业劳务分包企业完成施工。劳务分包企业是一个独立的经济单位，与家庭装修工程企业是管理与被管理的关系，不存在行政上的隶属关系。劳务分包企业的规模不定，但一般都是与家庭装修工程企业有长期合作关系并一直合作顺利的劳务企业。劳务分包企业的人员素质、技术结构、装备水平、管理能力直接决定了家庭装修工程项目的质量水平和造价控制能力，决定着家庭装修工程企业承接业务的持续性水平，也是家庭装修工程企业业务模式建设的重要内容。

家庭装修工程企业在选择长期合作的劳务分包队伍时，要从战略和战术两个层面对劳务分包队伍进行考察、审核，才能保证劳务分包队伍的质量。战术层面的考核就是劳务分包队伍的专业技术工人的数量、专业分布、级别；施工机械、器具的数量、配套水平；技术管理、安全管理、质量管理、物资管理的水平等，要符合企业技术标准和管理规范的要求。战略层面的考核就是劳务分包队伍的经营理念、核心价值观体系与企业的吻合程度。只有选择吻合度高的劳务队伍，才能形成长期的战略合作伙伴关系。

加强对劳务分包企业的管理，重点是对劳务分包企业施工过程中质量、安全、工期等方面的技术管理。要用企业制定的各项规章制度和工法、工艺纪律等约束、指导施工队伍的施工过程，提高劳务队伍施工的标准化、规范化的水平。对施工队伍的现场管理，由主设计师和企业的工程部共同实施，设计师主要监督、指导设计图纸的完成；工程部主要监督、指导企业制度、标准、规范的实施。两个部门要相互沟通、相互配合，共同加强对施工队伍的考察、甄别、指导、鉴定和筛选，实现劳务队伍的不断升级。

4.家庭装修工程企业的资金运作

家庭装修属于城市居民的消费行为，所有的开支都是个人的资金运作。即使是投资性购房的装修，也同到银行储蓄一样，属于个人的资金运作。个人资金运作一般是以货币现金的形式进行的，所以家庭装修的资金运作整体上是以现金流的形式进行滚动的。家庭装修工程企业的资金运作主要表现为现金的收缴、存储、支付。

家庭装修工程企业对现金的收缴是分阶段进行的，一般分为三个阶段，即家庭装修开工前、家庭装修施工中、家庭装修竣工前。家庭装修工程企业现金流的管理，金融机构和建设行政主管部门对其无法进行有效的监督、管理，属于高自律性货币资金管理的范畴。不同的企业、不同的经营理念、不同的工程管理模式，资金管理的形式和财务成果有较大的差异。

家庭装修工程企业在未收到家庭装修业主的付费前，不会有实质性的工程活动。在中、高档家庭装修中，设计是先收费，后设计，这笔现金一般是由设计工作室或主设计师收取，不作为家庭装修工程合同的组成部分。设计收费的依据一般是以家庭住宅的面积，标准是以主设计师的水平确定，每平方米由50元至500元不等。家庭装修的设计收费分为两次，第一次是设计预付款，在设计开始前交付；第二次是设计完成，设计图纸交付前交付。

家庭装修工程合同订立后，家庭装修工程企业在收到家庭装修业主的工程预付款后，才会开始施工。工程预付款一般占工程合同造价的50%~60%，主要用于订购各种装修材料、施工工人进场、物业管理、材料存储、垃圾消纳等各种费用的支出等。工程预付款的比例，按工程的档次具体协商，档次越高，预付的比例就越高。工程预付款由企业的财务部门收取，按国家会计准则进行账面处理，并按企业财务管理制度进行分配后，交付劳务分包企业具体安排支出。

家庭装修业主支付工程施工中第二笔工程款一般是在隐蔽工程和结构基础装修完工验收后进行，支付比例为工程合同造价的30%左右，主要用于已完工分项工程验收结算、部分部品的订购等。第二笔工程款的支付也由企业的财务部门收取，按企业财务管理制度进行分配后，交付劳务分包企业具体安排支出。

家庭装修业主应在工程竣工前进行结算，工程款的结算不仅包括工程合同中的造价，还应包括在施工过程中由于业主变更设计、材料的品种、规格及业主购买材料未能按计划到场等给施工带来的损失和支出的费用，这笔费用在施工中应由业主与劳务分包企业共同签字确认。工程合同造价的5%作为工程质量保证金，由业主存入专门的账户，两年之后工程未出现因施工造成的质量缺陷，由家庭装修工程企业取出，其余工程款由财务部门结清、收取。施工中的洽商、索赔部分，一般由劳务分包企业收取。

（五）家庭装修工程的特点

家庭装修作为家庭生活中的一项消费活动，从货币流转上看，与一般的商品购买没有本质的差别，都是一方支付货币，一方提供商品或服务。但家庭装修作为一种工程活动，与一般商品交换有着很大的差异，只有了解这种差异，才能更好地把握家庭装修的市场运作，保证家庭装修达到满意的效果。

1.先有交易，后有工程作品

同一般商品交换一手交钱、一手交货不同，家庭装修业主与家庭装修工程企业对家庭装修工程项目双方达成一致并签订工程合同时，家庭装修工程作品还不存在。家庭装修业主与家庭装修工程企业订立合同后，要由家庭装修工程企业经过设计、施工后才能生产制造出家庭装修工程作品，交付给家庭装修业主使用。家庭装修工程作品能否同家庭装修业主的预期完全相同，存在着极大的风险性和不确定性，任何家庭装修工程企业都无法保证家庭装修工程质量不存在差异，因为人与人客观存在差异。

家庭装修工程这一特点，对家庭装修业主来讲非常重要。家庭装修业主在选择家庭装修工程企业时，不能单纯地进行性价比的分析，还要重点考察家庭装修工程企业的诚信水平和履约能力，同时要考察劳务分包企业，特别是施工现场工长的组织、管理能力和施工操作人员的技术水平和规范化程度，才能保证选择的家庭装修工程企业品质，降低风险，减少不确定性。

2.作品的形成是个长时间过程

同一般商品交换钱货、当场结清不同，家庭装修工程作品的形成是一个现场施工的生产制造过程，一般需要两个月左右的时间。在整个家庭装修工程作品的生产制造过程中，家庭装修业主与家庭装修工程企业始终保持着交易关系，需要彼此间的合作才能完成工程的作品。在整个过程中，社会的经济、技术、政治形势都有可能发生变化，形成突发事件或影响到施工环境、材料价格、人工成本等变化，都会影响到家庭装修工程作品生产制造过程。

家庭装修工程这一特点，对家庭装修业主也非常重要。在选择家庭装修工程企业时，要对质量、造价、工期进行综合考量，在其他指标相同时，要选择施工工期短的企业。同时要对企业的经营实力，特别是抗风险的持续施工能力进行考察，选择经营实力强、抗风险预案设计完整、制度健全的家庭装修工程企业，并应在合同中明确双方的权利和义务。

3.没有所有权的转移

同一般商品交换是所有权的让渡与转移不同，家庭装修工程在整个实施过程中始终不存在所有权的转移。家庭装修工程作品不论是在工程的实施过程中还是完成作品之后，所有权始终归家庭装修业主所有，家庭装修工程企业始终是在使用家庭装修业主的钱，为家庭装修业主提供设计、选材、施工等服务。在整个家庭装修工程作品的形成过程中，家庭装修工程企业始终不拥有任何物质元素的所有权。

家庭装修工程具有显著的雇佣性这一特点，决定了家庭装修业主在市场中的主导地位。是家庭装修业主选择家庭装修工程企业，同时也就决定了选择家庭装修工程企业产生的后果、责任由家庭装修业主承担。家庭装修业主在选择家庭装修工程企业时，一定把对企业的社会责任感的考察作为重点，应选择具有社会责任感、服务意识强、管理规范的家庭装修工程企业，才能使自己的装修投资使用更安全、更有效。

4.质量具有不可逆性

同一般商品交换如发现质量问题可以退换不同，家庭装修工程的质量责任始终由家庭装修业主承担。家庭装修业主装修的住宅在形态上具有唯一性，财产的所有权归家庭装修业主，没有家庭装修业主的同意和许可，家庭装修工程企业不可能对其进行设计、施工。在家庭装修业主已经确认的设计和施工方案实施后，因家庭装修业主就装修风格、材料品位、施工质量要求等变化，家庭装修工程企业不承担任何经济赔偿责任，造成的返工、误工、窝工等经济损失全部由家庭装修业主承担。

家庭装修工程质量不可逆性的特点，要求家庭装修业主必须要做好工程的前期准备工作。要在充分了解市场、细致研究家庭对装修的需求，使家庭成员达成一致意见后，再去精心挑选装修工程企业，进行设计与工程的施工组织方案编制，在做好充分的前期准备后才能开始施工，以避免工程实施过程的变更，为家庭装修投资带来不必要的损失。

5.作品具有单一性

同一般商品交换是成批量的生产、销售不同，家庭装修工程仅是针对特定的家庭装修业主进行的设计、施工，工程作品具有单一性、特定性。每个家庭由于人员构成、经济条件、文化修养、艺术品位等不同，对家庭装修的诉求有很大的差异，这就决定了每个家庭装修作品都是针对具体的家庭需求进行设计和生产制造的，很难有完全相同的家庭装修工程作品。家庭装修工程作品生产制造没有连续性、重复性，决定了家庭装修工程企业的经营必然具有较强的波动性，企业必须得到不断的新业主认可才能生存与发展。

家庭装修作品的单一性不仅决定了家庭装修业主的个性化需求，要突出体现出家庭的特色、特点、特征；同时对家庭装修工程企业生存与发展也提出了基本要求，必须要不断创新才能持续满足家庭装修单一性的要求。家庭装修作品的单一性，为家庭装修业主和家庭装修工程企业提供了一个共同的指向物，成为双方合作的物质基础，也是双方能够签订家庭装修合同的基本条件。

二、家庭装修前期装备

（一）家庭装修前期准备的基本内容

1.思想准备

家庭装修是一项工程活动，中国有句俗语就是"土木工程不可擅动"，就是讲土木工程不应该轻易、草率地进行，要做好前期的各项准备工作之后才能动工。所有工程活动都具有一定的风险性和不确定性，在工程进行的过程中会发生很多意想不到的困难或变化，需要花费体力和精力予以解决、处理，需要投入物力、财力才能产生出有益的结果和结局，这就需要有相应的思想准备，才能以正常的心态、情绪面对家庭装修的整个过程。

要做好处理社会关系的思想准备。家庭装修过程中，会发生很多改变社会关系现状的现象，需要进行协调处理，如材料的进场、储存、运输等，需要同物业管理部门进行沟通，要符合相关管理制度的要求。施工中产生的噪音、震动、粉尘、污水等污染，会影响邻里关系，需要预先进行沟通、协商和达成谅解，才能在家庭装修中减少矛盾和纠纷，保证工程的顺利进行。必须要有妥善处理好社会关系的意识，并采取有效的行动，才能处理好相关的社会关系。

要做好妥善处理家庭内部关系的思想准备。家庭装修要体现家庭成员每一个人的意志、情趣，但家庭成员由于年龄、受教育程度、职业差别等因素，对家庭装修的风格、投资等会有极大的差异。如果这种差异不能在装修前取得一致，就必然造成装修中的大量修改、变更，会无形中增加装修的投资，造成投资的极大浪费。所以家庭装修前家庭成员必须形成统一意识，并由一个确定的人员对家庭装修的全过程进行监督、管理。

要做好与家庭装修工程企业进行合作的思想准备。再好的家庭装修工程企业也是企业，是以获取合理的经营利润为目的的经济组织。任何家庭装修业主都不可能无代价地接受家庭装修工程企业提供的服务。由于家庭装修业主与家庭装修工程企业间存在着目的上的不一致性，家庭装修业主在与家庭装修工程企业在工程实施中必然存在着矛盾和纠纷，家庭装修业主要有充分的耐心去面对家庭装修工程企业的讨价还价、重复性阐述和众多的索赔洽商。

2.专业知识准备

家庭装修是一项专业性、技术性很强的工程活动，需要有一定的专业知识才能对家庭装修的投资、质量、安全等进行控制，真正装修出一个适合家庭成员需要的室内空间环境。家庭装修中涉及的专业知识很多，作为家庭装修业主不能要求全部掌握，但基础性知识应该有所了解、掌握，才能对自家的装修有一个基本的思路和预想，保证自身具有一定的控制能力。家庭装修业主应该掌握的专业知识主要包括专业经验、装修装饰文化知识、专业技术规范等。

专业经验是对以往家庭装修中成功与失败进行的总结，是指导家庭装修时最重要的专业知识。我国家庭装修已经十分普及，几乎每个城市居民都已有过家庭装修的经历，感受到烦恼也收获了成就，这些工程实践经验，家庭装修业主应予以充分的学习和借鉴。即使是第一次进行家庭装修，也可以通过亲戚、朋友、同事等渠道，取得必备的间接专业经验，对整个家庭装修的基本程序、要求等有一个概括的掌握。

装修装饰文化知识是装修装饰工程活动中人类智慧的结晶，是对建筑装修装饰设计、选材、施工经验的系统化、理论化的总结和提升，反映了不同风格、流派、思潮的主要特征和基本元素。家庭装修业主要对装修装饰文化的基础知识进行了解，掌握家庭装修的基本规律、主要风格等基本原理，才能结合自身的文化修养、审美情趣、艺术鉴赏能力等，对自己家庭的装修从总体上进行把握和控制。为了掌握装修装饰文化基础知识，可以购买、借阅相关的书籍、杂志，也可到互联网上下载相关的文章、评论等。

专业技术规范是对工程活动成功经验的总结和提升，是具有法律约束力的技术标准，是指导设计、选材、施工的依据和准绳，是必须严格遵守与执行的技术文件。为了规范家庭装修工程活动，国家不仅编制并颁布实施了《住宅装饰装修工程施工规范》、《10种主要装修材料有毒有害物质限量规范》、《民用建筑室内环境污染控制规范》等国家标准，还颁布实施了《住宅室内装饰装修工程质量验收规范》等行业标准，各地还有相应的地方标准，都是家庭装修业主在家庭装修前应该掌握的基本专业知识。

3.资金准备

家庭装修是一项支出货币资金数额巨大的消费活动，需要动用家庭原有的货币储蓄，有些家庭甚至要借些钱才能实现，因此资金准备也是家庭装修前的一项重要准备内容。家庭装修资金的准备，主要是资金的集中到位。

就家庭资金拥有量来看，绝大多数家庭都有家庭装修的支付能力，只要在家庭拥有资金总量内进行家庭装修支出预算，家庭的自有资金就可以实现装修。但我国居民储蓄和投资越来越多元化，理财、定期存款、股票、期货等可能占用了大量的家庭自有资金，这就需要通过一定的转换手续才能成为随时可支付的现金存款，这就需要有统筹安排才能保证家庭装修时资金足额到位，从而保证家庭装修的顺利进行。

家庭自有资金不足时，可以通过贷款的形式解决家庭装修的资金需求。银行有对家庭装修小额贷款的业务，住房公积金中也有提供装修贷款的内容，都可以解决家庭装修时临时性的资金不足。但申请贷款需要相应的程序，审批也要等待一定的时间，因此，也需要统筹安排，使资金能按计划准时到位，才能保证家庭装修的顺利进行。

（二）市场调查研究

1.市场基本状况的调查研究

家庭装修是一项综合性的工程活动，涉及的材料、部品、部件、构件种类多、性能差异大、价格差别悬殊，需要有比较深入、细致的了解，才能掌握质量鉴别、价格确定等技巧和要领。因此，家庭装修业主在家庭装修前进行市场调查研究是做好前期准备的重要工作，也是保证家庭装修投入能够产生出真正效益的必要保障。家庭装修业主对市场的调查研究应该主要体现在品种确定、价格比对、方式确定等方面。

我国家庭装修材料市场很多，档次、营销方式有很大差别。在市场调查研究时，应首先对高、中、低档市场的经营状况进行考察，了解各市场中同类产品的数量、主要产品的性能、价格等基本情况，根据自家装修的支出预算，确定在一个最适合自家要求的市场作为主要的材料、部品的采购地。在市场内要对不同品种、品牌、品质的材料、部品进行深入的调查，研究不同性能产品的优点、缺点，进行性能与价格的比对分析，才能做到心中有数，在家庭装修时才能准确地选材、购财、用材。

价格比对是进行市场调查研究的一个重要的方法，也是市场调查研究的一个重要成果。我国建筑装修装饰材料、部品的生产厂家众多，品种、规格、型号等繁杂，性能上有较大的差异、价格高低差异悬殊，是在工程中最易发生以次充好、假冒伪劣现象的环节。价格比对是在充分了解不同材料、部品的功能、用途、性能，特别是质量、环保性能的基础上，采集不同产品的价格进行对比、分析，最后确定最能满足家庭装修功能要求和性价比高的产品品种、规格、型号，在家庭装修时实行定向、定点、定品种、定规格、定型号的采购。

不同的材料、部品厂商，提供的售后服务不同，经销商是否提供运输、安装服务，提供服务的时间、品质、与其他相邻产品的协调等，都对家庭装修的质量、造价、工期有重要的影响。在市场调查研究中要发现不仅产品的性价比高，而且售后服务项目完备、品质高、时间安排好的经销商，采取在店内订合同，到施工现场安装好，质量验收合格后付款的销售方式，最有利于保证质量、降低造价、缩短工期。

2.家庭装修工程企业调查研究

由于家庭装修是一项体力支出大、专业技术性强的工程活动，一般都是由专业从事家庭装修的工程企业完成设计、施工，所以，家庭装修业主能否找到合格的家庭装修工程企业完成家庭装修，就是家庭装修前的一项最重要的前期准备工作。为了能够选择到最适合自己家庭装修的工程企业，家庭装修业主就必须对家庭装修工程企业进行细致、周密的调查研究，在深入了解工程企业的实际状态并进行相应的咨询后，最后确定为自己家庭装修的工程企业。家庭装修业主主要应该进行店面考察、项目考察和工程咨询三个方面的调查研究。

店面考察实际是对家庭装修工程企业经营实力与经营状况的了解和评

价。目前有实力的家庭装修工工程企业都是以企业自家的专营店的形式招揽家庭装修业主，承接家庭装修工程业务。专营店的位置、面积、业务范围等直接反映了家庭装修工程企业的经营实力。企业拥有独立的专营店还是开在建材市场内，开在何种档次的建材市场内；面积是超万平方米还是只有数十平方米；店内除家庭装修业务洽谈外，还是否有材料、部品销售，销售产品的档次和品牌知名度如何；是否有样板间等都体现了企业在经营实力上的差别。

店面的客流状态反映的是家庭装修工程企业的经营状态。专营店的客流量大，说明家庭装修工程企业的业务量大，回头客户、联动业主网络客户、新客户的数量多，表明企业的经营状态良好，业务具有可持续性、扩展性。反之，如果客户稀少，特别是在节假日都没有较大的客流，表明企业的经营状态不理想、业务处于停滞、甚至萎缩状态。家庭装修业主应选择客流量大，又能满足自家装修要求的家庭装修工程企业。

项目考察是对家庭装修工程企业工艺技术水平和项目管理能力的了解与评价。家庭装修工程企业在家庭装修中投入的机械、器具的种类和数量、工作状态；施工人员操作的标准化、规范化水平；现场施工完成作业面的观感质量等都直接反映出家庭装修工程企业的工艺技术水平。同时，施工现场物料码放的状态、施工作业人员的着装、施工现场的标识及卫生清洁状态等，都直接反映出家庭装修工程企业的项目管理能力。家庭装修业主要通过对不同企业施工现场状况的对比后选择为自家装修的工程企业。

工程咨询是对家庭装修工程企业合法性和适应性的了解和评价。工程咨询可分为资格咨询和业绩咨询两部分。资格咨询是对家庭装修工程企业营业执照、资质证书、安全生产许可证等资格文件的询问、验看，以确定家庭装修工程企业的身份合法。业绩咨询是对与自家装修相类似的工程业绩的了解，掌握企业在相类似工程中的典型案例、基本造价、社会评价状况等客观事实，对家庭装修工程企业承接自家装修工程有一个基本的判断。

（三）确定施工企业

1.确定施工企业

家庭装修业主在对家庭装修工程企业进行调查研究后，就要确定一家企业为自己装修住宅。确定的家庭装修工程企业不一定是知名度最高、经营实力最强的企业，但一定是要同自家装修采用的运作模式、装修预算的额度、预想的家庭风格等最相适应的企业。

不同的家庭装修工程企业由于经营规模、工程运作方式等存在差异，企业的运营成本、预期利润目标等就会存在较大的不同，最终都需要由家庭装修业主来支付，工程造价就会不同，而且商务谈判的空间也就会不同。家庭装修业主在对家庭装修工程企业进行调查研究时，在工程咨询之后，就要向企业提出工程造价的咨询，在收集数家工程企业报价后进行比对，确定两家左右的企业作为进一步进行商务谈判的对象，进行工程设计、造价的咨询和谈判。

家庭装修业主在与确定的家庭装修工程企业进行深入的设计、造价谈判时，要将自己家庭装修时预想的运作模式，家庭装修的预算额度或支付能力、预想的装修风格和预设的材料、部品的档次等信息与家庭装修工程企业的主设计师进行交换意见，并向主设计索要设计的总体方案和自家装修的报价总表。

家庭装修报价中主要包括直接费用和间接费用两部分。直接费用是材料、部品的采购费用和支付的施工人员工资，这一部分的造价一般没有调整、谈判的余地，要调整就只能降低工程使用材料、部品的档次。间接费用主要包括管理费用、利润和税金，这是可以进行谈判、调整的部分。家庭装修业主可以根据这部分的比例、金额、调整的幅度等对家庭装修工程企业进行判断。

2.确定工程运作形式

家庭装修工程的运作有包工包料、包工及部分包料、包清工三种基本形式。不同的运作模式不仅对工程造价具有极为重要的影响，产生很大的差异，同时也会对家庭装修工程企业的选择和确定产生重要的影响。三种不同的工程运作形式，其实质是家庭装修业主与家庭装修工程企业在工程运作过程中各自经济权利和义务的不同。

包工包料式家庭装修工程运作形式，是家庭装修时工程使用的材料、部品全部由家庭装修工程企业进行采购，家庭装修业主只需要提供货币资金，不需要承担质量责任。这种形式是大型家庭装修工程企业承接工程的主要形式，所使用的材料、部品是被家庭装修工程企业整合的材料、部品生产经销厂商提供的产品，价格一般能够低于家庭装修业主在市场上的采购价格，企业在材料上可以有一定的利润空间。

包工包料工程运作形式剥夺了家庭装修业主在材料、部品使用上的选择权，很多家庭装修业主不愿采用这种方式。但如果家庭装修工程企业整合的材料、部品的品种、规格、性能能够满足家庭装修业主的要求，符合其预设的档次标准，采用这种工程运作形式的造价要比由家庭装修业主采购低，质量也更有保障，是家庭装修业主与家庭装修工程企业双赢的一种形式。

包工及部分包料是家庭装修时工程使用的材料、部品，一部分是由家庭装修业主直接采购，家庭装修工程企业只负责施工，并只对采购的材料和施工质量负责的工程运作模式。家庭装修业主直接采购的一般都是大宗货物，如墙地装修材料，或特殊货物如名贵木材等，其他材料、部品由家庭装修工程企业提供或采购、或用其整合的材料、部品。这种运作形式在签订合同时，就要明确双方提供材料的名称、双方的权利和义务。

包工及部分包料是家庭装修工程运作的基本形式，所有家庭装修工程企业都能接受这种形式，承接家庭装修工程。但这种形式有很大的弹性，家庭装修业主如果直接采购的材料、部品过多、过细，在工程实施过程中产生的责任不易分清，很多家庭装修工程企业就不会承接这种运作形式的工程，特别是有一定知名度的家庭装修工程企业。

包清工是家庭装修时工程使用的全部材料、部品全部由家庭装修业主采购，家庭装修工程企业只负责施工，并只对施工质量负责的工程运作模式。这种运作形式家庭装修工程企业只能获取施工人员工资和比例很低的管理费用，一般的家庭装修工程企业不会承接这样的家庭装修工程，主要是小、微型家庭装修工程企业承接工程的运作方式。

3.确定合同基本内容

家庭装修前期全部准备工作最后要落实到签订家庭装修工程合同上，也就是要最后确定家庭装修合同的基本内容。家庭装修业主与家庭装修工程企业经过反复的协商、谈判、修正，最终要就家庭装修合同主件及附件的所有条款达成一致，并签订家庭装修工程合同，家庭装修才能正式进入实施阶段。在签订家庭装修工程合同前，家庭装修业主还应就造价、设计图纸、施工组织设计等进行最后的审查。

工程造价在合同中只有总价，这是家庭装修业主要支付给家庭装修工程企业的货币现金的总额。工程造价是由各分部、分项工程造价汇总而成的，各分部、分项工程的造价又是由各子项工程的直接费用和间接费用构成的。审核家庭装修工程造价时，应对每项子工程的工程量、单价、构成等进行认真的核对，对分项工程、分部工程逐项进行清理、汇总、复核，以保证工程造价准确、完整、合理。

设计图纸是指导施工的主要技术资料，虽然只是家庭装修工程合同的一个附件，但对家庭装修质量的影响具有决定性作用，必须在签订合同前进行审查、复核。家庭装修业主在审核设计图纸时，一要查验设计图纸是否齐全；二要复核设计图纸设计的是否准确，特别是施工图设计与家庭住宅的实际尺寸是否吻合，各立面图设计是否符合家庭装修风格上的预期，必要时应与主设计师进行沟通，对施工图做进一步的修改、完善。

家庭装修业主在施工组织设计审核时，重点是审核其各装饰面的作法和达到的质量标准，审核时应根据国家相关的标准、规范及家庭装修的设计图纸对材料的材质、品牌、规格、型号及装修的作法、构造、紧固方式等进行审核，以保证工程质量符合标准要求。

三、家庭装修合同的订立与履行

（一）订立家庭装修合同的必要性

1.什么是家庭装修合同

家庭装修合同是家庭装修业主与家庭装修工程企业在平等、自愿的原则下，就家庭装修工程的实施，达成一致意见的协议。家庭装修合同明确了各方在合同履行中的权利和义务，是具有法律效力的约束性文件。家庭装修业主及家庭装修工程企业都必须严格按协议履行各自的义务和责任，享受相应的权利。家庭装修合同应订立书面合同并附件齐全。

家庭装修合同作为经济合同中一种具有特定内容的合同，必须符合合同法的相关要求。由于家庭装修业主与家庭装修工程企业对家庭装修工程的经济、技术专业知识的掌握具有很大的不对称性，所以家庭装修合同保护的重点是家庭装修业主。为了规范家庭装修合同，各地建设行政主管部门和工商行政管理部门联合编制印发了《家庭装修工程施工合同示范文本》，家庭装修应使用规范的文本订立合同。

2.订立家庭装修合同的必要性

家庭装修作为家庭消费活动中一笔巨大的货币支出行为，由于家庭装修工程企业的诚信水平、材料与施工技术的可替代性等存在着较大的风险，容易造成家庭经济上的损失和其他生理、心理上的伤害。为了避免家庭装修业主受到伤害或损失，保证家庭装修能够规范实施，家庭装修业主有权利要求家庭装修工程企业对设计、选材和施工的质量、环保、安全等做出承诺，并在整个家庭装修实施过程中信守承诺，以维护好家庭装修业主的合法权益。

家庭装修工程企业在承接家庭装修工程中也会存在一定的风险。家庭装修业主的诚信水平、双方就家庭装修工程质量标准诉求的不一致性等，都有可能造成工程款难收，造成家庭装修工程企业损失。为了避免家庭装修工程企业造成损失，家庭装修工程企业有权利与家庭装修业主就家庭装修工程质量达成一致，并要求家庭装修业主做出保证支付工程款的承诺，维护好家庭装修工程企业的合法权益。

在市场经济条件下，人们从事的经济活动都具有一定的风险性，为了维护当事人的合法权益，保证经济活动的正常、顺利进行都需要订立合同，以明确各方的权利与义务，并以此约束各方的行为。家庭装修工程由于具有预先性、长期性、所有权的唯一性、质量不可逆性等特点，就更需要有一个规范、齐备的合同，保证工程的顺利实施，维护好双方的合法权益。

3.家庭装修合同的作用

作为家庭装修业主与家庭装修工程企业订立的协议，家庭装修合同主要起到约束作用和判定作用。

家庭装修合同最基本的作用是约束家庭装修业主和家庭装修工程企业在家庭装修工程实施过程中的行为，严格按照合同约定办好各自承担的事责。家庭装修合同把家庭装修中的所有事责进行了分配，双方都已经明确了应该干什么，应该怎么干才能达到合同确定的标准。各自只要按合同约定完成自己承担的事责，家庭装修工程就能顺利实施。

由于受市场客观条件和其他社会因素的影响，家庭装修工程在实施过程中有可能出现意外现象、事件，影响到双方的权利和义务，产生出矛盾和误解。家庭装修合同在解决矛盾和误解中能够起到判定依据的作用，根据事前决定的处理原则、方法，合理、公正地处理意外事故或事件，给双方一个满意的说法和结果，保证家庭装修工程的顺利进行。

（二）家庭装修合同的基本内容

家庭装修合同各地方的示范文本和规范文本很多，但都要包括以下基本内容。

1.合同各方的说明

作为工程合同，一般包括发包方和承包方两方，如果是通过中介机构订立的合同，则应增加第三方，一般称为委托方。发包方就是家庭装修业主，一般是以户主的姓名作为发包方，又称为甲方。承包方是家庭装修工程企业，又称为乙方。第三方委托方一般是市场或其他中介组织。合同的各方都必须真实可靠，乙方和委托方还必须有国家工商行政管理机关核发的营业执照。

2.工程概况的说明

工程概况是合同中最重要的部分，包括工程名称、地点、承包范围、承包方式、工期、质量和合同造价。

工程名称即发包方家庭业主的家庭装修工程；地点就是家庭住宅所在的市、区、街道、小区、门牌号码；承包范围就是家庭装修业主家的装修工程。

家庭装修的承包方式很多，在合同中要特别注明此项工程采用什么样的承包方式。家庭装修可以是设计和施工总承包，也可以只承接工程施工。工程施工有包工包料、包工部分包料、包清工等多种形式。不同的承包方式，家庭装修业主与家庭装修工程企业承担的义务和享受的权利不同。在合同中明确承包方式，确定了各方的不同工作内容，也就确定了双方的权利与义务。

工程概况中对工期、质量和造价都有知识性、原则性的概括，具体的安排和相关事项的说明在合同的专项说明和报价清单等附件中。其中工期只注明工程开工和竣工的计划时间；质量只注明等级和执行的相关标准、规范；造价只注明工程总造价数额。工程造价的确定应遵循"优质优价"的原则，质量要求越高的，工程造价就应该相应提高。

3.家庭装修业主工作的约定

家庭装修业主是住宅的所有人和装修工程作品的使用者，在工程实施中主要承担以下工作。

向施工单位提供设计图纸，如设计施工总承包应提供住宅的平面图或做法说明；腾空房间并拆除影响施工的障碍物；提供施工所需的水、电、气等能源；办理施工中所涉及的各种申请、批件等手续；负责保护好既有的各种设备、管线并承担相应费用；如确实需要拆改原结构或设备管线，负责办理相应审批手续；做好现场保卫、消防、垃圾清纳等工作并承担相应费用；确定驻工地代表，负责合同履行、质量监督，办理验收、变更、登记手续和其他事宜；确定委托单位等。家庭装修业主负责提供材料、部品时，应注明材料、部品的材质、规格、色彩、数量及到货时间。

4.家庭装修工程企业工作的约定

家庭装修工程企业作为乙方，就是要按照甲方的要求组织工程的施工方主要承担以下的工作。

按照甲方审定的施工方案和进度计划组织施工人员、材料、部品机具进场施工；严格按照施工规范、安全操作规程、防火安全规定、环境保护规定、图纸或做法说明进行施工；做好材料进场验收、质量检查记录，参加竣工验收、编制工程结算；遵守国家有关施工现场管理的规定，做好安全、卫生、垃圾清纳等工作；协调处理好施工现场周围住户的关系；负责施工现场的成品保护；指派驻工地代表，负责合同履行，按要求保质、保量，按工期完成施工任务。

5.工期的约定

家庭装修合同中关于工期的约定，是对工期能否顺延的约定。如果发生以下情况，工期应相应顺延。

第一，因甲方未按约定完成工作而影响工期；

第二，因涉及变更影响工期；

第三，因非乙方原因造成的停水、停电、停气及不可抗力因素影响，导致一周累计停工8小时。

如果是乙方责任不能按期开工或中途无故停工影响工期，工期不能顺延。

6.工程质量及验收的约定

家庭装修合同中关于工程质量及验收的约定，主要是对验收时间及验收责任的约定。

双方应及时办理隐蔽工程和中间工程的检查和验收手续，甲方不能按时参加验收，乙方可自行验收，甲方应予承认。若甲方要求复验，乙方应按要求复验。若复检合格甲方应承担复检费用，由此造成的停工可顺延工期；若复检不合格，费用由乙方承担，工期也应顺延。

由于甲方提供的材料、部品质量不合格影响的工程质量由甲方承担返工费，工期相应顺延；由乙方原因造成的质量事故，返工费由乙方承担，工期不顺延。

工程竣工后，甲方在接到乙方通知三日内应组织验收，办理移交手续。未能在规定时间组织验收，应及时通知乙方，并应承认竣工日期，承担乙方的看管费用和相关费用。

7.工程价款及结算的约定

家庭装修一般采用固定价格，经双方协商一致后确定。付款一般采用分批付工程款，尾款竣工结算时扣除质量保证金后一次付清的方式。付款批次由双方约定，但付款金额不应低于已完工的工程量。工程竣工后乙方提出工程结算清单及结算报告交甲方，甲方接到结算清单及结算报告三日内应审查完毕，到期未提出异议应视为同意，应在三日内扣除质量保证金（工程造价5%）后结清尾款。家庭装修工程的保修期为两年，两年后扣除维修费用结算质量保证金。

8.关于材料供应的约定

家庭装修使用的材料必须质量合格、环保达标，并实行谁提供谁负责的处置原则。甲方负责提供的材料应符合国家规定和设计要求。甲方提供的材料经乙方验收后，由乙方负责保管，甲方支付保管费，如乙方保管不当造成损失，由乙方负责赔偿。由乙方提供的材料，不符合质量要求或型号、规格等有差异，应禁止使用，若已使用，对工程造成的损失全部由乙方负责。

9.关于奖励与违约责任的约定

由于甲方原因导致延期开工或中途停工，甲方应补偿乙方因停工、窝工造成的损失；甲方不按约定支付工程款，应支付乙方滞纳金；甲方要求提前竣工，除支付赶工措施费用外，还应给乙方一定的奖励；甲方未办理手续擅自同意拆改结构或设备管线，造成的损失、事故及罚款由甲方承担；甲方未办理验收手续而提前使用或擅自动用装修房屋，造成的损失由甲方负责。

由于乙方原因逾期竣工，乙方支付甲方违约金；乙方对工程现场堆放的家具、陈设、工程成品及甲方提供的材料保管不善造成的损失应照价赔偿；未经甲方同意，乙方擅自拆改结构或设备管线，造成的损失、事故及罚款由乙方承担。

10.安全生产和防火的约定

甲方提供或确认的施工图纸或做法说明，应符合国家消防管理条例和防火设计规范，如违反有关规范，发生安全或火灾事故，甲方应承担由此产生的一切经济损失。乙方在施工期间应严格遵守国家安全生产法、安全操作技术规程、消防管理条例和其他相关标准、规范，如违章操作造成安全事故或火灾，乙方应承担由此引发的一切经济损失。

11.争议或纠纷处理的约定

家庭装修中出现的争议，有双方委托单位的，可请委托单位协调解决；无委托单位的，可采取双方协商解决或请房管、物业等相关部门进行调解。如不愿通过协商、调解解决，或协商、调解不成时，可向事先约定的仲裁机构申请仲裁或向人民法院起诉。

12.合同附件及份数的约定

一份规范、完备、可操作的家庭装修合同，除合同正文外，还应备有施工图纸或做法说明、分项工程项目一览表、工程结算书、甲方提供货物清单等必备的附件及经反复协商后达成协议的前期准备文件。家庭装修合同应最少两份，甲方、乙方各一份，具有同等的法律效力，甲、乙双方都应按合同严格履行。

家庭装修合同经双方签字盖章后生效。

（三）家庭装修合同的履行

家庭装修合同的履行是一个时间长、不确定因素多的过程，不仅需要家庭装修业主和家庭装修工程企业按照合同的约定履行好自己的职责，同时还要不断进行沟通、协商，及时处理合同履行中的争议，加强协调，才能使各自都全面履行合同，装修出一个满意的家。

1.家庭装修业主驻工地代表

家庭装修业主驻工地代表是家庭装修合同的执行人，行使合同约定的权利和义务。作为家庭装修业主的代表，可以是家庭成员，最好是家庭的户主，也可以是家庭委托的个人或家庭装修工程监理企业，不论是谁担任家庭装修业主的驻工地代表，都应具备一定的家庭装修专业技术能力，并具有权威性和决策能力，同时要有一定的社交能力和协调能力，才能真正发挥出代表的作用，履行好驻工地代表的职责。

家庭装修业主驻工地代表的职责是负责合同的履行，具体对工程质量进行监督，对工程的进度进行检查；代表家庭装修业主同施工企业驻工地代表协商解决施工现场出现的问题；办理工程设计变更和质量验收的手续；在承担责任的条件下，有权下达停工、返工的指令；负责隐蔽工程、中间工程及工程竣工的质量验收与交接。家庭装修业主代表的监督、管理能力和对质量、环保、安全的严格要求，是保证合同完全履行的重要条件。

2.家庭装修工程企业驻工地代表

家庭装修工程企业驻工地代表又称为工头，是家庭装修合同的执行人，在家庭装修工程企业的监督、管理下行使合同约定的权利和义务。家庭装修工程企业驻工地代表的能力和水平，直接决定了家庭装修工程企业的合同履约能力，影响着工程的质量、环保、安全水平。家庭装修工程企业驻工地代表应该具有较丰富的家庭装修工程施工经验，并对施工人员具有权威性和管理能力，同时具有一定的社交能力和协调能力，才能管理好施工现场，履行好代表的职责。

家庭装修工程企业驻工地代表的职责是负责合同的履行，具体按合同的要求科学、合理地进行施工组织，安排施工人员进场施工、控制好工程进度，管理好工程质量；组织好材料物资的采购、进场验收，保证材质、规格、型号符合设计要求；强化施工现场的安全生产管理，搞好文明施工；做好成品保护和材料、设备的保管工作；搞好施工现场人员的生活；协调好同家庭装修业主代表、委托单位、施工现场周边住户的关系等。

3.工程设计变更的处理

在家庭装修合同的履行过程中有可能会发生工程的设计变更。设计变更是指家庭装修合同实施过程中某项分项工程或子项工程改变了原有的设计、施工方案的行为。设计变更将会造成合同履行中造价、工期等变化，对合同的履行形成很大的影响。为了保证合同的顺利履行，对工程的设计变更应该进行规范，必须办理好项目设计变更的相关手续，维护好各方的合法权益，是家庭装修合同履行中的重要工作内容。

关于工程项目的设计变更，一般应规定变更方的经济赔偿责任，以减少家庭装修合同履行中的设计变更。在家庭装修工程项目实施中，主要是由家庭装修业主提出项目的设计变更，因此主要是家庭装修业主对家庭装修工程企业进行经济赔偿。一般规定在项目施工前10天通知子项目设计变更时，应承担该子项目工程造价10%的赔偿；在项目施工前3天通知子项目变更时，应承担该子项目工程造价70%的赔偿；在施工中通知子项目设计变更时，应承担该子项目工程造价100%的赔偿；在项目施工完成后通知设计变更时，应承担该子项目工程造价200%的赔偿。

发生工程项目设计变更时，家庭装修业主代表与家庭装修工程企业代表应签订工程项目设计变更单，记录变更设计的项目名称、造价、工期、赔偿责任等，双方签字确认后实施。家庭装修业主在工程结算时应确认其为结算的依据并给予支付。

4.工程材料消耗管理

由于材料采购价款占到工程造价的55%左右，因此，家庭装修合同的履行，对材料的控制是重点。家庭装修中材料的消耗主要由工程净用量、工艺损耗量和浪费量三部分构成。在家庭装修合同履行中要减少或者消除浪费量，合理控制工艺损耗量，以保证合同的正常履行。

消除材料的浪费就要严格材料的进场验收。在验收材料时，不仅要检验其性能检测报告等质量文件，还要对材料的质量进行实物检验，防止不合格材料进入施工现场，特别是有缺损、断裂、污染、变质的材料进入现场，造成材料浪费。合同双方要加强现场的材料管理，按照不同材料的存储要求进行码放、保护，防止发生损坏、发霉、变质等现象，减少和消除在现场的浪费。

工艺损耗是为完成装修工程必须进行的有效消耗，主要由材料规格、型号与实际装饰面尺寸的不吻合及施工技术等造成的。装修的标准、档次不同，工艺损耗在材料总量中所占的比例不同，一般装修占5%左右，中档装修占8%左右，高档装修占15%左右。不同材料的工艺损耗比例也有很大差异，规格统一的材料工艺损耗大于多种规格的材料；不同花色、规格材料的工艺损耗不同，如墙砖、地砖规格大的工艺损耗要大于规格小的。

在材料采购时就要按照工艺损耗的比例一次性购买，以防止备料不足而二次采购造成工程质量缺陷。在签订家庭装修合同时就应该明确各自的责任，确定工程采购的数量、质量、进场时间，以保证家庭装修合同的正常履行。

材料的套裁、拼合和现场外的工厂化加工能够有效降低材料的工艺损耗，但需要有丰富施工经验和相应的加工基地完成。对家庭装修工程企业的技术变革，家庭装修业主应给予支持，对减少施工现场污染，提高材料使用效率，提高施工中半成品、成品比例的技术措施应给予奖励。

5.工程进度与质量控制

工程进度控制与施工质量控制是家庭装修合同履行时的重要内容，也是双方驻工地代表监督、管理的重点。控制工程进度的依据是家庭装饰工程企业提交给家庭装饰业主的施工组织设计中的工程进度表，家庭装修业主代表根据工程进度表检查各分部、分项工程的施工进度和完成情况；家庭装修工程企业驻工地代表根据工程进度表组织施工。如出现子项工程施工进度延误的现象，双方应进行协商，增加施工人员数量保证施工进度。

施工质量控制就是施工企业要严格按照国家现有的标准、规范、规程进行施工作业；业主代表要监督施工过程的规范化水平。施工质量控制主要控制工程中使用材料、部品的质量和施工工艺技术或做法两个主要环节。

家庭装修施工中使用的材料的质量，直接决定了工程的质量水平。装修材料在使用前，必须首先检查其材质、品种、规格、花色是否符合设计要求；对有检测、复试要求的是否进行了检测、复试；产品的质量检验合格证、产品使用说明书等是否齐全、有效；性能是否满足施工要求等，以确保使用材料的品质。家庭装修业主代表和装修工程企业代表都应参加材料的进场验收和使用前的检验，以避免产生矛盾，提高合同的履行水平。

施工工艺技术或做法是施工的技术手段，对装修工程质量具有决定性影响。家庭装修工程企业在抹灰、裱糊、涂饰、安装等方面的技术条件和技术手段，对装修工程的外观质量和内在的品质都具有决定性的作用，必须按照国家标准、规范、规程中规定的施工程序、技术要领、质量标准进行施工，才能确保工程质量。家庭装修业主代表要根据相关标准进行监督，发现质量问题应及时进行纠正，施工人员应按要求进行整改。如出现质量纠纷，应立即协商或请专家进行鉴定，不要等工程完工后再提出施工中的质量问题。家庭装修工程企业驻工地代表应该做好施工记录，记录工程质量的形成过程，施工记录应完整、详实。

6.工程验收

工程质量验收是家庭装修合同履行的重要环节，是检验合同履行结果、评判合同履行水平的基本方式。工程质量验收由家庭装修业主及家庭装修工程企业双方代表和有关人员参加，只有经过验收，办理完验收手续后，房屋方能够移交给家庭装修业主使用。家庭装修验收主要包括资料验收和工程质量验收两个主要部分，都应该逐项进行检查、验收。

工程资料的检验主要依据"住宅室内装饰装修工程质量验收规范"和"建筑装饰装修工程质量验收规范"的要求，组织有关人员对家庭装修中使用材料、部品的性能检测报告、产品质量检验合格证、进场验收记录和测试、复检报告等资料进行检验；同时对工程隐蔽工程质量验收报告、施工记录、项目设计变更单、室内空气环境质量检测报告等质量形成资料进行检查。工程资料应完整、有效，工程验收后，所有资料同工程竣工图纸一并交给家庭装修业主。

工程质量验收是对家庭装修施工质量进行的验收。验收应使用专业的检验工具、仪器等对家庭装修的顶棚工程、门窗工程、隔墙工程、地面工程、涂饰工程、细部工程、安装工程等分部工程进行质量检测，检测方法包括观察、目测、手试、尺量、仪表器仪表检测、试用、满负荷运转等，检测应由分项工程的子项目逐项进行。检测结果应符合"住宅室内装饰装修工程质量验收规范"和"建筑装饰装修工程质量验收规范"的要求。

家庭装修工程质量验收应编制工程质量验收单。验收单应按所要检测的项目进行排列，并将检测结果进行记录。逐项检测合格后，家庭装修业主和家庭装修工程企业的代表双方共同签字、盖章，对验收过程和结果进行确认。工程质量验收单应最少两份，双方各执一份。家庭装修工程质量验收单和工程质量保证书、室内空气质量检测报告等应一并交给家庭装修业主。

由于家庭装修工程项目复杂、设计变更较多、家庭装修需求变化大，所以家庭装修工程质量验收宜分为初验和验收两次。初验应由家庭装修业主与装修工程企业双方代表进行，家庭装修业主如提出修改、调整或增加项目，由于还在合同履行期间内，家庭装修工程企业应按家庭装修业主的要求进行整改和施工，工程全部完工后再通知家庭装修业主进行质量验收。

家庭装修工程质量验收合格后，家庭装修工程企业驻工地代表应将户门钥匙交给家庭装修业主，家庭装修业主应立即启用长久使用钥匙，并承担工程质量验收后的保护责任。

7.工程质量保修期

家庭装修工程质量验收合格后交家庭装修业主使用时，由于施工的季节不同，空气的温度、湿度不同，在季节变换过程中，工程中出现质量瑕疵或质量缺陷很难避免，因此，装修工程制定了质量保修期。我国建设行政主管部门指定的装修工程质量保修期两年，工程质量验收后两年时间内，如出现质量问题，家庭装修工程企业都应派工程技术人员和施工人员到现场进行修缮、调整。

家庭装修工程验收后出现的质量问题，如果是施工原因造成的，维修费用由家庭装修工程企业承担；如果是由于家庭装修业主使用不当造成的，维修费由家庭装修业主承担。无论是何种原因，出现质量问题家庭装修工程企业在接到家庭装修业主的质量缺陷报告后，都应组织人员到现场进行修缮施工，排除缺陷。质量缺陷责任应由双方协商确定，双方无法确定的，应聘请专业机构进行质量鉴定，确定责任人，维修费用由质量缺陷责任人承担。

8.工程付款

资金往来是合同履行的重要保障也是家庭装修业主在合同履行时承担的基本义务，由于没有家庭装修工程款的支付或支付不足所造成的损失，所有责任都应由家庭装修业主承担。由于家庭装修属于家庭的消费活动，家庭装修资金应是充足的，只要家庭装修合同履行顺利，家庭装修业主都应按照合同的约定支付工程款。家庭装修合同中确定的工程造价总额和分批数量及付款比例是家庭装修业主支付工程款的依据，家庭装修业主应根据合同确定的时点和比例支付工程款。

家庭装修业主在工程开工前支付给家庭装修工程的款项为工程预付款，主要用于采购材料、工人及机具进场及交纳各种管理费用等。一般应支付工程总造价的50%～60%，装修档次高、社区管理严格的工程，预付款的比例就高。家庭装修业主在开工后支付的款项为工程进度款，一般应在隐蔽工程的基础装修工程已完工验收，工程总量完成50%左右支付，主要用于已完工分项工程验收结算及后续工程的材料采购等。一般应付工程总造价的30%左右。

工程结算款的支付是家庭装修合同履行中的重点和难点，也是技术性最强、专业技术要求最高的工程款支付环节，体现了家庭装修合同履行的水平。家庭装修工程质量验收合格后，家庭装修工程企业应编制工程结算清单和工程款结算报告交家庭装修业主审核。工程计算清单应本着实事求是的原则，将施工的分部、分项工程的成本及设计变更、管理费用、不可预见支出等进行逐项排列后进行汇总，并算出税金、企业利润，编制出结算清单。结算清单应附有相应的文件，文件应具有法律效力。

家庭装修业主收到结算报告和结算清单后应立即进行审核，并把审核意见在三日内通知家庭装修工程企业，逾期未答复视为同意结算清单的总造价。如家庭装修业主对结算清单持有异议，双方应就有异议的项目进行协商、复核，并使意见达成一致，最后确定工程总价款。按照工程总价款，扣除5%的工程质量保修款后，其余部分同家庭装修工程企业一次结算。由于家庭装修工程企业已经收到工程80%～90%的价款，所以此次工程款的结算主要是税金和企业的利润。

工程总价款5%的质量保证金主要在两年之后，扣除工程质量维修费用后，家庭装修业主一次支付剩余质量保证金，家庭装修合同全部履行，家庭装修业主与家庭装修工程企业履行完合同关系。

（四）家庭装修工程的使用与维护

1.家庭装修工程的使用

家庭装修工程虽然在竣工前进行了室内空气质量检测并合格，才能进行质量验收。但装修工程使用了大量的装修材料，其中很大一部分是化学合成材料，装修后的室内还会有一定的异味，对人体有可能造成伤害。因此，装修完的住宅不应立即入住，而应该进行通风晾置，待异味挥发、排除后再开始居住使用。通风晾置应按家庭入住后的方式进行，即白天开窗通风，晚间关闭，应避免房间雨淋及暴晒。

通风晾置的时间应以异味是否消失为标准，一般最好应通风晾置三日以上，如异味尚未消失，可采用植物、药物等消味措施。通风晾置时室内厨具、柜具的门都应该全部敞开通风，以保证异味尽快排出室内。待室内异味完全消失后，才可搬入居住使用。正式使用前，应对住宅进行彻底清扫，清除装修中的灰尘、粉末及其他垃圾。

搬入新装修的住宅前，应对装修工程作品有初步的了解，要根据家庭装修工程企业提供的竣工验收资料，熟悉电、水、通讯、电视、网络等各种插座的位置，了解家庭装修中使用材料的性能和维护、保养方法。在搬家时要做好成品维护，防止家具、设备等磕碰装饰面，应注意地面、墙面的保护，搬家时应轻搬轻放，大件家具要事先做好计划再搬，最好能拆成零部件，搬进房后组装。

2.家庭装修后的配饰

家庭装修工程只是营造了一个新的室内空间环境。人们要居住、使用住宅，还必须进行家具、设备、日用品等的购置、摆放、陈设等之后，才能真正使用房间，进行生活起居。因此，家庭装修后的配饰，也是整个家庭装修工程中的重要配套工程，是实现家庭生活功能必不可少的环节。配饰的技术复杂程度比装修施工要小，但艺术品位、文化修养的要求很高，是对家庭生活环境的一个新的创作过程。

配饰虽然具有较大的随意性和自由度，但应该同整个装修风格相一致，配饰的造型、规格、花色等要同装修中使用的材料相搭配，才能给人以整体的感觉。这是应该在家庭装修设计时就已经进行了通盘的考虑与策划，并在装修工程完工后具体实施家庭装修的配饰。

家具是家庭配饰的重点，能起到定乾坤的作用。家具是长期安置在空间、占用面积最大的室内配件，在很大程度上还是家庭其他配饰的基础。家具的设计与摆放对整个家庭环境具有重要的影响，主要应把握住风格和材质两个重点。家具的造型、规格等应与家庭装修的风格相一致，中式的装修就应该配中式家具，欧式的装修就应该配欧式的家具，如果中式的装修配欧式的家具，就给人以混乱、不协调的感觉。

家具的材质不仅决定了家具的档次与品质，也决定了家具的环保性能。很多家庭在装修工程竣工时进行室内空气质量检测室合格的，但搬入家具后室内空气质量检测有毒、有害物质就严重超标，说明有毒、有害物质主要来源于家具。为了保护家庭成员的身体健康，应尽量选择以实木或不锈钢、铜等金属为材质的家具，特别是在儿童房、老人房，应尽量避免使用大芯板、胶合夹板等工业型材制造的家居。

床上用品、窗帘、沙发套、桌布等布艺制品也是家庭中配饰的重点，也是生活日用品的重要构成，对家庭环境的影响作用也很大。我国布艺生产能力强，布艺的材质多样、花色图案丰富多彩，在家庭配饰时除应考虑规格合适、质地柔软、感观舒服外，对其图案、花色等也应该进行选择，要与家庭装修的风格相一致，与配套的用品相协调，如窗帘与窗帘盒、沙发套与沙发、床上用品与床等应相互搭配。

工艺品陈设、字画悬挂、玩件摆设等也是家庭配饰的重要内容。工艺品、字画、照片、文玩等是直接反映家庭文化修养和艺术价值取向的物品，也间接表达了人的生活情操和艺术品位，在反映家庭整体装修特色方面具有决定性的影响作用，也是体现出装修个性化的最重要的元素。工艺品、字画、玩件等的种类很多，风格差异大，一般家庭业主是根据自己的喜好进行选择，但陈列、悬挂、摆设应符合我国传统家居装饰要求，陈列、悬挂、摆设应稳妥，位置应醒目。

绿色植物、花卉、奇石等也是家庭装修后配饰的重要元素。绿色代表生命，家庭生活环境中摆放绿色植物和花卉后会使室内空间表现出生命活力，奇石代表了性格坚毅，具有雄心壮志，都是中华民族家居文化的重要组成部分，"室无竹不居"、"室无石不雅"等都是古人对家庭住宅环境营造的经典总结。绿色植物、花卉、奇石等在家庭装修配饰中数量不一定多，但摆放位置很重要，绿色植物、花卉应根据其对光照的要求进行摆放，最好能够做到立体垂直绿化；奇石等应摆放在家庭最显眼、醒目的位置上。

家庭装修经过配饰后就形成了完整的家居生活环境，再置办日常生活用品就可以居住使用。

3.家庭装修工程的维护

家庭装修工程的维护是家庭日常生活的重要组成，也是日常生活的主要内容。家庭住宅装修后为家庭成员提供了一个新的生活起居环境，使生活品质有了极大的提高，必然会让人产生喜悦感、自豪感和成就感，是家庭新生活的开始。但家庭装修为家庭生活设计的新的、更科学的生活流程，可能会使家庭成员调整生活习惯，改变生活方式，需要家庭成员去逐渐适应新的环境、新的生活，形成新的生活习惯和行为方式。

在新的生活环境下，会对人的行为产生一定约束作用，生活在安全、舒适、美观的环境下，人们可能会改变以前的生活陋习，使举止更文雅、行为更文明，从而对新环境就会更为珍惜，这就会为对家庭装修工程的维护和家庭日常生活的融合奠定基础，并为家庭装修工程的维护提供便利条件。

家庭生活应特别注意通风，以保持室内空气清新，这也是家庭装修工程维护的重要内容。即使家庭装修工程空气质量检测合格，在工程中使用材料中的有毒、有害物质也会客观存在，虽然含量低，仍会对家人的身体健康造成恶劣影响。装修工程的有毒、有害物质的释放挥发期很长，有的长达15年，因此，经常性的开窗通风是消除有毒、要害物质的有效方法，也是家庭装修工程维护和日常生活起居的重要内容。

家庭生活中要特别注意清洁，以保持室内环境的卫生，这也是家庭装修工程维护的重要内容。家庭日程生活中的打扫卫生，主要是对家庭装修工程的各个完成面和相应的设备、设施进行清理、打扫、擦拭等，就是对家庭装修工程的维护。家庭日常的清洁卫生水平越高，对装修工程的维护水平就越高。但家庭日常的清扫工作，应该按照装修工程中对材料、部品的维护要求进行，不要因为清洁不当损坏了装修工程。

家庭装修工程在使用中出现故障和质量缺陷，如按自己掌握的知识和能力无法自行排除和解决的，在保修期内应尽快通知家庭装修工程企业的客户服务中心，请其派人来排除故障进行维护。在保修期外，家庭装修工程企业也会派人来进行维护，但家庭要给上门维修人员付费。

　　家庭装修工程具有周期性的特点，随着家庭成员数量、年龄的变化，会产生新的家居环境改善的需求，从而进入新一轮的家庭装修工程的运作。这个周期一般是在10年左右。在现代城市生活中，家庭装修是一项周期性的家庭生活内容，几乎所有人都会在人生道路上经历最少一次，人们应掌握必要的装修知识，这是对自己人生负责任的表现。

一、优秀家庭装修工程企业推介

经过近20年的市场洗礼，中国家庭装修市场中已经形成了一批经营规模大，在市场知名度高，经营诚信水平、工程设计、施工、配套服务能力等方面都较高的大型家庭装修工程企业，选择这些有特色的专业化企业进行家庭装修的成功率较高。

1.北京龙发建筑装饰工程有限公司

北京龙发建筑装饰工程有限公司成立于1997年，是集家庭装修、公共建筑装饰装修工程设计、施工、材料营销服务于一体的集团性公司。总部设在北京市朝阳区东三环中路39号建外SOHO·A座8层（邮编100022）。公司拥有国家建筑装饰专项工程施工一级、建筑装饰装修专项工程设计甲级资质，通过ISO9001质量管理体系、ISO14001环境管理体系、ISO28001职业健康安全管理体系认证，是国家标准《住宅装饰装修工程施工规范》的参编单位，建筑装饰行业信用评价AAA级。

公司在全国有60多家直营分公司，600多家门店，5千多名设计师，并在美国设有分公司，国内分公司遍布一、二线城市及经济发达地区。公司设有部品生产加工基地和材料生产厂，并借助中央电视台、互联网的优势，不断创新，加快了企业的发展。下属分公司全部由总公司直接经营，不搞加盟，最大限度保障消费者权益，得到市场的广泛好评，已为近百万中国家庭实现了美好家居梦想。公司是"全国住宅装饰行业百强企业"，"龙发"品牌是北京市著名商标、全国住宅装饰装修知名品牌。

网址：www.longfa.com.cn

2.北京业之峰诺华装饰股份有限公司

北京市业之峰诺华装饰股份有限公司

（前北京业之峰装饰有限公司）成立于1997年。主要从事住宅及公用建筑的装修装饰设计、施工和建筑装修装饰材料供应等相关业务，是中国最大的家庭装修专业公司之一，总部设在北京市朝阳区东四环中路82号金长安大厦C座8层（邮编100124）。国家建筑装饰专项工程施工一级、建筑装饰装修专项工程设计甲级资质，通过ISO9001国际质量体系认证和ISO14001环境管理体系质量认证，AAA级质量诚信单位。

公司在全国共有27家直营分公司、百余家加盟分公司和200余个店面，2000余名设计师和2万多人的专业施工人员。荣获中国特许加盟大会"中国特许奖"。同中国环境科学学会联合成立了"室内装饰环保技术联合研究中心"，通过了由中华人民共和国和国际环境保护部授权颁发的"十环认证"。公司创立的"峰格汇家居"集设计研发、主材直销、工程施工和家居配饰为一体，打造了一个全新的开放式家庭装修服务平台，推动了家庭装修商业模式的创新与升级，为客户带来了高性价比的一站式家庭装修体验。公司是"全国住宅装饰行业百强企业"，"业之峰"商标是北京市的著名商标，全国住宅装饰装修知名品牌。

网址：www.yzf.com.cn

3.天津科艺隆装饰工程有限公司

天津科艺隆装饰工程有限公司成立于1997年。主要从事家庭与公共建筑室内设计、施工，是天津市最大的家庭装修专业公司之一。总部设在天津市河西区友谊路50号友谊大厦A座704（邮编300061），拥有建筑装饰装修工程专业承包三级资质。

公司现有设计师近150人，员工300多人，在天津市开有11家门店，在西安、沈阳、榆林等地设有分公司。公司本着诚信、专业、团结、创新的经营理念，专注于中国精英阶层及优秀企业，通过"N对1"管家式装修服务模式实现全程托管服务，得到广大消费者认可。企业曾获得"慈善之星"、"信誉企业"、"诚信品牌"、"AAA级诚信企业"、"全国住宅装饰装修行业百强企业"、"消费者信得过企业"、"胡润品牌TOP100企业"、"诚信服务示范品牌"、"绿色环保施工创新企业"等荣誉称号。科艺隆商标是天津市著名商标，是全国住宅装饰装修知名品牌。

网址：www.keyilong.com

4.天津阳光力天建筑装饰有限公司

天津阳光力天建筑装饰有限公司成立于2006年，是由成立于1997年的天津旭阳达建筑公司转型而成。主要从事家庭与公共建筑室内设计、施工，是天津最大的家庭装修专业公司之一。总部设在天津市和平区卫津路73号嘉利中心2406（邮编300070），拥有建筑装饰装修工程专业承包三级资质。通过ISO9001质量管理体系认证。

公司现有设计师150人，员工300多人，在天津拥有数千平方米的完整家居体验馆及5家门店。公司本着广纳贤才、繁荣社会的经营理念，坚持价格透明化、施工标准化、工艺现代化、材料环保化、人员专业化、服务人性化的原则，在业内首推"晶彩工程"体系得到广大消费者认可。企业曾获得"天津新锐家装品牌"、"家居大变身特约装饰公司"、"最受消费者喜爱的家居品牌"、"全国住宅装饰行业百强企业"、"消费体验创新奖"、"诚信服务示范品牌"等荣誉称号。是全国住宅装饰装修知名品牌。

网址：www.liti.cn

5.安徽山水空间装饰有限责任公司

安徽山水空间装饰有限责任公司成立于1997年（原安徽山水空间广告装潢公司）。是一家集建材卖场、建材贸易、住宅装修、公共建筑装饰装修、广告设计、资本运营为一体的集团化股份制企业。总部设在安徽省合肥市黄山路468号通和大厦（邮编230031）。拥有国家建筑装饰装修专项工程设计施工一体化二级资质，全国家装行业质量、诚信、服务五星级企业，全国家庭装修行业百强企业。

公司下设12家子公司，在上海建立设计研发事务所，有依爱门业生产厂、山水家居情景馆等。现有设计师150多名，从业队伍3000多人，形成了诸多品牌产品与服务组合。公司与近百家主材供应商打造的产业链服务平台，使家庭装修更为轻松。公司追求"创造健康舒适空间"的理想，并拥有多项国家设计专利。"山水空间"是安徽省著名商标，是全国住宅装饰装修知名品牌。

网址：www.sshui.cn

6.湖南鸿扬家庭装饰设计工程有限公司

湖南鸿扬家庭装饰设计工程有限公司成立于1996年，是专注家庭装修设计、施工、后期配饰服务的专业化集团公司。公司核心业务为家庭装修与住宅配饰两个领域，分别设立了专业化公司，总部设在湖南省长沙市韶山北路86号鑫天大厦14楼（邮编410000）。全国住宅装饰装修行业AAA级诚信企业、室内绿色装修承诺企业、守合同重信用单位、中国衣柜行业诚信服务创新标杆企业。

公司在全国7个省、22个城市设立直营分支机构，设计师近2000人，从业人员4000余人，每年为5千多个家庭提供装修与配饰。公司设立木制品生产制造基地—鸿扬木制和人才培训基地—鸿扬家装学校。每年申请专利数量30多件，先后注册了服务与产品商标100多件，每年都有新的专著公开出版发行，在亚太、全国、省、市设计竞赛中获得大量奖项，构建了独特的知识产权体系，形成了不可复制的核心竞争力。公司不断创新，以期成为自主创新型企业，为广大家庭装修提供更优质的服务。"鸿扬"商标是湖南省著名商标、全国住宅装饰装修知名品牌。

网址：www.hi-run.com

7.武汉澳华装饰设计工程有限公司

武汉澳华装饰设计工程有限公司成立于1994年，是一家大型集团化专业建筑装饰工程企业，集建筑装饰设计、公共建筑装饰、住宅装修、环境艺术、整体家居服务于一体，主要项目涉及家庭装修、精装住宅、商务办公、商业空间等领域。拥有国家建筑装饰专项工程施工一级、建筑装饰装修专项工程设计甲级资质，通过了ISO9001质量管理体系、ISO14001环境管理体系、GB28001职业健康安全管理体系认证。是全国建筑装饰行业AAA级诚信企业、中国建筑装饰行业百强企业。

公司下设13个分部，拥有中、高级设计师400多名，金钻、金牌施工队168支，专业施工人员3000多人。公司设有展示空间和部品加工生产基地，确保工程质量。已累计获得"全国建筑工程装饰奖"、"武汉建筑装饰工程黄鹤奖"、"亚太空间设计精英大赛"、"中国室内设计大赛"等国际、省、市级奖项近百项，多次

入选中国家装行业最具影响力十大品牌，澳华品牌是湖北省知名品牌，全国住宅装饰装修知名品牌。

网址：www.ao-hua.com

8.广西惠佳信装饰工程有限公司

广西惠佳信装饰工程有限公司成立于2003年。专业从事住宅和建筑工程装修装饰，是集装饰设计、施工、服务、咨询、材料、研发为一体的集团公司。总部设在广西南宁市青秀区航泽国际2号楼10楼（邮编：530022）。拥有国家建筑装饰装修专项工程设计与施工二级资质。是中国消费者协会认证的"十佳诚信单位"、全国家装行业"质量信得过企业"、广西"军民共建单位"、与广西艺术学院是校企共建单位。

公司拥有"百佳居"装饰和"美立方"装饰两家品牌公司，在广西及外省开设了20多家分公司，现有设计师400多名，员工1千多名，施工人员1万多人。公司汇聚全国管理、设计人才，融合东方文化和国际家居时尚潮流，强调原创设计、模块化施工、多对一全程私人化服务，制定了"五个统一""十项承诺"的全程服务细则，确保打造精品家居空间。"惠佳信"是广西家装行业著名品牌，全国住宅装饰装修知名品牌。

网址：www.huijiaxin.com

9.福建国广一叶建筑装饰设计工程有限公司

福建国广一叶建筑装饰设计工程有限公司（简称国广一叶装饰机构）成立于1996年。主要从事家庭与公共建筑室内设计、施工，是福建省最大的家庭装修专业公司之一，总部设在福建省福州市台江区广达路68号金源大广场西区4层（邮编：350005）。国家建筑装饰专项工程施工一级、建筑装饰装修专项设计甲级资质，福建省著名商标、福建省企业知名字号、福州市知名商标企业。通过ISO9001国际标准质量管理体系、ISO14001环境管理体系和OHSAS1800职业健康安全管理体系认证，是省、市级重合同守信用企业和福建AAA级信用企业。

公司拥有12个家装设计所和10个公装设计所，并特别成立5个下属专业化设计事务所，分别为"铂金·酒店设计事务所"、"5A·写字楼设计事务所"、"白金·房地产设计事务所"、"金九·商业设计事务所"、"铂金翰·别墅设计事务所"，拥有科洛克家居集成工厂和家居体验馆，在福建厦门设立分公司。设计师中有45名在国家、省级、市级竞赛中获奖。公司创立的"五星家装标准化作业模式"，从设计到施工、从建材到陈设及售后保障五大系统，提供了最完善的整体家庭装修解决之道。国广一叶是全国住宅装饰装修知名品牌。

网址：www.ggyiye.com

二、主编简介 以姓氏笔画为序

王本明

1950年8月出生。1986年毕业于北京广播电视大学企业管理专业，高级经济师、高级工程师。1994年1月由北京五金电器职工学校校长兼书记卸职转入建筑装饰行业。历任中国建筑装饰协会信息咨询委员会副秘书长、中国建筑装饰协会办公室主任、行业发展部主任、秘书长助理兼行业发展部主任、总经济师兼行业发展部主任。国务院政府采购专家组专家。

主要著作：《建筑装饰用材必备书册》1995年中国建筑工业出版社、《建筑装饰工程企业名录大全》1996年中国建筑工业出版社、《饭店改造与室内装饰指南》（部分）1997年中国旅游出版社、《家庭装修顾问》1999年北京出版社、《建筑装修装饰概论》2014年中国建筑工业出版社。

主要工作：年度行业发展报告撰写人、中国建筑装饰行业"十一五"、"十二五"发展规划纲要执笔人、国家标准《住宅装饰装修工程施工规范》执笔

人、《建筑内部装修设计防火规范》参编人、行业标准《购物中心建设技术规范》、《住宅室内装饰装修工程质量验收规范》参编人，参与了北京、浙江等地方标准，奥运会、地铁等专项工程质量验收标准编制。

王显

1965年6月出生。长江商学院EMBA，高级工程师。中国建筑装饰协会第七届理事会副会长、中国建筑装饰协会住宅装饰装修委员会主任委员、北京市建筑装饰协会副会长、北京市建筑装饰协会家庭装饰委员会执行会长、北京市市场协会副会长、北京市东城区政协委员。现任北京龙发装饰集团董事长。曾荣获"全国住宅装饰装修行业优秀企业家"、"中国家装最具影响力十大风云人物"、"家装行业精英领袖人物"、"中国建筑装饰行业功勋人物"等称号。

王昶丹

1977年10月出生。1999年毕业于湖北广播电视大学应用文科专业；2005年毕业于湖南大学金融专业，中级室内建筑师。2000年进入建筑装饰行业，历任文员、办公室副主任、主任，现任建筑装饰装修专项工程设计施工一级资质的深圳市鹏润装饰工程有限公司副总经理，具有丰富的企业内部管理及经营管理经验。

王新平

1958年10月出生，1976年高中毕业后在商业系统从事美术工作，1983年赣州教育学院美术专业进修结业，工程师。2001年进入建筑装饰行业，历任赣州装饰工程公司行政经理、赣州红太阳装饰工程有限公司副总经理、深圳广田装饰股份有限公司工程师等职，现任深圳市嘉信装饰设计工程有限公司品牌资质部经理，具有丰富的建筑装修装饰施工管理经验。

王睿

1977年7月出生，1999年毕业于中央工艺美术学院环境艺术专业，高级工程师。先后在北京中建建筑设计院等单位从事建筑设计、现任北京高能筑博建筑设计有限公司主任设计师。具有丰富的建筑与建筑装修装饰工程设计经验，编著有《中国古典园林艺术丛书》。

叶大岳

1959年3月出生，1980年1月毕业于广东汕头商业学校；1986年8月毕业于广东省省委党校，工程师职称。中国建筑装饰协会第七届理事会副会长；深圳市装饰行业协会、深圳工业总会、深圳市侨商国际联合会、深圳市工业经济联合会副会长。现任深圳远鹏装饰集团有限公司董事长、中国建筑装饰协会专家组专家、深圳装饰行业专家库专家。曾荣获"全国建筑装饰行业优秀企业家"、"改革开放30年行业突出贡献企业家"等称号。

叶斌

1968年4月出生。1990年毕业于南京工业大学建筑系建筑学专业，北京大学EMBA，国家一级注册建造师、高级室内建筑师。中国建筑装饰协会理事、中国室内设计学会理事、福建省建筑业协会装饰装修分会会长。现任福建国广一叶建筑装饰设计工程有限公司董事长。结集出版了60多部专著。曾荣获"中国建筑装饰协会功勋人物"、"中国杰出室内设计师"、"中国家装最具影响力精英领袖"等称号。

刘津

1979年4月出生，2001年毕业于天津南开大学国际贸易专业。中国建筑装饰协会住宅装饰装修专业委员会理事、天津市商会常务理事、天津市家居商会常务理事。现任天津阳光力天建筑装饰有限公司董事长、力天商学院院长。曾荣获"2009年度天津市住宅装饰装修行业突出贡献奖"等。

刘一波

1964年12月出生。1988年毕业于华中科技大学建筑结构工程系，2003～2005年在北京大学房地产专业研修。国家一级注册规划师。大学毕业后从事建筑设计、城市规划工作。现任北京清馨一族科技发展有限公司总工程师。是住宅新风系统、中央吸尘清洗系统的专家。

宋春红

1971年2月出生。1992年安徽省轻工业学院装潢专业本科毕业，2010年上海交通大学EMBA毕业。高级工程师、中国建筑装饰协会住宅装修委员会副主任委员、安徽省建筑装饰协会设计委员会副主任、安徽省青年企业家联合会副会长、合肥市建筑装饰协会副会长、合肥市青年联合会常委、合肥市蜀山区人大代表。现任安徽山水空间装饰有限责任公司董事长。曾荣获"中国建筑装饰行业优秀企业家"、"全国住宅装饰装修行业资深设计师"称号。

李怒涛

1972年8月出生。1993年毕业于四川美术学院，1994～1996年重庆建筑大学建筑学系研修，1997年在中央工艺美术学院环境艺术研究设计所研修，并任教于中央工艺美术学院科技艺术中心。高级工程师、高级室内建筑师，现任北京清尚建筑设计院有限公司李怒涛工作室负责人。清尚设计院资深设计师，作品多次在国内获奖。

张钧

1966年8月出生。1989年毕业于湖南大学土木系工民建专业，2005年清华大学经济管理学院EMBA毕业。中国建筑装饰协会六届理事会副会长、七届理事会名誉副会长、北京市建筑装饰协会副会长、北京市工商业联合会执委、清华大学EMBA网球俱乐部会长、北京工商大学客座教授。现任北京业之峰诺华装饰股份有限公司董事长。曾荣获"全国建筑装饰行业优秀企业家"、"中国建筑装饰协会功勋人物"、"中国优秀品牌管理师"、"中国家装最具影响力十大风云人物"等称号。

陈伟群

1964年1月出生。1988年毕业于华南理工大学装饰设计专业。高级工程师、高级室内建筑师、中国建筑装饰协会常务理事、广东省建筑业协会建筑装饰分会理事、广东省风景园林协会理事、惠州市建筑业协会副会长、惠州市勘察设计协会副理事长。现任广东美科设计工程有限公司总经理。曾荣获"中国建筑装饰行业优秀企业家"、"改革开放30年行业突出贡献企业家"、"广东省住房和城乡建设系统精神文明建设先进工作者"等称号。

陈海山

1973年10月出生，1999年毕业于中央工艺美术学院环境艺术专业，注册高级设计师，亚太酒店设计协会事务理事。现任震旦国际设计顾问有限公司副总设计师，具有丰富的室内设计经验，作品多次在国内外获奖。

罗劲

1965年2月出生。1987年毕业于清华大学建筑学专业，1987～1990年机械工业部设计研究院福井大学研修，1993年日本京都大学研究生毕业。高级工程师、国家一级注册建筑师，中国建筑装饰协会设计委员会副秘书长。现任北京艾迪尔建筑装饰工程有限公司设计总监、总经理。具有丰富的建筑及室内设计经验，作品多次在国内外获奖。

杨林

1968年12月出生。1991年毕业于山西大同煤炭工业学校工民建专业，2005年毕业于中国人民大学工商管理课程高级研修班（EMBA），2006年毕业于中国石油大学土木工程专业。高级工程师、国家一级注册建造师。曾先后在北京矿务局第二建筑工程公司、中艺建筑装饰有限公司等单位任项目经理、公司副总经理、分公司经理。2011年创办北京三木易和科技有限公司，任董事长，取得《铝木复合防火吸音板》、《装饰板固定装置》、《吸音铝木

复合装饰板》、《踢脚线阴角安装架》、《铝木复合装饰板》、《热压封边机》等实用新型专利。全国建筑装饰行业优秀项目经理，饰面板干挂技术专家，在标准化管理、精细化放线、模具化施工领域具有丰富经验。现任中艺建筑装饰有限公司河北分公司总经理。

徐世炎

1972年7月出生。2008年清华大学EMBA毕业。湖北省黄冈市浠水县政协委员、工程师。从事家庭装修已有20多年经历，历任北京博林装饰有限公司总经理，现任广西惠佳信装饰工程有限公司董事长。曾获得"湖北省先进个人"等称号。

陶余桐

1964年1月出生。1984年毕业于合肥工业大学工民建专业。高级工程师，国家一级注册建造师。中国建筑装饰协会施工委员会副主任、安徽省建筑装饰协会副会长、合肥市建筑装饰协会副会长。现任安徽安兴装饰工程有限公司董事长兼总经理，中国建筑装饰协会专家组专家、安徽省建设系统专家。曾获得"全国建筑装饰行业优秀企业家"、"改革开放30年行业突出贡献企业家"、"全国建筑装饰行业优秀项目经理"等称号。

诸应标

1947年5月出生，1970年毕业于西北工

业大学航海设备自动控制专业，高级工程师。现任北京城建长城工程设计有限公司董事长、法人代表。从事建筑装饰设计20多年，是业内资深设计企业家。

曹丽云

1954年4月出生，1988年毕业于天津市房管局职工大学工民建专业，高级工程师。中国建筑装饰协会住宅装饰装修专业委员会副主任、天津市家居商会秘书长、天津市家居行业专家组组长。曾组织并主持"天津家庭装饰装修企业管理办法"、"天津市住宅装饰装修工程技术标准"、"天津市住宅装饰装修施工合同"、"天津市住宅装饰装修工程投诉调解办法"、"人民调解委员会工作制度"等规范的编制。被授予"全国建筑装饰行业杰出女性"、"杰出协会工作者"、"天津市2013榜样天津产业发展推动奖"。

黄兴隆

1975年5月出生，1997年毕业于河北建筑工程学院土木工程专业。中国建筑装饰协会住宅装饰装修专业委员会副主任、天津市政协委员、天津市家居商会副会长、天津市安徽商会副会长、天津市青年联合会委员。现任天津科艺隆装饰工程有限公司总经理。曾荣获"天津五四青年奖章"、"天津青年创业奖"、"青年领袖奖"、"天津市杰出青年民营企业家"、"天津河西区青联突出进步奖"等。

赖新水

1975年12月出生，2001年毕业于华侨大学工民建专业、厦门大学EMBA高级工商管理硕士。高级经济师、高级工程师、高级项目管理师。2001年创办厦门建弘装修工程有限公司，任董事长；2012年组建厦门建弘集团，任董事长。曾荣获"厦门五一劳动奖章"、"厦门五一劳动模范"等光荣称号。

童林

1958年12月出生。1985年湖北广播电视大学电子专业毕业，1987～1992年在日本东京工学院留学、1992年在日本小林电气株式会社研修。高级经济师、国家一级注册建造师、中国建筑装饰协会常务理事、湖北省建筑装饰协会常务理事、武汉市建筑装饰协会副会长。现任武汉澳华装饰设计工程有限公司董事长。

韩军

1964年6月出生。1982年开始从事装饰设计，1991年毕业于景德镇陶瓷学院美术系工艺美设计专业，1997年入法国高等公共工程学院首届室内设计专业学习，1998年赴德国柏林现代建筑环境艺术中心建筑环境艺术设计专业深造。高级工程师、高级室内建筑师，中国建筑装饰协会设计委员会副主任委员。获得"全国有成就的资深室内建筑师"、"全国杰出成就优秀中青年设计师"称号，设计项目多荣获《全国建筑工程装饰设计奖》、《中国建筑工程鲁班奖》、《中国国际空间环境艺术大赛"筑巢奖"》。现任北京港源建筑装饰工程有限公司总建筑师、环境艺术设计中心设计总监。

蒋卫革

1966年9月出生。1987年毕业于湖南大学土木工程系给水排水专业。高级工程师、高级室内建筑师、中国建筑装饰协会常务理事、中国建筑装饰协会住宅装饰装修委员会副主任委员、全国工商联家装协会副会长、湖南省室内装饰协会副会长。历任湖南大学设计研究院工程师、办公室主任、装饰公司常务副总经理，现任湖南

鸿扬家庭装修设计工程有限公司总裁。曾荣获"全国家装行业领袖人物"、湖南省"百姓杯"室内设计大赛金奖、湖南省"建材装修领域十大杰出人物"等称号。

鞠云雷

1977年3月出生。1994年至1997年在呼伦贝尔科技学院计算机专业学习，2007年至2009年在中央广播电视大学法学专业学习。现任北京洛斐尔建材有限公司总经理兼洛斐尔建材（沈阳）集团有限公司副总经理。是研发、生产、销售标准铝天花板、非标准铝单板、纸面石膏板、硅酸钙板、矿棉装饰吸音板、抗下陷天花板、复合墙板、轻钢龙骨、烤漆龙骨领域的专家。